U0298926

国家社科基金重大项目"中国大气环境污染区域协同治理研究"(项目号:17ZDA063);国家社科基金重点项目"'双碳'目标下环境污染与碳排放协同治理效应与机制创新研究"(项目号:22AGL029)

国家社科基金丛书
GUOJIA SHEKE JIJIN CONGSHU

环境协同治理：
理论建构与实证研究

Collaborative Environmental Governance：
Theoretical Construction and Empirical Research

郑石明　著

人民出版社

序　言

　　工业革命以来,人类生产力水平大幅度提高,经济社会飞速发展,城镇化和工业化进程加快。然而,社会生产的进步也给大自然带来了空前灾难,人与自然的矛盾不断激化。煤炭等化石燃料的大量消耗导致全球大气污染、河流污染以及自然环境和城市环境的恶化,生态破坏、环境污染问题日益突出。同时,二氧化碳等温室气体的大量排放造成全球气候变暖和极端天气事件频发,对人类的生存与发展构成诸多威胁。当今世界,环境污染治理与生态保护成为各国推动经济社会可持续发展的必然选择与首要任务。从"巴黎峰会"到"联合国大会一般性辩论",世界各国高度重视环境污染和全球气候变化问题,共同致力于环境治理、碳达峰与碳中和行动,为人类可持续生存与发展贡献自身力量。中国作为能源消耗与经济发展大国,在减污降碳方面取得一系列治理成效,印证了中国努力践行人类命运共同体理念和作为负责任大国的担当。据2020年《生态状况公报》显示,我国按质按量完成污染防治攻坚战阶段性目标任务,生态环境质量得到明显改善,不仅让世界看见了中国发展速度,更让世界感受到了中国绿色发展的生机和活力。

　　改革开放打开我国经济高速发展大门的同时,也给生态环境带来更大压力。高耗能、高污染的粗放型经济发展方式,导致大气污染、水污染、土壤污染等环境污染和生态破坏问题严重,留下了许多环境"后遗症",土地荒漠化和沙灾等问题爆发，极端天气事件增多。这不仅对人民生活造成极大困扰，同时也给我国的环境治理带来重大挑战。面对越来越严峻的环境问题，我国积极实施可持续发展战略，推进生态文明建设。党的十八大以来，以习近平同志为核心的党中央高度重视生态文明建设，围绕"绿水青山就是金山银山""人与自然是生命共同体"的发展理念，开展了一系列保护环境、提高环境质量的根本性、开创性和长远性的重大工作，体现了国家加强环境保护与治理、大力推进生态文明建设的鲜明态度和坚定决心。"十四五"期间，我国生态文明建设进入以降碳为重点战略方向、推动减污降碳协同增效、促进经济社会发展全面绿色转型、实现生态环境质量改善由量变到质变的关键时期，以更高标准打好蓝天、碧水、净土保卫战，逐步实现环境质量有效改善的目标。2020年9月，习近平总书记在第七十五届联合国大会一般性辩论上郑重承诺：中国力争在2030年前实现碳达峰，2060年前实现碳中和。"双碳"目标的提出为中国大气污染治理带来了更多的机遇与挑战，引领了中国未来发展方向。面对环境治理成效的凸显和复杂多变的国际社会新形势，党中央和国务院继续深入贯彻生态文明理念，就加强生态文明建设和生态环境保护作出一系列重大决策部署，并于2021年11月出台《中共中央国务院关于深入打好污染防治攻坚战的意见》等一系列制度安排，不断健全完善环境治理体制机制，构建起党委领导、政府主导、企业主体、社会组织和公众共同参与的"大环保"格局。

在习近平生态文明思想指引下，我国加快建设美丽中国的步伐，对全球环境质量改善作出重要贡献。大气环境治理作为我国环境保护与生态建设的重要组成部分，在环境治理中取得了突出成效。2000年到2013年间，我国霾天气呈现上升趋势，并于2013年达到峰值。为了有效改善大气质量、打好打赢污染防治攻坚战，我国全面加强大气污染治理，实行联防联控大气污染防治策略。2013年9月，国务院发布《大气污染防治行动计划》（简称"大气十条"），正式确立了以大气颗粒物浓度为核心控制目标的大气污染防治模式，通过多种污染源综合控制与多污染物协同减排，全面开展大气污染联防联控。这是

2013—2017 年间我国大气污染防治的纲领性文件,在动员多元主体积极参与环境保护、协调各方目标与行动、健全联防联控协同治理机制等方面发挥重要作用。2015 年,全国人大对《大气污染防治法》进行修订,强化地方政府在环境保护、改善大气质量方面的责任,加强对地方政府的监督;加强控车减煤源头治理;规定有关部门实行信息公开奖励举报,保障公民参与和监督大气环境保护的权利。

2018 年,国务院出台《打赢蓝天保卫战三年行动计划》(简称"行动计划"),进一步巩固了以 $PM_{2.5}$ 等典型复合大气污染物为核心的控制架构,推动全国和重点区域环境治理走向阶段性胜利,优化了跨层级、跨部门、跨区域的多主体环境协同治理机制。根据中国气象局发布的《2020 年大气环境气象公报》显示,蓝天保卫战三年行动计划期间,大气环境持续改善,霾日数继续下降,全国平均霾日数 24.2 天,比 2019 年和 2017 年分别减少 1.5 天和 3.3 天,全国大气质量得到明显改善。在"十四五"开局之年,我国持续加强生态环境保护、推动高质量发展取得新进展,深入打好污染防治攻坚战,加快构建碳达峰、碳中和"1+N"政策体系。2021 年 10 月 24 日,中共中央、国务院发布《关于完整准确全面贯彻新发展理念做好碳达峰碳中和工作的意见》(以下简称《意见》),10 月 26 日,国务院发布《2030 年前碳达峰行动方案》,碳达峰碳中和工作顶层设计文件亮相。这幅跨度数十年、书写于历史进程上的高质量发展长卷,注定会对我国生态环境产生根本性影响。2022 年 10 月,党的二十大报告再次提出,"要推进美丽中国建设,坚持山水林田湖草沙一体化保护和系统治理,统筹产业结构调整、污染治理、生态保护、应对气候变化,协同推进降碳、减污、扩绿、增长,推进生态优先、节约集约、绿色低碳发展"。但是,我国环境保护结构性、趋势性问题还未从根本上得到解决,结构性污染问题仍然突出。除此之外,随着全球气候变暖、资源枯竭以及极端天气事件等全球性环境问题的出现,任何一个国家在环境污染问题面前都无法独善其身,这对人类环境治理能力提出更大的挑战。

环境保护与生态文明建设作为我国重大战略任务，其建设与治理模式不断得到创新和突破。面对复杂多变的环境问题，我国打破以政府为单一主体的传统管理格局，逐渐形成具有中国特色的、涵盖不同区域和多元主体共同行动的环境协同治理体系。环境协同治理是指环境治理中的多方协作过程，旨在解决跨区域污染等不同的环境问题。总体上看，环境管理的范式经历了从管理到参与式管理，再到治理的变迁过程。传统环境管理主要聚焦于解决政府和私人的集体行动困境问题；环境治理则强调除政府和产权安排外的多元社会主体的作用，并进一步发展了自治、专家学者参与、非政府组织参与、公民参与、企业参与等各种专门化治理模式，强调构建多个社会主体合作的多元协作或协同治理机制。环境协同治理进一步丰富了治理的内涵，它不仅包括政府、社会个体、企业、非政府组织等不同环境管理社会行动者之间的纵向、横向协作，还涵盖组织内跨部门合作、跨层级合作。不同地区间资源使用存在依赖性，且跨域治理给传统官僚制带来了新的挑战，促使我国环境治理逐渐迈向协同治理模式。近年来，在跨界环境污染问题日益严重的背景下，京津冀、长三角、珠三角等跨省城市群采用了多种府际协作的方式共同治理，建立大气污染联防联控等环境协同治理机制，取得了显著的环境治理成效。同时，在生态文明建设新时期，协同治理也成为我国改善大气质量、减污降碳的重要举措。

党的二十大提出要"全方位、全地域、全过程加强生态环境保护"，把生态文明建设放在了更加突出和重要的位置，强调要完善污染防治区域联动机制和协同治理的必要性。基于此，本书沿着"主体—政策—数据—制度"的研究思路，在对理论进行深入阐述的基础上，解析协同治理兴起的背景、原因和特征，构建符合中国环境治理实践的理论分析框架；结合公共管理学、经济学等学科知识与方法，系统梳理中国环境治理的进程与成效；深入探究以京津冀、长三角和粤港澳大湾区为代表的重点区域及城市群的环境协同治理现状与问题，分析其协同治理机制的建构与运作情况，为这些地区有效开展环境治理提供可行的行动路径。全书一共分为六个部分：一是对整个研究的背景、思路、框架、方法与创新点进行阐述；二是对国际国内的环境协同治理的研究进行总结分析，主要包括协同治理、区域协同治理、环境协同治理的概念、特征、研究脉络和研究范式等内容；三是总结梳理协同治理理论、制度性集体行动理论、协同优势理论和政策网络理论的基本内涵和理论变迁，在此基础上提出环境协同治理的整合分析框架；四是梳理和概括我国环境治理，尤其是大气环境治理的关键协同过程，并对我国重点区域环境协同治理实践进行分析，总结不同区域环境协同治理的成功经验和问题，提出完善协同机制的可行建议；五是从协同治理的视角，采用定量研究方法系统分析大气污染协同治理与减污降碳协同的机制与效果；六是对中国环境协同治理机制进行总结概括，提出相应的政策建议。本书的创新点主要有以下三点：一是理论创新，从"主体—政策—制度—数据"四个维度出发，构建环境协同治理理论整合分析框架，推动我国环境协同治理理论创新与发展。二是方法创新，将定性研究与定量研究相结合，对中国环境协同治理实践进行全方位、多维度的评价分析。三是视角创新，该选题创新地采用"主体—政策—数据—制度"这一新的研究视角，通过整合协同治理、制度性集体行动、社会网络等多个经典理论，构建环境协同治理整体分析框架，并以此深入考察中国环境协同治理实践及其可行路径。

　　本书的出版得到了国家社会科学基金重大项目"中国大气环境污染区域协同治理研究"（项目编号：17ZDA063）的资助。在专著创作过程中，感谢硕士研究生李芳、尤朝春、何裕捷、黄淑芳、王玮、兰雨潇和博士研究生李红霞、要蓉蓉所做的辅助性工作。同时，本书在撰写时吸收和借鉴了前人的优秀研究成果，引用了部分区域环境协同治理的政府文件、新闻报道和学术资料等，在此向这些研究者和社会工作者表示诚挚的谢意。由于理论知识与社会实践的局限性，本书可能存在一定的不足，恳请各位读者批评指正。

目　　录

第一章 绪 论

第一节 研究背景

改革开放以来,我国的经济发展成果丰硕,具体表现在经济运行总体平稳、经济结构得到持续优化以及创新型国家建设成效彰显等多个方面。2020年,突如其来的新冠疫情席卷全球,对全球经济造成重创,在这种极端萧条的情况下,我国仍然实现了经济正增长,是全球唯一一个在新冠疫情暴发背景下实现经济正增长的主要经济体。当下我国正处于经济与文化、文化与社会的全面转型之中,与此同时,越来越多的问题,诸如环境问题、教育平等、资源枯竭等影响广泛的公共问题,逐渐爆发并引起大众的重视。

纵观我国经济发展的整体历程和历史轨迹可以发现,由于早期受到客观历史条件制约,我国早期的经济发展很大程度上是以牺牲环境为代价的粗放式发展模式,在发展初期我国甚至曾一度步入"先发展,后治理"的发展误区。由于长期秉持着一种粗放的经济发展方式,高耗能、高污染企业重复建设,不断地开发自然资源、扩张更大的生产场地、大量地使用机器大工业生产,极端依赖自然环境对生态环境造成了极大的损害,留下了许多环境"后遗症"。例如,近几年的大气污染、水污染、固体废弃物处理、土地荒漠化和沙灾等问题爆发,极端天气事件较以往也有所增多,这类现象不仅对人民生活带来了极大困扰，同时也给我国的环境治理带来了严峻的挑战。值得强调的是，环境问题不仅有害人类身心健康，对经济发展也会产生负面影响。例如，有数据表明，1997 年至 1998 年爆发的影响全球的厄尔尼诺现象，造成高达 1000 亿美元的经济损失。我国冬季北方常常出现的极端雾霾、降雪、降雨天气也极大程度上地影响了人们正常的生产生活，给当地带来经济损失。一言以蔽之，环境污染问题在影响人类身体健康的同时，已经严重制约了我国的社会可持续发展。

具体来看，在气候问题方面，根据英国风险评估公司 Maplecroft 公布的温室气体排放量数据显示，我国每年向大气中排放的二氧化碳超过 60 亿吨，位居世界各国之首，是当今世界碳排放量第一大国。在大气污染方面，我国地域辽阔、地形复杂，所以在各地都呈现出不同的大气污染特点，但是整体而言，我国目前有许多城市空气质量不达标、空气污染极端天气事件频发。由此可见，环境治理问题已然成为摆在大众面前亟待解决的问题。除此之外，现下各个经济体之间的交往和联系越来越密切，环境污染问题不再局限于单一的属地管理之内，而是跨越行政边界成为公共问题，亦即由以往局地的、单一环境污染转变为现阶段非常明显的跨区域特征，使得环境问题成为一项棘手难题。[①] 倘若对现状置之不理，任由环境恶化下去，环境质量改善可能遥遥无期。虽然党和政府在多个场合多次强调要多方努力打好污染攻坚战，在治理环境污染方面的投资呈现逐年增长趋势，亦是远远高出其他亚洲经济体，但是目前环境治理各自为战，由此带来的象征性执行、替代性执行等政策执行偏差的问题在地方政府中依然存在。需要意识到的是，在大自然面前，人类何其渺小，任何单一主体都不可能独自妥善处理环境问题，所以要想从根本上跳出环境治理困境，不仅需要转变经济发展方式和提高技术水平，更需要将各个地区联合起来，形成携手共治的局面。

众所周知，环境问题因为影响广泛并且随着大众的环境保护意识逐渐提

---

① 魏娜、孟庆国：《大气污染跨域协同治理的机制考察与制度逻辑——基于京津冀的协同实践》，《中国软科学》2018 年第 10 期。

高而受到了越来越多的关注,但是,良好的环境质量作为具有奢侈品属性的公共品,不仅受到气象条件因素的影响,更得益于人类社会的选择行为。① 面对愈发严峻的环境问题,人类在实践中逐渐探索合理的、可持续的发展模式。1980 年国际自然保护同盟的《世界自然资源保护大纲》中提及要确保全球的可持续发展。1987 年世界环境与发展委员会向联合国提交了《我们共同的未来》的报告,正式提出了可持续发展的概念。就我国而言,新中国成立初期,囿于现实条件和各种不可控的因素,重点发展重工业是当时的发展战略,这虽然极大程度上带来了经济的跨越式发展,满足了人们的物质文化需求,助推了我国工业化以及城市化进程,而且环境问题也由此逐渐衍生出来。但是由于缺乏对环境问题的系统认知以及科学技术水平较为有限,这一时期我国并未针对环境污染问题而采取措施,甚至还有观点认为治理环境污染问题会阻碍经济的发展,彼时我国无法平衡经济发展与环境保护。随着我国社会的不断发展和进步,经济发展逐渐步入高质量发展阶段,党和政府对环境保护和治理的重视程度也是越来越高。改革开放之后,随着工业化城市化进程不断加快,我国对能源的消耗越来越多,由此引发各类环境问题,政府和社会各界开始重视起来。1979 年 9 月 13 日,第五届全国人民代表大会常务委员会第十一次会议原则通过《中华人民共和国环境保护法》,同年 9 月全国人民代表大会常务委员会令第二号公布试行,迈出了环境保护的第一步,我国大气污染治理有了法律支持。1987 年,颁布了《大气污染防治法》,这标志着以行政区划为基础的属地治理模式开始形成,这在当时取得了一定的治理成效。② 1990 年,《国务院关于进一步加强环境保护工作的决定》中将"保护和改善生产环境与生态环境、防治污染和其他公害"确立为我国基本国策。党的十八大提出,把

---

① 杨思涵、佟孟华、张晓艳:《环境污染、公众健康需求与经济发展——基于调节效应和门槛效应的分析》,《浙江社会科学》2020 年第 12 期。
② 景熠、曹柳、张闻秋:《考虑多元行为策略的地方政府大气治理四维演化博弈分析》,《中国管理科学》2021 年第 3 期。

生态文明建设放在突出地位，将生态文明建设纳入国家发展总体布局，走可持续发展道路。党的十九大则把生态文明建设放在了更加突出和重要的位置，党的十九大报告提出，从 2035 年到本世纪中叶，在基本实现现代化的基础上，再奋斗十五年，把我国建成富强民主文明和谐美丽的社会主义现代化强国。由此可见我国在改善环境、厚植绿色发展底色、建设美丽中国方面的决心与毅力。

相较于一般的社会问题，环境问题是否处理妥当，不仅与当代人的身心健康和眼前利益相关，而且与整个社会的可持续发展以及未来子孙后代的直接利益相关。于此，我们应该寻找一种恰当的处理方式，使得治理环境问题，功在当代、利在千秋。目前而言，在我国推进生态文明建设的时代背景下，生态环境协同治理已从理念逐渐转化为实践，在实践中探索环境协同治理经验，并取得了一定的成效。近几年来，中央和地方陆续出台《长江经济带生态环境保护规划》《"一带一路"生态环境保护合作规划》《黄河生态环境保护总体方案》《京津冀协同发展规划纲要》《洞庭湖生态经济区规划》等政策，突破属地管理的障碍构建联防联控协同治理机制，通过跨域协同治理利用各地突出优势，相互协作，形成资源合力，改善环境质量。实践证明，环境协同治理对于解决我国当下突出棘手的环境问题、推动全面绿色转型、促进生态环境与经济良性循环、助力构建新发展格局有着极为重要的意义。具体可表现为在我国目前已形成的京津冀地区、中原城市群、长三角地区等不同样态的跨区域生态环境治理实践①，这些都离不开对环境协同治理机制的有益探索。但是这些仅仅是部分区域的成功实践，在我国许多其他地区，环境属地治理模式依然存在，故不可否认的是，现下我国环境协同治理依然面临诸多困境。

例如从国际层面来看，虽然保护环境刻不容缓已然在国际上达成共识，但发达国家与发展中国家的矛盾依然明显。工业革命后，英国、美国、法国等国

---

① 于文轩：《生态环境协同治理的理论溯源与制度回应——以自然保护地法制为例》，《中国地质大学学报（社会科学版）》2020 年第 2 期。

经济高速发展,经济生产总值呈几何倍数增长,成为最早一批跻身发达国家行列的国家。但是在发展工业的同时,也对环境带来了不可逆的损害。例如马斯河谷烟雾事件、洛杉矶光化学烟雾事件、多诺拉烟雾事件、伦敦烟雾事件等著名的环境污染事件,造成了大量的人口死亡,给了人们惨痛而深刻的教训。发达国家作为早期的工业国家,其早期的经济高速发展是以牺牲环境为代价的,当时对全球环境的负面影响具有不可逆性,现下发达国家已进入工业化后期,第三产业是其主要的发展产业,许多发达国家以此为由认为其工业占比小所以不应该承担过多的环境治理责任,相反许多发展中国家产业结构主要以第二产业为主,对环境的影响更为明显。但是这在某种程度上是剥夺了发展中国家的发展权利,作为经济更为发达的西方国家,在人才、资源、技术等方面相较于发展中国家有不可比拟的优势,更应该担负起环境治理的重任,以弥补其早期过度开发导致的对环境的不可逆损害。但是从现状来看,某些发达国家却在环境治理中置身事外,对构建人类命运共同体联合起来协同治理环境问题视若无睹,导致环境污染在全球层面依然呈现出边治理、边污染的状况,这是现在环境协同治理所面临的最大的国际障碍。所以在面对国际日益变幻的紧张局势以及国内经济步入高质量发展的现实需要的双重压力下,思考如何完善治理体系和提高治理能力,夯实治理路径,以此将环境协同治理更好地纳入实践,成为我国生态文明建设的重要研究内容。

第二节 研究意义与价值

环境治理是当下环境相关的研究领域中最为热门的研究方向之一,也是生态经济学、公共政策学、政治生态学等多个交叉学科的重点关注对象。党的十八届三中全会提出了国家治理体系和治理能力现代化问题,党的十九届四中、五中全会又对其进行了进一步深化。国家治理体系和治理能力现代化的问题,首先与治理主体相关,涉及国家治理,则不仅仅与政府部门相关,也与市场、社会等多个其他主体相关。当下我国正处于社会转型时期,生态文明建设是我国改革步入深水区的重点工作之一,在此过程中更应该注重并强调治理的系统性、全局性以及统一性,主张政府部门、市场、社会等多个主体协同合作,以此提高国家治理成效,形成生态文明建设多元主体协同共治的模式。

据 2020 年《生态状况公报》显示,2020 年在中国历史上是不平凡的一年,突如其来的新冠疫情席卷全球。但是在以习近平同志为核心的党中央坚强领导下,各地区、各部门以习近平新时代中国特色社会主义思想为指导,在全球经济衰退的宏观背景下按质按量完成污染防治攻坚战阶段性目标任务,生态环境质量得到明显改善,不仅让世界看见了中国发展速度,而且让世界感受到了中国绿色发展的生机和活力。但是值得注意的是,我国环境保护结构性、趋势性问题还未从根本上得到解决,结构性污染问题仍然突出。除此之外,随着全球气候变暖、资源枯竭以及极端天气事件等全球性环境问题的出现,任何一个单一国家在环境污染问题面前都无法独善其身,这对人类环境治理能力提出了更大的挑战,环境治理不仅仅是对现代国家治污能力、技术等方面的考量,而且是对现代国家沟通协作能力的挑战。环境协同治理相较于传统的环境治理模式最大的不同就在于协同二字,环境协同治理的核心是多个行动主体的多方联动,环境协同治理的诸如此类的可取之处在实践中逐渐被大众认可,具体来看,环境协同治理的意义和价值主要体现在以下三个方面。

一、发挥不同主体作用,形成资源合力

首先,环境协同治理有利于发挥不同主体作用,形成资源合力。社会环境纷繁复杂,每个主体所拥有的资源禀赋及优势有所不同。从不同主体来看,政府部门因制度优势处理问题效率高、见效快,可以集中力量办大事,在处理一些具有外部效应的公共问题时,政府发挥着重要作用。但是在一些特别的社会领域,政府可谓是心有余而力不足,存在明显的政府失灵现象。企业是经济社会的细胞,企业对整个社会的发展变化有着最为敏锐的嗅觉和洞察力,但是

企业作为有机构成的经济实体，一般以营利为第一目的，追求投入少而产出高，决策带有明显的经济人理性特征，这决定了其无法独立应对公共问题。而社会涵盖面最为广泛，照常理而言其力量最为强大，但是从另一方面来看，正因为社会是一股巨大的能量，更需要合理的机制将整个社会联合起来，辅之以必要的激励手段，发挥其最大潜力。由此可见，不同主体各有优势，亦有缺陷。除此之外，即使是同一主体，享有的资源禀赋也有所不同，在处理某一事件时可供调动的技术、人才、资金等资源也存在差异。由此可见，任何单一组织或者个体都不可能具备实现某一目标的全部资源，日常活动受到资源限制的影响，都有自身的优势与不足，因而必须依赖其他主体的力量，政府组织也必须借助其他主体提供的资源才能提高公共服务的效率，建立资源共享安排，达到一加一大于二的目标。针对这种情况，环境协同治理是一种多中心的治理模式，强调政府、社会、企业等多个主体的协调联动，合理并且有效地避免了单一主体的弊端以及单一力量的有限性，有利于充分发挥不同主体的力量，使得各个主体联结起来形成资源合力，共同治理环境问题。例如我国在环境治理实践中探索出了适合我国国情的府际协同治理模式，京津冀、长三角、粤港澳等地的跨域环境治理则是典型的横向府际协同治理模式，这种模式就是发挥中心城市的辐射力量，整合不同城市的资源优势以协同治理环境问题。环境问题治理难度大、波及范围广、危害长远，之前碎片化、单一向度的属地治理模式虽然在初期取得了一定的治理成效，但是其弊端也逐渐暴露出来，单打独斗已不再适用于时代发展，只有联合各个主体的力量，才能形成资源合力，提高治理效能。

二、降低交易成本，提高治理效率

其次，环境协同治理有利于降低交易成本，提高治理效率。交易成本可以被视为理解协同治理的理论基础之一，交易成本是环境协同治理的重要驱动因素。交易成本政治学认为，随着时代的进步和社会的不断发展，政治活动演变愈加复杂，其复杂性并不亚于经济活动，参考交易成本理论，政治活动本质上也可以被视为是一种交易。交易成本是指由于存在有限理性、信息不完备以及机会主义等因素所导致的信息成本、谈判成本、执行成本、外部决策成本等交易成本的总和。在环境治理过程中，也会产生诸如此类的交易成本。传统的各自为政的属地管理模式不仅会造成资源的浪费和集体行动的困境，而且由于各地区之间缺少沟通交流的平台和机制，导致高昂的信息成本、执行成本等交易成本产生，这些本可以用于环境治理的资源却用于支付高昂的交易成本，成为环境治理效率低下的重要原因之一。相反，不同类型的环境协同治理机制为各主体之间的沟通与联系搭建了桥梁，为各个主体沟通协作提供了平台，加强了各个主体之间的联系，并在有效协作的过程中有效地降低了交易成本，使得合作更加可持续。一言以蔽之，构建有效的协同治理机制可以减少因治理环境问题所带来的成本，并提高协同治理效率。除此之外，不同类型的协同治理机制在解决现实问题时所产生的交易成本是不同的，协同治理机制越为有效，就越能降低交易成本。并且值得注意的是，单纯依赖某一机制必然会导致过高的交易成本，进而可能导致协同治理行为无法继续，所以我们需要根据实际现实情况因地制宜地设计类型多样的协同治理机制，从中选择最为有效的机制。由此可以发现，环境协同治理的意义和价值之一是可以通过最大限度地降低交易成本以提高协同治理积极性和协同治理效率。

三、跳出集体行动的困境，避免公地悲剧

最后，环境协同治理有利于跳出集体行动的困境以及避免公地悲剧现象。在碎片化的治理模式以及地区间各自为政的背景下，由于存在外部效应、产权界定以及规模不经济等情况，单一主体出于理性经济人的考量容易产生短视行为，对一些公共问题选择最为利己的处理方式。若每个主体都从利益最大化出发，则容易导致集体或公共利益受损。

从我国现实情况出发，我国环境治理模式是以行政区划为边界的属地治理模式，在此种单一向度的治理模式之下，各级地方政府对本行政区划内的环

境污染问题进行处理、对辖区内的环境污染问题负责。① 公共事务管理是一种典型的"集体行动"形式,但是环境具有明显的公共性和外部性特征,环境污染问题亦表现出明显的跨域性。本地即使不投入任何成本以治理环境问题,也有可能享受别地的治理成果,本地造成的环境污染的后果因为环境污染的跨域性可以让别地分担。这种明显的公共性和外部性所带来的最为直接的后果就是各地治理环境的积极性十分有限,甚至出现"逐底竞争"或环境污染问题无人治理的公地悲剧的局面,这种情况在行政区划的交界地带更为明显。尤其是在我国职务晋升与政绩挂钩的政治背景下,上级官员主要依据经济增长情况来考核和提拔下级官员,所以下级官员在发展经济方面更有动力以求获得政治上的升迁,而环境改善需要投入大量的人力、财力、物力,但是在短时间内难以取得成效,这直接导致地方官员的注意力很难分配到环境治理上。而环境协同治理则强调多个主体协调联动,这种协作不仅仅可以发生在不同主体之间,同一主体内部也可以构建协同治理机制和平台,以此将多方力量纳入到环境协同治理实践中,任何主体都无法置身事外,避免了公地悲剧局面。

良好的生态环境对人类而言是最为宝贵的财富,积极应对气候变化事关中华民族永续发展和构建人类命运共同体。② 我国正处于深入打好污染防治攻坚战、促进高质量绿色发展、建设美丽中国的关键时期。环境协同治理在我国有极强的实践意义和价值,可以从不同层面解决属地环境治理所面临的现实困境,从长远来看,环境协同治理是未来我国治理环境污染、促进可持续发展的最佳选择。因此,我们应当在实践中不断发现问题、解决问题,因地制宜探索出适合不同区域的环境协同治理机制,最大限度地让环境协同治理在中国爆发生机与活力,走出具有中国特色的环境协同治理道路。

---

① 魏娜、孟庆国:《大气污染跨域协同治理的机制考察与制度逻辑——基于京津冀的协同实践》,《中国软科学》2018 年第 10 期。

② 郑逸璇、宋晓晖等:《减污降碳协同增效的关键路径与政策研究》,《中国环境管理》2021 年第 5 期。

第三节　研究思路与框架

从研究背景出发引出对环境协同治理问题的思考后,本书首先在横向上聚焦研究视野,先后介绍协同治理、区域协同治理、环境协同治理的内涵与意义,辨析协同治理相关概念,其次在纵向上梳理研究缘起,回顾既有环境治理研究范式,溯源环境治理研究的流变与分野,指出环境治理仍旧面临诸多障碍,亟须建构系统性的环境协同治理研究框架,以应对跨地域复杂环境治理问题。在对归因视角、协同网络视角、协同治理模型、社会生态系统(SES)分析框架、制度性集体行动(ICA)框架等环境治理研究视角进行归纳比较后,本书进一步指出从协同治理视角建构环境协同治理机制具有重要意义,并提出与其相适应的评价模型。在此基础上,本书沿着四条脉络阐述了环境协同治理的中外研究进展,相继阐述了环境的外部性和公共物品特征、区域一体化、个体资源有限性、合法性要求四类环境协同治理动因,分析了经济因素、制度因素、思想因素、文化因素四种影响环境协同治理结构和行动的因素,对比了府际合作、市场调节、网络治理三种环境协同治理模式及其特征,提出各国环境治理模型应该根据本国实际情况确定,不断在具体实践中发展完善,并在对比学界已有观点后,从环境协同治理的有效性和局限性两个维度进行总结。

随后,本书对协同治理理论、制度性集体行动理论、协同优势理论和政策网络理论四类常用于分析环境治理的理论进行了概述,分析各自的适用领域和理论缺陷,尝试以此为基础,建构环境协同治理理论分析框架。在建构思路上,本书相继从推动环境协同治理的条件出发,提出权利与资源的不平等、参与动机、冲突与合作的历史、亲自我和亲社会动机四类可能对协同治理系统中不同参与者的行为和互动产生重大影响的因素;从环境协同治理的建构要素出发,指明了包容性、排他性、可信承诺与协同网络是建构环境协同治理机制的重要因素,能够优化环境治理过程中权力的配置与行使,平衡环境治理所涉及的主体间的利益;

从环境协同治理的制度情境出发,提出在多元主体参与基础上,还需要政策和数据的协同,以及一个配套的制度体系,最终才能形成完整的协同治理机制。

再者,本书从"主体—政策—数据—制度"四个维度,建构一个整合性理论分析框架,全方位阐释环境协同治理的有效机制。其中,环境治理主体协同是指不同主体之间达成共识,并在此基础上共同参与制定强有力的政策解决方案,联合推进解决方案的实施、效果评估及问责等一系列行动,这些主体包括以中央政府和地方政府为主的核心层,即以政府为总管理协调者;以社会组织、企业和专家为主的中坚层,他们是环境治理与改善过程中的中坚力量;以及涵盖其他国家政府、媒体、公众在内的全员层。环境治理政策协同指横向上的中央政府各部门和纵向上的各级政府为促进跨部门环境治理政策目标实现,超越现有部门政策边界,与其他职能部门协作,整合国家发展和改革委员会(以下简称"发改委")、生态环境部(原环保部)、财政部等相关部门制定的气候变化政策、产业政策、环保政策等系列政策,以求实现环境治理"最优政策组合"和"整体效果最大化"的行为。环境治理数据协同是指政府、媒体、专家等不同主体之间互相开放与环境治理有关的数字、信息、技术及系统,整合环境治理数据库、政务共享平台、专家智库平台等数据库,实现不同部门间数据共享,信息互通,减少因信息不对称造成的行动不协调,使得环境治理决策者能够从大数据中提取有用信息辅助科学决策,也为专业机构、科技企业、公众等社会力量参与环境治理提供渠道。环境治理制度协同是指在宏观层面上精细设计相关制度规定,在微观层面上经过约定、谈判、沟通与博弈后定下协议,建立环境治理主体之间的互相信任,约束环境治理主体的行为,在明确各个主体职责的基础上,提高协同能力、降低交易成本,在"目标的制定与准备"到"监督与问责"这一政策运行过程中进行全面协同,从而促进环境治理目标实现。

基于上述理论分析,本书从定性和定量两个维度对中国区域环境协同治理实践开展研究。定性研究方面,本书首先对中国三大城市群——京津冀、长三角、珠三角环境协同治理案例深入剖析,从协同主体、协同过程、协同机制等维度比较三地环境协同治理异同，总结三地环境协同治理的成效与不足。随后，对粤港澳环境协同治理过程中的主体进行社会网络分析，在分析粤港澳协同阶段、协同结构、协同领域的基础上，通过考察 2000 年至 2020 年期间粤港澳环境协同治理网络结构的演化，明确不同治理主体间合作关系、合作强度、合作范围和协作方式等特征的演变过程，并进一步构建环境协同治理整体网络，从中观和微观视角考察整体网络特征，探索粤港澳环境协同治理机制与路径。京津冀、长三角、珠三角和粤港澳大湾区的环境协同治理案例揭示了中国区域环境协同治理的协同机制，但区域环境协同治理如何提升区域空气质量仍旧有待于定量分析验证。因此，在定量研究方面，本书首先着眼于大气污染联防联控计划（JPCAP），该计划囊括中国 168 个城市，旨在以协同治理的方式提升区域空气质量，事实上，在中国许多地区，越来越多的政府间合作方式被用于解决空气污染问题。大气污染治理属于典型的跨界治理难题，由于环境外部性问题，单一行政区政府难以根除空气污染。JPCAP 计划为协同治理理论的检验提供了现实场域。为研究 JPCAP 计划是否有效降低区域空气污染，本书采用双重差分倾向得分匹配模型（PSM—DID），使用 70 个城市共计四年（2014—2017）的面板数据集，对中国大气污染联防联控机制治理效果进行评估，并且运用随机效应模型分析区域大气污染协同治理中，沟通、领导力和信息共享因素对区域环境协同治理效果的影响。其次，本书还分析了中国碳排放和大气污染物排放协同控制政策的效力，具体方式是以低碳试点城市为对照组，使用 2003—2017 年 283 个城市的面板数据，通过 DID 模型先后检验碳排放交易试点政策对碳排放和大气污染的影响，并分析了"由污及碳""由碳及污"的交互效应影响，发现试点城市减污降碳协同水平越高，试点政策越能够有效地发挥激励或约束作用，进而产生"减污降碳"效应。最后，采用社会网络分析方法，比较研究北京市和广东省大气污染协同治理自组织网络的特征和绩效，分析自组织网络结构对环境治理绩效的影响，发现异质性强的协同网络能够提高大气污染协同治理绩效，良性互动的网络关系能够有效增强大气污染协同治理的效率。本书的研究思路框架如图 1-1 所示。

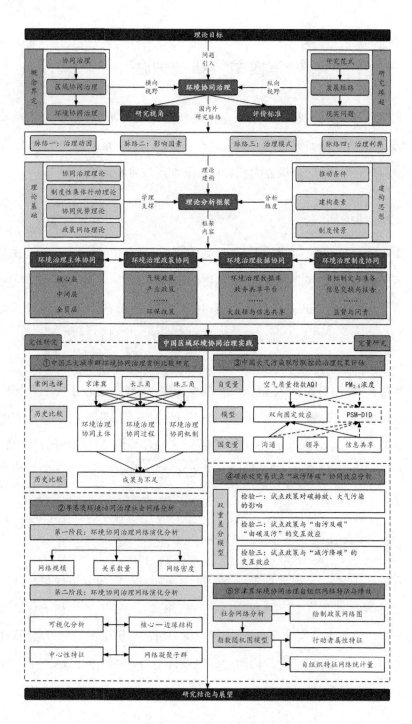

图 1-1 研究思路框架图

第四节　研究方法

本书在跨学科的视角下，采取定量分析与定性分析、理论研究和经验研究、理论创新与应用研究相结合的研究方法，从宏观、中观和微观层面，以及理论、应用和效果评价层面探究大气环境污染的区域协同治理。

一、理论研究

本书通过对国内外相关文献进行细致梳理，厘定环境协同治理的概念定义和研究脉络，充分吸收、借鉴对环境协同治理主体、过程、机制的已有研究，结合大气环境污染治理这一具体问题，对大气环境污染成因及变迁过程、大气环境污染治理现状以及大气环境污染治理存在的问题进行研究，随后，综合协同治理理论、制度性集体行动理论、协同优势理论、政策网络理论等经典理论，从推动条件、建构要素、制度情景三个维度出发，重新构建开拓性的大气环境污染区域协同治理理论与分析框架，实现对区域协同治理理论的整合，并以此作为分析大气环境污染区域协同治理主体、大气环境污染区域协同治理政策、大气环境污染区域协同治理数据以及大气环境污染区域协同治理制度的理论基础。

二、定性研究

在定性研究方面，本书首先结合中国大气环境污染的复杂性与经济发展的阶段性等国情，把中国三大城市群——京津冀、长三角、粤港澳的环境协同治理过程作为典型案例进行剖析，采用案例分析法和历史比较分析法，从环境治理的协同主体、环境治理的协同过程以及环境治理的协同机制三个方面比较三大城市群的异同，总结成功经验，指出有待完善之处。其次，采用适合分析多元行动者或多部门参与下的合作行动现象的社会网络分析方法（SNA），基于相关政策文本,对 2000—2020 年期间粤港澳区域环境协同治理事件涉及的政策行动者,进行网络构建和网络特征分析,借助社会网络分析软件 Gephi 0.9.2 可视化呈现治理主体之间的关系网络,并使用 Ucinet 6 软件计算环境协同治理网络的结构特征。通过对四个时期粤港澳大湾区环境协同治理网络的纵向比较,以及粤港澳环境协同治理整体网络的分析,明确协同治理网络的演变逻辑、网络内政策行动者的权力连接关系和合作互动特征,为粤港澳大湾区环境协同治理机制分析提供基础。其中,社会网络分析(Social Network Analysis,SNA)方法也被称为结构分析法(Structural Analysis),是由社会学家根据数学方法、图论等发展起来的分析方法,主要用于分析社会网络中关系结构及其属性,通过量化网络中的各种关系,为抽象网络问题的研究提供精确的分析工具,近年来在公共政策过程分析中被广泛应用。

三、定量研究

在定量研究方面,本书首先是基于中国大气污染联合防治改善空气质量(JPCAP)项目,使用 2014—2019 年 168 个地级市的面板数据,评估了协同治理对环境结果改善的影响及其动态效应,并且运用随机效应模型进一步探讨了协同过程中的三个关键要素,即沟通强度、领导力和信息共享程度对环境治理的影响。其中,随机效应模型是经典线性模型的一种推广,主要是把固定效应模型的回归系数看作是随机变量进行计算。随后,本书基于 2003—2017 年 283 个城市的面板数据,分析碳排放交易试点政策对地区减污减碳的影响,运用双重差分法(DID)评估试点政策减污降碳效应,通过交互效应分析探究"由污及碳"和"由碳及污"的协同控制效应,以及通过构建基于耦合度的"减污降碳"协调度模型,分析试点城市协同水平的"减污降碳"效应。其中,双重差分法(又名"倍差法")主要通过设置一个政策发生与否的虚拟变量进行回归,以此评估政策效应,可以帮助研究者避免内生性问题的困扰。最后,本书以北京市和广东省环境协同治理自组织网络为研究对象,采用社会网络分析方法

（SNA）分析两省环境协同治理的自组织网络数据样本，比较北京市和广东省大气污染协同治理自组织网络的特征和绩效，并分析自组织网络结构对环境治理绩效的影响，之后运用 Ucinet 6 社会网络分析工具和 ERGM 指数随机图模型分别对协同治理自组织网络的组成部分和内部结构特征做出进一步分析，阐释不同网络结构对环境治理绩效的影响机制。这一步使用的指数随机图模型（Exponential Random Graph Models，ERGM）是一类社会网络统计模型，其主要关注互惠关系或三角关系等既定网络中的局部关系结构，并且关注网络中各项关系之间的依赖性，允许观测值数据之间存在相关性，能通过模型仿真及参数估计推断影响网络结构生成的内外部结构。

综上分析，本书所使用的方法与研究内容紧密地结合，涉及具体问题的相关方法，将在对应章节中进一步介绍说明。

第五节　主要创新点

本书遵循理论与实践相结合的原则，对中国区域环境协同治理进行深入探讨，以协同治理理论为基础，结合社会网络与制度性集体理论，通过定性与定量相结合的方法，深入分析全国或重点区域环境协同治理机制，理清我国环境协同治理的现状，总结我国环境协同治理的治理成效及成功经验。同时，本书进一步探究我国环境协同治理存在的问题，结合实践情况分析问题产生的原因，并在此基础上提出完善中国环境协同治理机制的对策建议。总体来看，本书在理论视角、研究方法和研究内容等方面皆具有一定的创新性。

一、理论创新

本书借鉴传统的"结构—模型"协同治理分析框架，基于协同治理模型、协同网络视角、社会生态系统分析框架（协同优势）和制度性集体行动框架，结合我国政治体制、行政框架、社会生态和实际协同情况，从"主体—政策—

数据—制度"四个维度,对环境协同治理理论框架进行系统构建,在现有研究基础上进行协同治理四个方面的理论突破与创新。在这个分析框架下,对京津冀、长三角、珠三角三个重点区域以及粤港澳大湾区的环境协同治理案例深度考察,同时对中国大气污染联防联控和减污降碳协同等进行系统性定量分析,以理解和研究当前中国环境协同治理模式。

第一,本书拓宽了协同治理主体的研究广度,聚焦于政府上下层级之间、不同区域政府间的合作,同时考察了政府与非政府主体之间的协同关系。当今社会要进行有效环境协同治理,必须在坚持政府主导地位的前提下,充分发挥社会组织、企业、公众等各方行动主体的积极作用,实现合作共治。中国不断改变政府单一主体、单一行政辖区管理的环境治理格局,向以政府主导的、多元主体共同协作的跨区域协同治理模式转变。根据不同主体在环境协同治理中发挥的作用,可将主体结构分为核心层、中坚层和全员层三个部分。核心层主要包括中央政府和地方政府,以政府为总管理协调者;中坚层包括社会组织、企业和专家,他们在协同治理中发挥自身优势资源,是环境治理与改善的中坚力量;全员层包括其他国家政府、媒体、公众等,对政府行为进行监督和约束。

第二,由于政策在环境治理中能够有效指导、规范、协调主体间协同行为,本书将不同主体在政策过程中的协同关系纳入考察范围,从政策协同的维度对协同机制进行分析。政策协同是指不同部门在政策制定、实施与执行方面协调合作的过程,有利于政策的优化和政策目标的实现。中国政策协同可以分为纵向与横向两个维度。纵向协同表现为从中央到地方、不同层级政府之间的联结机制,上级政府对下级政府是一种自上而下的领导。通常来说,政府层级越高(特别是中央政府),越倾向于发布指导性、综合性政策,向下级政府宣传并强化某种政策目标,对下级政府行为进行引导。在自上而下的传播过程中,政策呈现出高强度、高影响力和高数量的特征。横向协同主要表现为政府内部不同部门之间或不同区域政府部门之间的联合发文。政府内部分工明确,各个部门都被安排具体职能,环境政策的制定与实施跨越了不同的工作领域,需要多个部门协同行动,共同负责。在本书中,环境治理政策协同中的政策指环境治理过程中改善环境质量、促进各部门有效协作的相关政策。政策协同即政府(中央或地方政府)为了促进跨部门政策目标的实现,超越现有的单个部门政策边界领域,与责任范围之外的职能部门协作,进而整合不同部门之间的政策的行为。

第三,大数据时代下数据信息资源的重要性日益增强,经济发展和公共管理能力提升都对数据共享提出了更高要求,数据协同的概念应运而生。数据协同可被理解为数据间互动、主体间开放共享的过程,旨在提升多元主体的数据认知层次(由低到高为数据、信息、知识、智慧),使行动者更多地基于科学而非经验进行决策。作为环境协同治理的核心主体,政府间信息共享是实现数据协同的重点。政府间在处理环境污染等跨越省市界限的问题时,需要大规模和全组织的数据协同。不同区域政府借助信息技术,加快数据整合和共享速度,进一步提高行动效率,降低信息不对称造成的交易成本,减少协同难度和阻力,实现更大的公共价值。同时,数据协同有利于社会组织、企业、公众等广泛社会主体获取更多信息资源,推动环境协同治理。

第四,本书研究了制度体系在环境协同治理全过程中发挥的保障、调节和规范作用。制度具有稳定性、明确性、长期性和强制性,面对不断发展的社会和复杂变化的协同网络中的成员,在很大程度上保障了环境协同治理网络及政策行动的可持续性。制度是针对不同社会主体及其行为做出的规范与约束,这些主体包括政府等其他社会组织、团体和公民。环境治理相关制度对协同治理主体的行为方式进行明确有效的规范,确保各主体践行自身职责,促进环境治理目标的成功实现。同时,有关环境协同治理的制度能够保证不同主体之间平等协商,规定不同主体之间的权力关系,防止协同过程中权力越界影响协同信任关系,协调环境协同治理过程中多元主体相互之间可能产生的冲突,实现不同主体之间的资源互补和功能整合。

二、方法创新

本书将定性研究与定量研究两者结合,对中国环境协同治理实践进行全方位、多维度的评价分析。首先,本书从"主体—政策—数据—制度"四个层面对京津冀、长三角、珠三角三个重点区域进行案例研究,通过搜集大量政府文件资料和新闻报道,以丰富的经验材料充实实践案例,深入考察我国环境协同治理实践的实际成效和不足之处,其中重点剖析了不同城市群的区域间大气污染协同治理结构。大气污染问题因其跨界扩散的广泛性、涉及利益主体的多样性以及公众的高认知度,成为环境治理领域备受关注的一个重要方面。从生态环境部、发改委等九部委联合发布的《关于推进大气污染联防联控工作改善区域空气质量的指导意见》到《中华人民共和国大气污染防治法》的出台,中国针对大气污染问题做出了一系列努力,并取得了一定的治理绩效。但是,不同利益主体间目标与利益诉求的相互冲突,以及大气污染问题的跨区域性和污染治理的长期性,阻碍了大气污染协同治理行动的长期有效开展,因此我们需要从案例实践中进一步探究推进协同治理的可行路径。

其次,本书第四章采用社会网络方法,对粤港澳大湾区环境协同治理实践进行实证分析。粤港澳大湾区作为世界级城市群,处于珠江入海口,河海陆相互连接,且经济发展联系紧密,形成了一个完整的、相互联结的生态系统。在这个生态系统中,大气污染、水污染等环境污染会在邻近城市之间扩散和叠加,具有较强的负外部性。为有效开展环境治理行动,解决环境治理中"搭便车"等集体行动困境,粤港澳大湾区应该加强跨区域协同行动,构建多元主体参与的环境协同治理机制,共同应对复杂多变的治理难题。本书采用基于内容分析的社会网络分析方法,对环境治理主体之间的关系网络进行可视化分析与呈现,识别和分析粤港澳大湾区环境协同治理整体网络中关键政策行动者、权力连接关系、合作互动特征以及集体行动的方式等,厘清粤港澳大湾区环境协同治理现状,为后续整体协同网络的优化提供参考。

再次，本书采用多种定量方法对我国不同领域的环境协同治理进行系统分析。目前，学界对环境协同治理的量化研究相对较少。为了准确评估中国大气污染联防联控的治理效果，本书基于中国大气污染联合防治改善空气质量（JPCAP）项目，使用2014—2019年168个地级市的面板数据，评估了协同治理对环境结果改善的影响及其动态效应。同时，研究进一步分析了协同过程中的三个关键要素，即沟通强度、领导力和信息共享程度对环境治理的影响。结果表明，由于JPCAP项目设计的局限性，大气污染联防联控可以在短期内提升整体空气质量，但不具长效性，仅能在$PM_{2.5}$浓度的管控上发挥持续性影响。在协同治理过程中，承担领导责任的城市在环境治理中有更为突出的表现，信息共享是其关键因素，但沟通机制不完善制约着环境质量的进一步提升。这为探究环境协同治理效应提供了有益启示，并为中国JPCAP项目的完善提供了政策参考。

减污降碳协同也是环境协同治理的一个重要方面。减污降碳协同指降低大气主要污染物排放和二氧化碳排放，是环境政策与气候政策协同的典型举措，逐渐成为我国应对气候变化、加强污染防治的重要抓手。本书基于碳排放交易试点政策，利用DID模型评估了试点政策的减污降碳效应，助力我国减污降碳增效。研究发现：一是试点政策不仅显著降低了碳排放，而且能显著减少$PM_{2.5}$污染，说明试点政策具有"减污降碳"双重效应。二是试点政策可通过"由污及碳"的协同控制效应降低碳排放，"减污"有利于强化碳交易试点政策的激励与约束效应，"由污及碳"的协同控制效应主要由东部地区产生；但试点政策"由碳及污"的协同控制效应不显著，"降碳"导向下"降碳"投入可能会对"减污"投入形成替代效应。三是试点城市的减污降碳协同水平对试点政策"减污""降碳"效应的发挥起到了十分显著的促进作用。试点城市减污降碳协同水平越高，试点政策越能够有效地发挥激励或约束作用，进而产生"减污降碳"效应。

最后，本书通过社会网络分析方法和ERGM指数随机图模型，对京津冀及周边地区大气污染协同治理的自组织网络组成和内部结构特征做出进一步分析,并通过协同治理理论,阐释不同网络结构对环境治理绩效的影响机制。结果表明:异质性强的协同网络提高大气污染协同治理绩效,良性互动的网络关系增强大气污染协同治理效率。基于此,提出相应的协同网络治理对策。

三、内容创新

本书在研究内容叙事框架上具有一定的新颖性,形成了从理论基础到具体实践的分析路径;梳理国内外相关理论文献,对环境协同治理研究进行系统性整理与分析,在吸收理解中西方理论的基础上开创新的研究视角,通过举证说明实际案例来提炼中国环境协同治理的经验特色。本书首先从多个环境治理领域对中国环境协同治理实践进行考察,主要包括大气污染协同治理、生态环境协同治理与保护和水污染协同治理。其次,基于研究"本土化"的考虑,对中国京津冀、长三角、珠三角等多个重点地区环境协同治理进行针对性分析,对区域政府间的协同治理模式进行归纳总结。最后,本研究区别于传统的问题和解决路径的叙事方式,通过社会网络分析法、双重差分法等多种研究方法对大量数据资料进行量化分析,深度解析中国环境协同治理的作用机制,由此提出科学的、可行的、具有参考意义的实践路径。

第二章　研究综述

为深入了解国内外环境协同治理研究现状,分析预测未来协同治理研究发展方向与趋势,本章分别从环境协同治理的概念界定、环境协同治理的研究缘起、环境协同治理的研究视角与维度、国内外环境协同治理研究脉络四个维度,对现有研究进行系统整理与分析,在此基础上进行总结、提炼与创新。

第一节　概念界定

一、协同治理

(一) 协同治理的兴起

公共管理在过去三十多年里发生了较大变化,从国家是主导制定政策的单一行动者,转变为政策影响在国家和民间社会行动者之间横向分布。这种治理趋势可以被描述为"协同治理",并在不同的政策领域和司法管辖区中得到实践。① 随着全球化、多元化、信息化和网络化的发展,现代公共管理迎来

---

① C. Ansell, A. Gash, "Collaborative Governance in Theory and Practice", *Journal of Public Administration Research and Theory*, Vol.18, No.4(October 2008), pp.543-571.

了新一轮的改革浪潮,逐渐步入全新的治理时代,政府管理实践已经从国家是制定政策的主要单一行动者的环境,转变为政策影响力更多地横向分布在国家和民间社会行动者之间,"跨界"协同治理理论开始兴起。

协同治理可以被定义为一种集体决策方法,公共机构和非国家利益相关者相互参与以共识为导向的协商过程,以制定和执行公共政策。这些协作过程可以通过促进参与者之间的相互信任、知识共享,以及通过制定更易于实施和被视为更合法的政策解决方案来减少对抗相关成本和实施失败问题,从而保证决策的可行性和可持续性。协同治理的主体呈现多元化特征,不仅包括政府这样的传统权力代表,同时还涵盖社会组织、企业和公众等行动主体。为了实现公共目标,协同治理要求综合运用行政命令、市场激励或社会动员等多种手段工具,形成政府内部与外部行动主体、上下层级与横向部门之间有效联动的网络化治理格局。20 世纪末,英国首次在国家层面启动协同治理改革,实现政府跨层级、跨部门的有机整合,推动协同治理在公共管理实践中发挥重要作用。目前,协同治理成为各国政府积极探索的改革发展路径。

协同治理在许多政策领域都很常见,包括经济发展、市政预算、公共卫生、人类服务、环境保护和恢复、交通和土地使用等。协同治理在公共管理和公共政策研究中也是一个热门话题,从公共管理者的角度来看,协同治理是决策者和管理者用来解决公共问题的工具箱,这些工具包括非正式共享安排、服务共享合同、公私伙伴关系、联合权力协议、区域政府间合作、审议论坛、参与式规划和利益相关者咨询小组。

近年来,国内外学者对协同治理开展了大量的研究,协同治理也成为解决当下许多公共问题的重要方式。在过去的几十年里,世界范围内的政府都在面临着改革或者角色转型压力,不管是追求民主,还是追求效率,其传统的组织架构以及管理方式都在逐渐祛魅。随着社会力量的成长和行政管辖边界的模糊,政府作为单一主体解决公共问题的能力被现实情况所限缩,需要和社会多元主体相互合作、共同行动。由此，学者们对这种网络型治理的合作关系产生了浓厚的兴趣，协同治理也在这种背景下应运而生。

（二）协同治理的内涵

协同治理是一种源于协同学理论和治理学理论的交叉理论。协同治理可以被看作是一种集体决策方法，公共机构和非国家利益相关者在基于共识的审议沟通过程中相互参与，以制定和实施公共政策和管理公共资源的程序。[①] 安塞尔（Ansell）和加什（Gash）认为，协同治理是由政府发起并主导、非政府利益相关者直接参与的正式且以共识为导向的集体决策的治理方法。不同政策行动者通过集体协商、共同制定和实施公共政策，管理公共项目或资产。各治理主体在协商过程中的平等性对成功实现治理目标具有重要意义，在这个协同关系中，参与方具有平等的话语权和地位。[②] 埃默森（Emerson）等认为协同治理指的是公共政策决策和管理的过程与结构，使人们跨越公共机构、各级政府和公民领域的界限，以实现公共目的。[③] 马克（Mark）突出了个人和组织的自主性，他认为协同治理指的是为实现共同目标对具有不同程度自主性的个人和组织进行指导、控制和协调的方式。[④] 也就是说，除政府这个主要参与者外，其他参与者也应该具有一定的自由裁量权，而不是仅仅听从政府指令行事。

有学者认为，协同治理不仅仅限于正式的、由政府发起的单向政策行动安

---

① J.Erik，H.Darrin，N.Ning，A.Jennifer，"Managing the Inclusion Process in Collaborative Governance"，*Journal of Public Administration Research and Theory*，Vol. 21，No. 4（October 2011），pp.699-721.

② R.Bouwen，T.Taillieu，"Multi-party Collaboration as Social Learning for Interdependence：Developing Relational Knowing for Sustainable Natural Resource Management"，*Journal of Community & Applied Social Psychology*，Vol.14，No.3（May-June 2004），pp.137-153.

③ E. Kirk，N.Tina，*Collaborative Governance Regimes*，Washington，DC：Georgetown University Press，2015，pp.33-40.

④ M.T. Imperial，"Using Collaboration as a Governance Strategy"，*Administration & Society*，Vol.37，No.3（July 2005），pp.281-320.

排,还包括公共和私人行动者之间的相互参与。① 该定义强调了多伙伴治理的概念,也就是将协作治理的范围扩展到政府间协作和不同机构间协作。库珀(Cooper)等人认为,协同治理指的是公民与公共机构代表进行理性协商,且这种有效的协商方式已逐渐嵌入到地方治理的工作中。② 宾厄姆(Bingham)分别从协同治理的主体、客体、外延方法、沟通方式四个方面对协同治理的定义进行了扩展,以期协同治理能够解决更多的公共问题。③ 一些领先的协同治理方法呈现出网络安排特征,将网络视为协同治理结构的建设力量,为协同伙伴关系的发展提供必要条件。研究表明,环境治理的有效开展需要在广泛多样的行动者、理念和方法之间建立协同网络和创新伙伴关系。其中,政府主体可以发挥自身作用促进不同群体之间的沟通,充当不同行动者和利益相关者之间的"桥梁"。

国内关于协同治理的研究起步相对较晚,但学者们对协同治理也有较为充分的认识。张贤明和田玉麒指出,协同治理是指在全球化时代,公共部门、企业、社会组织和公众等主体跨越组织边界或行政界限,相互协调合作、共同解决公共问题或难题的过程。④ 郑巧等认为协同治理是协同学和治理学结合的产物,多元主体作为子系统共同构成开放的整体系统,其中各个子系统不断优化调整的过程称为协同治理。⑤ 田培杰在分析国内外学者对协同治理相关研究的基础上,提出协同治理是为解决共同的社会问题,政府与企业、社会组织以及公民等利益相关者,通过规范化的方式进行协商与决策,同时各行动主

———————

①　P. D. Culpepper, *Institutional Rules, Social Capacity, and the Stuff of Politics: Experiments in Collaborative Governance in France and Italy*, Cambridge: Harvard University, 2003, pp.3-29.

②　T. L. Cooper, T. A. Bryer, J. W. Meek, "Citizen-Centered Collaborative Public Management", *Public Administration Review*, Vol.66(December 2006), pp.76-78.

③　B. L. Blomgren, O. Rosemary, *Big Ideas in Collaborative Public Management*, NewYork: Taylor and Francis, 2014, pp.15-20.

④　张贤明、田玉麒:《论协同治理的内涵、价值及发展趋向》,《湖北社会科学》2016 年第1 期。

⑤　郑巧、肖文涛:《协同治理:服务型政府的治道逻辑》,《中国行政管理》2008 年第7 期。

体需要对结果承担相应的责任。① 在对协同治理的内涵进行理解时，不同的学者有着各自的定义，但是他们对协同治理大部分是持肯定态度的。国内学者在对协同治理进行分析时，不仅从学理方面展开了大量的研究，更对其在社会治理、公共危机管理、政府转型、公共服务体系建设等方面的运用做了一定探讨。

协作治理的发展不仅仅是为了满足更广泛的决策这一模糊概念，而且是为了在持续的问题解决过程中使用不同的"认知方式"，实现对问题的"优化"处理。② 鉴于协同治理这个基本原理，公务员和公民社会行动者应该以不同的方式看待政策问题和解决方案，从而保证在协作治理机制下做出的决策不同于在传统官僚制（不包括公民社会行为者）下的决策。

（三）协同治理的理论价值与实践意义

在当今社会治理中，社会协同已经成为协同研究的重点，社会管理创新实践要求将社会组织参与纳入协同治理。不同政府部门需要靠协同关系完成一个良性的循环，这是基于政府治理水平和社会发育程度的一种现实选择。有效的协同合作关系离不开不同主体间的相互信任与支持。如果信任关系不能稳定的存在下去，协同治理的各相关利益方没有获得安全感和信任感，协同治理的作用就很难得以展现。③ 尤其在府际合作中，如果地方政府之间缺乏信任且过分追求自身利益，就会导致"公地悲剧"发生。因此，协同治理在很大程度上有助于提高公共管理效率和能力，推动公共问题的有效解决。

在公共危机管理方面，我国正处于社会转型期，各种自然灾害和公共危机频发，单一政府主体已经力有不逮，危机管理正朝着多元主体参与的协同治理

---

① 田培杰：《协同治理概念考辨》，《上海大学学报（社会科学版）》2014年第1期。

② M.S.Feldman, A.M.Khademian, H.Ingram, A.S.Schneider, "Ways of Knowing and Inclusive Management Practices", *Public Administration Review*, Vol.66(December 2006), pp.89-99.

③ 欧黎明、朱秦：《社会协同治理：信任关系与平台建设》，《中国行政管理》2009年第5期。

发展。何水强调我国公共危机管理应该摆脱单一政府中心的刻板思想,在保证政府作用的同时,尽可能地调动社会资源和拓宽社会参与渠道。① 有学者将公共危机协同治理分为三类,并强调了多元主体,如企业、公民、媒体等在协同治理当中的重要作用。② 协同治理视阈下的公共管理主要集中在多元主体、社会参与等方面,协同治理实际上也是对多中心理论、整治理论等多种治理理论进行的扬弃。在政府转型方面,多数学者都认为协同治理是政府治理模式发展的必然趋势。杨清华指出,必须尽快改变以政府为单一行动主体的治理方式,这样才能有效解决治理失效、社会与政治问题,积极应对各种公共难题与挑战。③ 协同治理能够使地方政府突破管理局限,为解决当前问题提供强大的理论支撑与实践资源,成为公共治理改革的必然选择。在公共服务体系建设中,郑恒峰提出需要强化公众服务导向的协同治理理念,引入市场竞争机制,培育社会动员力量,这样才能实现政府与社会的有效互动。④ 基本公共服务体系建设具有多重价值目标,涵盖不同程序与环境,涉及诸多利益相关者,协同治理能够发挥平衡优势,容纳多元主体参与,实现不同主体间的有效分工合作,故而有利于化解基本公共服务供需矛盾,提升供给的水平与质量。

协同治理不仅是我国国家与社会关系嬗变与重塑的必然要求,而且是对后工业社会公共性扩散的应然回应。为了实现由政府主导、以行政命令为主要手段的治理模式,向多元主体联合行动的协同治理模式的成功转变,我国需要充分发挥社会行动者的治理效能,构建多元主体协同共治体系,实现各治理主体的目标协同与利益协同,保证协同治理机制的长久运行。⑤ 协同治理倡

① 何水:《从政府危机管理走向危机协同治理——兼论中国危机治理范式革新》,《江南社会学院学报》2008 年第 2 期。

② 沙勇忠、解志元:《论公共危机的协同治理》,《中国行政管理》2010 年第 4 期。

③ 杨清华:《协同治理:治道变革的一种战略选择》,《南京航空航天大学学报(社会科学版)》2011 年第 1 期。

④ 郑恒峰:《协同治理视野下我国政府公共服务供给机制创新研究》,《理论研究》2009 年第 4 期。

⑤ 张振波:《论协同治理的生成逻辑与建构路径》,《中国行政管理》2015 年第 1 期。

导的多元参与，能够打破不同组织、部门和区域间的界限，减少沟通合作壁垒，最大限度调动政府、企业、社会组织等各类主体的积极性，促使它们积极协商与合作，共同解决复杂多变的公共问题，推动我国公共管理模式的发展与创新。

二、区域协同治理

（一）区域协同治理的内涵

近年来，协作型政府作为更好应对地方和区域复杂问题的一种手段，已经成为公共管理领域的一个热点研究主题。区域协同治理的决策过程融合了各方观点，可以在不同区域之间建立信任合作关系，减少治理过程中的冲突。相比之下，传统的自上而下的中央统筹管理不足以解决跨越行政管辖边界的问题。① 韦尔（Wear）认为政府在政策行动中存在两项关键举措——调整部门界限和建立区域管理论坛，可以推动区域和地方的合作、确定并解决该地区面临的关键问题。② 虽然协同过程可能比政府单边决策更加耗时，但长期来看它能带来更好的行动结果，利益相关者之间的后续冲突也会减少。

区域协同治理让不同利益相关者共同参与到了协商决策之中。大多数人研究的是公共机构之间的协同治理，没有广泛思考非正式环境中的协同治理结构，非政府组织或其他组织、公众、媒体等主体越来越需要了解并参与有效的社会资源管理。戈斯内尔（Gosnell）发现，多元利益相关者的参与、现有的社会网络关系和相互间的学习机会在适应性治理工作中起到了重要作用。③

---

① B.Anna，S.Michael，B.Gabrielle，"Enabling Regional Collaborative Governance for Sustainable Recreation on Public Lands：the Verde Front"，*Journal of Environmental Planning and Management*，Vol.64，No.1（January 2021），pp.101-123.

② A.Wear，"Collaborative Approaches to Regional Governance - Lessons from Victoria"，*Australian Journal of Public Administration*，Vol.71，No.4（December 2012），pp.469-474.

③ A.J.Smedstad，H.Gosnell，"Do Adaptive Co-management Processes Lead to Adaptive Co-management Outcomes？A Multi-case Study of Long-term Outcomes Associated with the National Riparian Service Team's Place-based Riparian Assistance"，*Ecology and Society*，Vol.18，No.4（December 2013），p.11.

有效的区域协同治理必须让不同的行动主体参与进来,对管辖范围内的资源、权力和行动方式等进行协调,且最终能达到提高区域治理能力的目标。① 同时也有学者指出区域协同治理可能存在的局限。在地方合作过程中,赋予承担责任和分享预期成果的地方领导人一定的权力是实现成功协作的关键要素。② 然而,协同治理要求不同地区之间适应彼此的行政边界与管理模式,使不同区域的地方政府难以保持地方自治性。这种外部合作所必须的政治让步可能会导致地方自治与区域协同之间产生紧张的对立关系。

随着区域公共问题的日益增多,以行政区划为边界的管理模式难以适应复杂多变的公共治理环境。为推动公共治理变革,学者们加大对区域政府之间的府际合作、区域协调发展等问题的关注力度,在此基础上提出了区域公共管理、区域治理等新的治理模式。高明、郭施宏在借鉴巴纳德系统组织理论对区域协同治理模式进行探究时指出,协同治理是区域治理模式的高级阶段,区域中各组织以尊重彼此利益为前提,在促进区域一体化、实现区域协调发展的共同愿景下,共同参与、优势互补,互相影响、互相监督。③ 中国的区域发展是一个多样且动态的过程,其社会、政治和经济条件发生了巨大变化,以政府为单一主体的治理模式无法满足公共治理需求。区域协同治理的核心在于政府不同层级之间、不同部门之间能够打破行政界线,有效沟通与协作,共同应对跨区域的公共问题和公共事务,从而实现最佳的政策行动效果。同时,政府部门可以主动邀请私人部门和社会组织自愿参与区域治理的各项事务,以达到互相合作、共同发展的目的。有学者指出,除政府内部沟通协作以外,市场主

---

① W.B.Head,H.Ross,J.Bellamy,"Managing Wicked Natural Resource Problems:The Collaborative Challenge at Regional Scales in Australia",*Landscape and Urban Planning*,Vol.154,(October 2016),pp.81-92.

② E.B.Cain,R.E.Gerber,I.Hui,"The Challenge of Externally Generated Collaborative Governance:California's Attempt at Regional Water Management",*The American Review of Public Administration*,Vol.50,No.4-5(May 2020),pp.428-437.

③ 高明、郭施宏:《基于巴纳德系统组织理论的区域协同治理模式探究》,《太原理工大学学报(社会科学版)》2014年第4期。

体及其他社会行动者也需要参与协同行动，相互作用，共同决策，从而推动区域协同治理。①

在区域协同治理的过程中，治理主体具有多元性，治理权威和方式是多样的，公共事务既可以依靠垂直的政府统治，也可以依靠市场机制或横向协商进行解决。各子系统之间为达成高度配合的状态，需要不断辨识和适应当下的互相依赖关系，及时调整自己的行为，建构一个动态系统，自发地互动、协商，共同打破等级制和边界主义的壁垒。但是，区域协同治理所需条件较多，加大了其有效实现的难度。不同地区之间的经济水平差异、自然条件差异等加剧了跨区域治理工作的复杂性和难度。由此，区域协同治理要处理好不同主体间的关系，即中央政府与地方政府、不同府际间的政府、企业与政府、公众与政府之间的关系。由于国家宏观性公共政策在各地的执行状况千差万别，不同层级政府的施政模式必须考虑当地公共政策对上级政府或下级政府的衔接效能，通过有效的创新机制或制度调整手段促进经济政策、社会政策与国家发展理念的深度融合。②

许多学者在探讨区域协同治理时，都会将其置于一个具体的政策情境中，以京津冀大气污染治理研究为典型代表。从大量相关研究中不难发现，当今的区域协同治理有一些共有的缺陷。一是制度化程度低，缺乏法律层面的严格规定，易增加协商与决策成本；二是制度透明度低导致信息成本增加；三是利益动机不足导致的区域合作不到位，各行其是；四是监督与问责的困难。以上几点导致的最终结果就是区域协同治理有效性降低，难以达到最初目标。考虑到区域协同治理的府际关系问题，蔡岚认为利益是推动地方政府走向合作的根本原因，如何整合不同的现实要求来谋求合作以达到各自的目的是一

---

① 叶林：《找回政府："后新公共管理"视阈下的区域治理探索》，《学术研究》2012年第5期。

② 卓成霞：《大气污染防治与政府协同治理研究》，《东岳论丛》2016年第9期。

个难以理性权衡的问题。① 此外,当前政府间合作缺乏制度性和法律性的合作协调机制,缺乏跨区域行政权威,区域政府合作受到了重重阻碍。

区域协同治理的路径如何实现?吕丽娜认为首先需要培育区域协同治理所需的社会资本,其次是合理划分各类参与主体的职责,完善相关法律制度,建立一套区域协同治理的参与机制。② 虽然这能带给我们一些启示,但是这种抽象性的概括机制如何在实践当中得到运用还需要进一步讨论。除此之外,有关学者在这一问题上的探讨多是基于某种具体的跨域性公共问题,比如京津冀大气污染治理,或者是某些区域的水污染治理,其实施路径是否具有推广价值还值得深入思考。那么,能否找到一个比较完善的区域协同模型来应对当前我国跨域性公共问题?是否有一个具体的范式能够解决当前公共问题的跨域性和我国实际政府体制下行政边界导致的冲突?都是本书需要深入研究的问题。

(二)区域环境协同治理

地方政府在环境治理中的作用日益成为重点研究问题之一。环境治理通常面临着跨越地理范围和部门界限的挑战,需要不同利益相关者和多边决策主体之间的有效合作。③ 为促进此类合作,政策制定者和公共管理者创建并不断优化协作治理结构化框架。实际上,关于环境治理究竟需要地方政府分散治理,还是中央政府统筹集中治理的问题一直以来都被广泛探讨。对这个问题的回答主要取决于环境污染及其治理的外溢性和区域异质性。斯图尔特(Stewart)基于环境集权理论提出自身观点:环境公共产品的提供主要由中央政

---

① 蔡岚:《府际合作中的困境及对策研究》,《行政论坛》2007 年第 5 期。

② 吕丽娜:《区域协同治理:地方政府合作困境化解的新思路》,《学习月刊》2012 年第 4 期。

③ E. Bell, A. T. Scott, "Common Institutional Design, Divergent Results: A Comparative Case Study of Collaborative Governance Platforms for Regional Water Planning", *Environmental Science & Policy*, Vol.111(September 2020), pp.63–73.

府承担,这样可以避免"搭便车"造成的环境公共产品供给不足和公地悲剧的发生。① 另一方面,环境分权派认为由于不同区域的自然条件、地理位置、经济发展水平、产业结构和技术条件等存在着差异,环境公共产品的供给应由地方政府承担。如果中央政府统一提供环境公共产品,这种异质性可能会被忽略。②

为解决这些矛盾和问题,有学者研究了环境污染的外溢性,总结出区域合作可以解决环境治理外部性问题、促进资源有效配置的观点。赵树迪通过构建考虑跨境污染的动态博弈模型,发现与单边治理相比,协同治理可以减少环境污染。③ 多元行动者的有效参与、参与者组成的协同网络及规模、主体之间密切的协同关系共同促进协同治理的成功实现。④ 此外,有学者考察了中国雾霾区域协同治理的实际状况,认为雾霾污染的空间外溢性较大,因此在制定雾霾污染治理的环境政策时,必须充分考虑空间因素的影响,加强省区之间的推动和协调,才能最终实现污染控制。⑤

我国部分区域环境协同治理的实践表明,区域协同治理能够有效解决环境污染和治理的外部性问题,是中国区域环境治理重要举措之一。刘华军和雷名雨认为以地区联动为要义、政府为主导、企业为主体、公众和社会组织共同参与的雾霾污染区域协同治理成为改善大气污染状况的重要举措。⑥ 李永亮分析了我国府际协同治理雾霾的现实困境,发现府际协同治理水平存在多主

---

① B.R.Stewart, "Pyramids of Sacrifice-Problems of Federalism in Mandating State Implementations of National Environmental Policy", *Yale Law Journal*, Vol.86(1977), pp.1196-1272.

② B.Saveyn, S.Proost, "Environmental Tax Reform with Vertical Tax Externalities in a Federal State", *KU Leuven CES:Leuven Working Papers*, (2004), pp.1-24.

③ 赵树迪、周显信:《区域环境协同治理中的府际竞合机制研究》,《江苏社会科学》2017年第6期。

④ 杨立华、张柳:《大气污染多元协同治理的比较研究:典型国家的跨案例分析》,《行政论坛》2016年第5期。

⑤ S.Chen, Y.Zhang, Y.Zhang, Z.Liu, "The Relationship between Industrial Restructuring and China's Regional Haze Pollution: A Spatial Spillover Perspective", *Journal of Cleaner Production*, Vol.239, December 2019.

⑥ 刘华军、雷名雨:《中国雾霾污染区域协同治理困境及其破解思路》,《中国人口·资源与环境》2018年第10期。

体长效协同机制缺失、制度化程度低等问题,为有效解决这些问题,区域政府之间应该形成多主体联动、制度健全、监管和激励有效的新常态协同治理机制。[①]

环境区域协同治理也存在行动困境。根据奥尔森的集体行动理论,有理性的、追求自身利益的个体不会为了实现集体的利益而努力,除非这个集体中人很少,或集体存在强制等其他特殊手段促使他们为共同利益行动。[②] 地方政府作为区域治理中的个体,会以自身利益最大化为行动目标,产生集体的非理性,在环境公共产品外部性的作用下,这种非理性就会导致地方政府间"搭便车"行为。此外,在中国当前行政体制下,地方政府间的逐底竞争也影响了区域协同治理功能的正常发挥,逐底竞争是指地方政府为追求自身经济发展,降低环境保护和治理标准,最终加剧环境污染。[③] 胡中华和周振新指出在京津冀区域环境协同治理过程中,北京、天津等标志性环境污染治理虽然有所成效,但石家庄等地环境并未改善,可以看出我国目前的区域环境治理虽然突破了行政边界限制,改变了传统的碎片化治理结构并实施了区域协同治理,但这只是一种突击式的、暂时的运动式协作,难以产生持续性的治理效果,因此要推动区域环境治理从运动式协作发展到常态化协同。[④] 不同区域之间的利益协调是影响环境污染区域协同治理的重要因素之一。造成区域协同治理困境的主要因素包括职责不清、错位、监管缺失、区域协调不力、无序竞争等。[⑤] 参

① 李永亮:《"新常态"视阈下府际协同治理雾霾的困境与出路》,《中国行政管理》2015 年第 9 期。

② O.Mancur, *The Logic of Collective Action: Public Goods and the Theory of Groups*, *Second Printing with a New Preface and Appendix*, Cambridge: Harvard University Press, 2009, pp.20-25.

③ X.Peng, "Strategic Interaction of Environmental Regulation and Green Productivity Growth in China: Green Innovation or Pollution Refuge?", *Science of The Total Environment*, Vol. 732 (August 2020), pp.139-200.

④ 胡中华、周振新:《区域环境治理:从运动式协作到常态化协同》,《中国人口·资源与环境》2021 年第 3 期。

⑤ A. Bettis, M. Schoon, G. Blanchette, "Enabling Regional Collaborative Governance for Sustainable Recreation on Public Lands: the Verde Front", *Journal of Environmental Planning and Management*, Vol.64, No.1 (January 2021), pp.101-123.

与区域协同治理的地方政府大多是平等关系,在污染物为公共物品属性的情况下,"搭便车"激励使得区域联防容易陷入集体行动困境。

三、环境协同治理

赞成多方协作解决环境问题的言论很多,涉及不同研究领域,学者们对此使用了不同的术语,本书将使用术语"环境协同治理(Collaborative Environmental Governance,CEG)"来统称环境治理中的多方协作过程。已有研究所提出的治理模型,不仅强调社会个体、企业、非政府组织等不同环境管理社会行动者之间的纵向、横向协作,还涵盖跨部门合作、跨层级合作。① 这些研究不仅讨论有关协同治理的基本理论,也具体探讨了协同治理在不同领域等以及不同地域或国家的实践。

由于地区间资源使用存在依赖性,而且跨域治理给传统官僚制带来了新的挑战,环境治理逐渐迈向协同治理模式。这一点也符合黄晓春和周黎安提出的"借道"机制,即当自上而下"层层发包"的治理模式出现张力,基层政府应对环境问题灵活性不足时,地方政府会通过社会组织来解决难题。② 如表2-1所示,关于环境协同治理的研究一般在协同治理的框架下,探讨多方组织的合作,旨在解决不同的环境问题,如非点源污染、流域治理等。协同治理经历了协作式公共管理、多层次协同治理、协同治理再到专门的环境协同治理,对协同的主体、背景均有涉猎,且不断深入。范式转变的趋势体现了环境协同治理逐步成熟、得到改进的过程,其转变原因在于环境协同治理体系构建过程中新的问题不断出现又得到解决,使得环境协同治理的研究逐渐丰富,得以完善。从构建横纵向网络到冲突与合作的研究,再到针对环境问题的制度性挑

---

① H.Liesbet,M.Gary, "Unraveling the Central State, but How? Types of Multi-Level Governance", *American Political Science Review*, Vol.97, No.2(May 2003), pp.233-243.

② 黄晓春、周黎安:《政府治理机制转型与社会组织发展》,《中国社会科学》2017年第11期。

战,学者的关注点也从社会背景向协同治理的结构和主体转变,再向协同的实践路径。最后将协同治理应用于环境治理的学者,则根据不同环境污染领域的特点,将协同治理与环境问题进行结合,构建新的研究范式。协作式公共管理、多方治理、联合或网络政府、混合部门协调、共同管理制度、参与式治理和公民参与等,都与协作治理有着共同的特点。这些概念的内涵既有共通之处,又有各自的侧重点,在这里我们将其进行了对比分析。

表 2-1　协同治理相关概念辨析

概念核心	内涵界定	概念聚焦点	来源
协作式公共管理	一种新型的动态网络治理,因传统官僚制无法有效解决政府面临的问题而诞生。既可以在政府的纵向环境中施行,也可以动员一系列公共和私人协同主体在横向环境中施行	关注制度变化	Agranoff and McGuire 2003; Freeman 1997; Gray 1989; McGuire 2006
多层次协同治理	拥有独立职能的多组织的合作,认为冲突是长久的存在,协同是一种政策工具,而且组织间必须承认相互依赖,否则协同毫无意义	关注协同治理的结构和协同主体的内在属性	Hudson et al.1999;Hooghe and Marks 2003; Peters and Pierre 2003
协同治理	由公共机构发起,非国家利益相关者直接参与决策的一种管理安排,该过程是正式的、以达成共识为导向,旨在制定公共政策或管理公共资产	关注协同治理的行动结果和实践路径	Ansell and Gash,2007; Friedrichsen,2006
环境协同治理	在文化和经济层面重视环境问题,有应对环境问题的能力(如态度、责任和资本等),具有制度复杂性(如跨域的管辖权)	关注环境协同治理对不同环境污染领域的适用性和前瞻性	Fish et al. 2010; Smith 1998

(一)协作式公共管理(Collaborative Public Management,CPM)

协作式公共管理是指在公共管理过程中,基于共同目的的利益相关者通过跨界协作,共同应对单个参与者无法解决或不容易解决的问题。[1] 为实现

---

[1]　R. Agranoff, M. McGuire, *Collaborative Public Management: New Strategies for Local Governments*, Washington, DC: Georgetown University Press, 2003, pp. 105-110.

公共管理目标，协作式公共管理要求在政府主导下不同行动主体形成多元互动的整合管理机制，促使各利益相关者自觉参与公共事务的协作管理，重新整合分散的权力、资源、职能等关键要素，最终实现以公共价值为基础的社会治理结构。传统的官僚制已经无法应对政府面临的复杂问题，协作式公共管理作为一种新型的动态网络治理，既可以实现政府间的纵向合作，也可以动员一系列公共和私人协同主体在横向层面形成协作关系，共同促进公共问题的有效解决。与传统官僚等级制自上而下的管理相比，协作式公共管理是一种由内而外的管理。① 如果协作能够满足而不是损害潜在参与者的利益，那么不同主体之间就可能会形成协作关系。② 同时，政府关系和网络理论促进了关于横向网络管理和协作式公共管理的研究。③ 学者们有时会将协作公共管理称为"选项"或"选择"，将协作网络称为管理者所在的"模型"或"结构"。④

（二）多层次协同治理（Multi-level Collaborative Governance，MCG）

多层次协同治理是指代表不同利益、不同权力形式和规模的行为者之间的互动机制和过程。⑤ 治理的复杂性越来越被人们所认识，这推动了多层次协同治理的发展。多层次协同治理可以从结构和过程两方面描述和分析自身复杂性。⑥ 正式权力和非正式权力都分散在各个层面和部门，促使多个参与者相互作用。⑦ 这

① 刘亚平：《协作性公共管理：现状与前景》，《武汉大学学报（哲学社会科学版）》2010年第4期。

② J.D.Wood，B.Gray，"Toward a Comprehensive Theory of Collaboration"，*The Journal ofApplied Behavioral Science*，Vol.27，No.2（June 1991），pp.139-162.

③ R.Agranoff，M.McGuire，"American Federalism and the Search for Models of Management"，*Public Administration Review*，Vol.61，No.6（November-December 2001），pp.671-681.

④ R.Leary，N.Vij，"Collaborative Public Management：Where have We Been and Where are We Going?"，*The American Review of Public Administration*，Vol.42，No.5（September 2012），pp.507-522.

⑤ H.Liesbet，M.Gary，"Unraveling the Central State，but How？ Types of Multi-Level Governance"，*American Political Science Review*，Vol.97，No.2（May 2003），pp.233-243.

⑥ P.Stephenson，"Twenty Years of Multi-Level Governance：Where Does It Come From？ What Is It？ Where Is It Going?"，*Journal of European Public Policy*，Vol.20，No.6（January 2013），pp.817-837.

⑦ W.F.Geels，"Technological Transitions as Evolutionary Reconfiguration Processes：A Multi-Level Perspective and ACase-Study"，Research Policy，Vol.31，No.8-9（December 2002），pp.1257-1274.

些相互作用影响决策的方向和执行,例如学习或使用什么知识、承认谁的利益以及优先考虑什么行动等。[①]　多层次协同治理主要有纵向和横向两个维度,纵向维度包括上级和下级政府之间在制度、财务和信息等方面联系,横向维度则是指地区之间或城市之间的协作安排。同时,多层次协同治理强调协同主体之间的相互信任和依赖对协同治理的重要性。

(三)协同治理(Collaborative Governance)

协同治理是一种跨部门、跨层级的合作。它不仅包含了不同层级政府间的纵向协作以及不同区域地方政府间的横向合作,同时还强调将公民、企业、社会组织等行动者纳入协同治理主体中,共同应对挑战。理清不同类型协同网络中各参与者之间的协同机制,有助于优化协作伙伴的选择,促进协同网络的发展。对许多公共行政学者来说,协同治理是民主制度下治理的新范式。[②]在此基础上,学者们进一步扩展了协同治理的相关研究。伍德(Wood)将倡导联盟框架和多层级治理框架引入协同治理研究中,主要关注联盟代理人在协同中的作用,强调结构对治理过程的影响。[③]　有学者将协同网络与协同模型相结合,运用资源依赖、社会交换和社会认同三种理论来分析协同网络中各行动者的参与动机和态度。对比发现,社会认同对行动者参与意愿影响最大。当行动者认同他所处的网络时,就会出现一个强有力的网络参与激励机制:参与者将自己融入到网络中,自我价值认同受到网络所取得成就的影响,从而得出认同感在促进行动者参与协同治理与集体行动方面发挥重要作用的结论。[④]

---

①　J. Kooiman, "Governing as Governance", *International Public Management Journal*, Vol.7, No.3(May 2004), pp.439-442.

②　G.H.Frederickson, "Toward a Theory of the Public for Public Administration", *Administration & Society*, Vol.22, No.4(April 1991), pp.395-417.

③　A. Wood, T. Tenbensel, "A Comparative Analysis of Drivers of Collaborative Governance in Front-of-Pack Food Labelling Policy Processes", *Journal of Comparative Policy Analysis: Research and Practice*, Vol.20, No.4(August 2018), pp.404-419.

④　M.J.Barrutia, C.Echebarria, "Comparing Three Theories of Participation in Pro-Environmental, Collaborative Governance Networks", *Journal of Environmental Management*, Vol.240(January 2019), pp.108-118.

（四）环境协同治理（Collaborative Environmental Governance，CEG）

环境协同治理研究聚焦于环境污染及治理领域，系统性考察不同利益相关者能够有效协同治理的关键要素和行动机制。环境问题的复杂性和持久性证实了传统环境治理模式的局限性，从而催生出新的治理方法。在环境治理相关文献中，协作理论、环社会资本理论和行动者代理理论的地位较为突出，政府与政府之间、政府与其他主体之间横纵向合作网络关系也是协同治理的主要探究内容。随着环境形势的变化、协同治理研究的不断深入，环境协同治理研究重点逐渐转向行动主体联动、环信息沟通和制度设计的整体协同系统与机制。学者们探讨了中国不同政府机构在参与环境治理时的协作机制，认为在协同治理过程中，协同网络会越来越具有凝聚力，影响力最大、最受欢迎的机构会处于网络的核心地位，其他政府机构更愿意与其进行合作。同时，为了解决机构分散所导致的资源互异问题，协同网络中的政府机构会倾向于与资源和功能不同的机构建立协同关系，实现资源互补。

环境协同治理的最终目的是为了改善环境质量。考察协同治理与环境治理绩效、治理结果之间的关系，是环境协同治理研究领域重要一环，也是决定环境协同治理存在和发展的关键因素。学者们运用了一系列方法探讨协同治理与环境改善之间的因果关系，其中大多数研究则通过选取典型案例，借助相关模型对案例进行深入剖析来解释两者之间联系。[①] 戴胜利设计了一个衡量政府、企业和公众的环境协同治理程度的指标体系，对环境治理能力的变化进行了度量。[②] 有学

---

① N.Ulibarri,"Collaborative Model Development Increases Trust in and Use of Scientific Information in Environmental Decision–Making", *Environmental Science & Policy*, Vol.82（April 2018）, pp.136–142.

② X.Duan,S.Dai,R.Yang,Z.Duan,Y.Tang,"Environmental Collaborative Governance Degree of Government,Corporation,and Public", *Sustainability*, Vol.12,No.3（February 2020）,p.1138.

者评估了中国长三角地区环境协同治理与空气污染降低之间的因果关系,发现统一的预防大气污染政策在降低交易成本和协同风险方面的作用十分有限,并不能对减少空气污染产生长期影响。重视不同地方政府间的异质性、明确其职责分工、平衡成本与效益、协调各方行动,更能提高大气污染协同治理的效果。①

在环境治理中,持不同观点的利益相关者本身就存在冲突,将他们聚集在一起更是一件困难的事。在这种情况下,不同利益相关者究竟是如何形成环境协同治理网络或联盟,是一个值得深入思考的问题。因此,学者们对环境协同治理运行的因果机制进行了探究。贝尔德(Baird)通过研究乔治亚湾生物圈保护区的案例,分析该地区从一系列严重冲突转变为利益相关者聚集在一起支持生物圈保护区提名的情况,发现行动者对问题严重性的认识、组织间模仿、组织企业家精神和对边缘化的恐惧都在协同网络建立过程中发挥了重要作用。② 协同治理的过程,是让不同政策行动者或利益相关者参与制定并实施基于共识的政策和行动方案。科贝勒(Koebele)借鉴倡导联盟框架(Advocacy Coalition Framework)分析了不同想法和观点的行动者组建协同联盟、实现共同目标的原因及其负载关系,发现在具有冲突的历史情况下或者行动者之间存在巨大的权力或资源不对称的环境中,协同关系会比较弱,但是它也有可能导致多方面政策的形成,从而能够满足不同行动者的标准,因此在一定程度上也会促进协同网络的形成。③ 另外有学者从伙伴关系视角解释协同治理关系形成的因果机制。博切特(Boschet)基于交易成本理论创造了伙伴关系的协同

① N.Ulibarri, "Collaborative Model Development Increases Trust in and Use of Scientific Information in Environmental Decision‐Making", *Environmental Science & Policy*, Vol.82(April 2018), pp.136–142.

② J.Baird, L.Schultz, R.Plummer, "Emergence of Collaborative Environmental Governance: What Are the Causal Mechanisms?", *Environmental Management*, Vol.63, No.1(January 2019), pp.16–31.

③ A.E.Koebele, "Cross‐Coalition Coordination in Collaborative Environmental Governance Processes", *Policy Studies Journal*, Vol.48, No.3(August 2020), pp.727–753.

治理分析框架,探究利益相关者会与对方建立伙伴关系并发起合作的原因。①
不同行动者之间会感知权力的相似性,行政权力越大、管理职位越高、社会影
响力更大的行动者更可能会成为他人追求的伙伴。同时,地理位置的相近性
和决策领域的一致性降低了合作的交易成本,因此具有这些特征的行动者们
形成协同关系的可能性更高。

第二节 研究缘起

一、环境治理的研究范式

环境管理的范式经历了从管理到参与式管理,再到治理的变迁过程,该变
迁以范式的渐进变迁和多模型的渐次发展为特征。传统环境管理主要聚焦于
解决政府的集体行动困境的问题;②参与式管理开始重视地方知识的作用和
公众参与环保的力量;环境治理则强调除政府和其他社会主体的作用,并进一
步探索包括社会组织、专家学者、公众等多元主体共治的协同治理模式。③ 从
国际层面来看,全球治理的旧范式在应对全球气候变化时遇到了结构性困境,
亟须治理模式创新。④ 在过去的二十年中,"协同治理"作为一种新治理策
略在公共政策和公共管理领域不断发展。学者对协同治理的研究主要围绕
协同治理的内涵与起源,以及个人和组织自愿参与协同治理的动机展开。

① C.Boschet, T.Rambonilaza, "Collaborative Environmental Governance and Transaction Costs in Partnerships:Evidence from A Social Network Approach to Water Management in France", *Journal of Environmental Planning and Management*, Vol.61, No.1(January 2018), pp.105-123.

② 王园妮、曹海林:《"河长制"推行中的公众参与:何以可能与何以可为——以湘潭市"河长助手"为例》,《社会科学研究》2019 年第 5 期。

③ 杨立华、张云:《环境管理的范式变迁:管理、参与式管理到治理》,《公共行政论》2013 年第 6 期。

④ 薛澜、俞晗之:《迈向公共管理范式的全球治理——基于"问题—主体—机制"框架的分析》,《中国社会科学》2015 年第 11 期。

"协同治理"涵盖"协同决策"①和"协同管理"②,是一种结构和流程,作为政策工具,安塞尔(Ansell)将协同治理定义为:为了实现公共目标,多个利益相关者制定或实施公共政策,管理公共计划或资产。利益相关者包括公共机构、政府和/或个人,协同治理是人们跨越界限进行公共决策和管理的过程与结构。

环境协同治理的兴起是不断变化的环境状况和社会条件的映射。首先,环境污染物存在流动性和广泛性,随着污染物的复杂性增加,治理难度加大,属地治理体系已不能满足治理需求。在大多数欧洲国家,多层次治理流程改变了环境治理范式,自上而下的政策制定方式转变为更加协同的管理③,在利益相关者(当地社区代表、公民团体、非政府组织等)的互相帮助下,当选官员和公共行政人员通过谈判、决策并实施污染治理计划,实现生态系统管理的环境目标④。在推动基层协同治理创新时,还可以将高速发展的信息技术和制度流程改造应用于协同进程中。⑤ 其次,随着在政策制定中公民角色的变化,社会条件不断发展,促进了协同合作的兴起。当前学者对环境协同治理的研究主要集中于引起协同治理出现的原因、协同过程以及治理效果,旨在验证环境协同治理是否比传统政策工具以及市场型政策工具(如许可证交易)产生更优的环境绩效。美国学者杜兰特(Durant)等的研究表明,集中的联邦控制

---

①　P.DeLeon,M.D.Varda,"Toward A Theory of Collaborative Policy Networks:Identifying Structural Tendencies",*Policy Studies Journal*,Vol.37,No.1(February 2009),pp.59-74.

②　R.Agranoff,M.McGuire,*Collaborative Public Management:New Strategies for Local Governments*,Washington,DC:Georgetown University Press,2003,pp.205-210.

③　M.T.Koontz,W.C.Thomas,"What Do We Know and Need to Know About the Environmental Outcomes ofCollaborative Management?",*Public Administration Review*,Vol.66(December 2006),pp.111-121.

④　C.Boschet,T.Rambonilaza,"Collaborative Environmental Governance and Transaction Costs in Partnerships:Evidence from A Social Network Approach to Water Management in France",*Journal of Environmental Planning and Management*,Vol.61,No.1(January 2018),pp.105-123.

⑤　陈慧荣、张煜:《基层社会协同治理的技术与制度:以上海市 A 区城市综合治理"大联动"为例》,《公共行政评论》2015 年第 1 期。

不足以解决许多环境问题。① 还有学者发现数千甚至上百万政策制定者的独立行动，反而会对环境治理产生诸多挑战。② 因此在环境治理方面，协同治理具备一定优势。鉴于环境协同治理的重要性日益凸显，将环境协同治理研究的问题与理论联系起来对于增强环境协同治理的普适性来说非常重要。

二、环境协同治理的兴起与发展

在过去的几十年中，协同治理作为新的公共治理形式日益兴起，取代了传统治理模式，形成了以共识为导向、公共与私人利益相关者参与的多元主体决策治理体系③。随着城市化与工业化的不断推进，城市人口在超速增长和过度集聚的同时，也带来了诸多环境问题。当前我国环境污染治理均为自上而下，以属地治理为主，执行中央政府制定的治理政策。例如，近年来在水污染治理领域的一项重要政策——河长制，最初即由地方政府施行。但既有文献运用双重差分法研究发现，河长制虽然初步达到了治污效果，却无法显著减少深度污染物，原因在于地方政府治标不治本的治污行为。④ 对河北省某县级市进行的案例研究则发现，环境治理转型需要应对行政与财权的发包制、监管激励和府际博弈等政治因素带来的影响。⑤ 属地治理模式不仅不符合污染物（如水、大气污染物等）流动的自然规律，也无法充分调动地方政府治理污染的积极性。而且环境治理的利益相关者众多，集体行动的逻辑复杂多变，与时

---

① F.R.Durant, P.Y.Chun, B.Kim, "Toward A New Governance Paradigm for Environmental and Natural Resources Management in the 21st Century?", *Administration & Society*, Vol.35, No.6(January 2004), pp.643-682.

② N.R.Colvile, J.E.Hutchinson, S.J.Mindell, "The Transport Sector as A Source of Air Pollution", *Atmospheric Environment*, Vol.35, No.9(March 2001), pp.1537-1565.

③ C.Ansell, A.Gash, "Collaborative Governance in Theory and Practice", *Journal of Public Administration Research and Theory*, Vol.18, No.4(October 2008), pp.543-571.

④ 沈坤荣、金刚：《中国地方政府环境治理的政策效应——基于"河长制"演进的研究》，《中国社会科学》2018年第5期。

⑤ 崔晶、宋红美：《城镇化进程中地方政府治理策略转换的逻辑》，《政治学研究》2015年第2期。

间、空间关联性强,涉及政治利益和行政管辖权力以及生态系统的复杂性和挑战性,环境污染治理从传统的属地治理转向协同治理是必然趋势。因此,在城镇化和全球化进程下,由公民、政府和企业等多主体构建的环境协同治理网络是实现环境治理战略转型的有效途径。

"环境协同治理"(Collaborative Environmental Governance,CEG)是环境治理中的多方协作过程,指任何地方、州或联邦在公共、私人和非营利组织之间的合作伙伴关系中为解决环境问题而付出的努力。协同治理以多元主体为核心,强调协同主体间地位平等、共进退,但不反对实际的领导者。[①] 气候变化和环境恶化是人类面临的严峻挑战,如何可持续地解决环境问题是一项极其复杂的任务。由于环境污染的流动性和跨域治理的复杂性,环境治理模式亟待研究和重新审视。例如跨区域的河流污染治理,不仅影响上下游地区建设发展,还会诱发公用地灾难、群体性事件,而传统的属地治理模式对此束手无策。[②] 而且,缺乏区域性组织的合作,也会影响"一带一路"等区域性战略方针的实施,制约区域性经济和谐发展。[③] 公共和私人利益相关者之间如何实现有效的合作,通过协同治理来建构完善的生态系统,超越地理范畴和管辖范围的限制,从区域到全球范围,提倡共同利益、责任和承诺,这些知识空白急需公共管理研究者去填补。

面对日益严重的环境污染,地方政府逐渐认识到加强区域协同治理的必要性,中央政府也强调消除地方保护主义,促进协同一体化。近年来,在跨界环境污染问题日益严重的背景下,京津冀、长三角等跨省城市群采用了多种府际协作的方式共同治理。2012 年《重点区域大气污染防治"十二五"规划》的出台,推动京津冀、长三角、珠三角等重点城市群"区域大气污染联防联控机

---

① 郭道久:《协作治理是适合中国现实需求的治理模式》,《政治学研究》2016 年第 1 期。

② 张紧跟、唐玉亮:《流域治理中的政府间环境协作机制研究——以小东江治理为例》,《公共管理学报》2007 年第 3 期。

③ 柳建文:《区域组织间关系与区域间协同治理:我国区域协调发展的新路径》,《政治学研究》2017 年第 6 期。

制"的建立与发展。其中,京津冀城市群自 2013 年启动京津冀及周边地区大气污染防治协作机制以来,大气环境污染治理取得显著成效。2018 年 7 月,北京市发布《推进京津冀协同发展 2008—2010 年行动计划》,继续打造协同发展、互利共赢的新治理格局。

三、环境协同治理的现实问题

环境协同治理并非是一帆风顺的,有很多因素阻碍了环境协同治理的行动。市场细分制约了中国地方政府间环境污染的区域协同治理。[①] 中国分税制改革后,地方政府财政收支错配问题加重,在地方利益最大化和扁平化区域行政模式的制约下,地方政府之间的关系呈现出地方保护主义特征,直接导致了中国市场细分。实行地方保护主义的地方政府通过"搭便车"尽可能减少环境治理支出。同时,市场细分形成的"区域碎片化"模式切断了地方政府之间沟通协商的桥梁,对区域环境协同治理产生消极影响。不同利益相关者在资源、权力、社会地位和影响力方面存在差异,当这些差异过大时则会导致失衡问题。研究表明,权力失衡等问题往往会破坏合作治理的有效性。在协同治理中,以政府为代表的强大行动者往往控制协同进程,他们会优先考虑占主导地位参与者的利益,而权力较弱的地区或群体则容易被忽视。此外,协同的风险、行动者之间的信任、协同成本在一定程度上都会对协同网络的结构与功能产生影响。[②] 协同风险越大、行动者之间的信任程度越高、协同成本越低时,协同网络内的联结更加紧密稳固,有利于问题的有效解决。

尽管协同治理模式已经得到普遍推广,但如何在面临跨越地理和管辖范

---

① Y. Bian, K. Song, J. Bai, "Impact of Chinese Market Segmentation on Regional Collaborative Governance of Environmental Pollution: A New Approach to Complex System Theory", *Growth and Change*, Vol.52, No.1 (March 2020), pp.283-309.

② Ö. Bodin, J. Baird, L. Schultz, R. Plummer, D. Armitage, "The Impacts of Trust, Cost and Risk on Collaboration in Environmental Governance", *People and Nature*, Vol.2, No.3 (September 2020), pp.734-749.

围的复杂环境问题时实现成功合作,是一个存在大量知识空白的领域。政府机构之间的行政分散对环境治理构成了重大挑战,其中跨省域城市群涉及到的行政主体与层级更为复杂,其协调合作的实现更加困难。同时,已有理论研究缺乏环境协同治理对于社会与政治情境的反应探讨,环境协同治理的理论框架需要确保其嵌入地区情境、环境特点、实践以及污染治理的各种形式,如何建构一个系统的环境协同治理框架,从而实现理论本身的普适意义亟待深入研究。

第三节　研究视角与评价标准

一、环境协同治理的研究视角

环境协同治理与传统或官僚的管理模式相比,更能够增进民主,如决策程序的透明度、合法性和问责制以及程序的公平性。基于协同网络的跨学科研究,引入合适的行动者与合作者,并采取合理的方式将其与生态系统的结构联系在一起,能有效解决复杂的环境问题。那么,环境协同治理是否有效、何时有效、如何有效？面对这些问题,我们需要进一步思考,社会生态系统中各类主体如何有效协同,环境协同治理网络与生态系统如何充分协调,应该采用何种协同治理方式才能解决复杂的跨域环境问题,如何将集体行动问题与协同治理规划、制度性嵌入和管理协作等相互融合,正确理解行动者之间相互合作(或不合作)的模式,分析影响环境协同治理的因素以及提升解决环境问题的能力。为回答这些问题,需要构建一个更系统的框架对不同形式的环境协同治理进行分析。已有的研究从协同网络视角、协同治理模型(Collaborative Governance Model,CGM)、社会生态系统(Social-Ecology Systems,SES)分析框架和制度性集体行动(ICA)分析框架探索环境协同治理的归因问题。

协同网络视角关注参与者和他们的合作方式。这种视角将注意力集中到参与主体是谁、他们的参与动机是什么、他们与谁合作以及不同的网络结构如何解决不同环境问题,而协同治理模型则关注利益相关者间的信任。利益相关者在一些激烈的问题上,可能已经产生了冲突,那么双方必须克服不信任才能促成合作。起始条件包括四个变量:不同利益相关者的信息不对称、不同利益相关者的权力不平衡、冲突或合作的历史和对参与环境协同治理的激励。如果某些利益相关者没有平等的地位或足够的资源参与,那么环境协同治理易被更强大的参与者操纵。最终,这种不平衡会产生不信任。① 因此,如果利益相关者之间存在重大的权力/资源不平衡,使得重要的利益相关者无法以平等的方式参与,那么有效的环境协同治理需要致力于对弱势的利益相关者的赋权和增强其能力等战略。参与协同治理的激励取决于利益相关者对协同过程是否会产生理想结果的期望,特别是相对于协同过程投入的时间和精力而言。② 如果利益相关者认为实现其目标需要其他利益相关者的合作,那么参与协同治理的激励也将增加。③ 文献指出,利益相关者之间的冲突或合作的历史将阻碍或促成合作。④ 但当利益相关者互相高度依赖时,高水平的冲突仍然可能促进环境协同治理。协作网络视角构成的框架,使跨不同研究和研究领域的见解能够相互融合。同时,协同网络可以以多种方式对协同程度进行特征描述,主要包括:网络凝聚力程度(关系密度)、网络集中程度(一个或几个参与者作为中心的程度)、网络碎片程度(网络是否由不同的参与者组成,以及在多大程度上由不同的参与者组成)以及不同类型的行动者(即同质

---

① G. Barbara, *Collaborating: Finding Common Ground for Multi-Party Problems*, San Francisco, CA: Jossey-Bass, 1989, pp.85-90.

② N. Bradford, "Prospects for Associative Governance: Lessons from Ontario, Canada", *Politics & Society*, Vol.26, No.4 (December 1998), pp.539-573.

③ M. J. Logsdon, "Interests and Interdependence in the Formation of Social Problem-Solving Collaborations", *The Journal of Applied Behavioral Science*, Vol.27, No.1 (March 1991), pp.23-37.

④ D. R. Margerum, "Collaborative Planning: Building Consensus and Building A Distinct Model for Practice", *Journal of Planning Education and Research*, Vol.21, No.3 (Spring 2002), pp.237-253.

性和异质性)之间的联系程度。①

社会生态系统分析框架(Social-Ecology Systems,SES)的构建基于 Elinor Ostrom 的制度分析与发展框架(Institutional Analysis and Development,IAD)②,这一框架由多个子系统组成,包括资源系统、治理系统、使用者、社会系统以及生态系统等,而每个子系统又可再细分为二级变量,或继续细化成三级变量。在特定的社会经济背景下,这些变量互相作用,同时又被这些作用的结果所影响。将环境问题与许多其他集体行动问题区别开来的一个关键因素是,环境问题不可避免地与生态系统跨越边界的复杂结构和过程联系在一起。因此,有效和持久的环境问题解决方案需要明确考虑这些生态系统特征。然而,环境协同治理的研究大部分集中在社会和政治进程上,作为协同努力目标的生态系统现实情况在很大程度上被忽视了。社会生态系统分析框架(SES)在保留 IAD 框架各要素的基础上,增加了社会、经济、政治的背景设定,将 IAD 框架外部变量中自然物质条件分成资源系统(RS)和资源单位(RU)。IAD 框架适用于所有制度分析情况,存在过于宏观的弊端,而 SES 框架则更为精细和深入,更适合环境协同治理的研究。本书根据现有文献资料,将 SES 框架引入,识别影响环境协同治理的潜在变量,阐述不同变量与环境协同治理的因果机制。

制度性集体行动(ICA)框架关注潜在合作伙伴收集信息的交易成本。该视角涉及到伙伴关系特征的研究,这一点对环境协同治理结构来说至关重要。具有不同差异性、地理距离和接触频率的合作伙伴将会对交易成本产生影响,进而影响利益相关者的预期成本—收益分析。合作关系的出现可能会使合作伙伴面临更大的不确定性,这极大地提高了收集信息的成本。正如威廉姆森的交易成本理论,即战略参与者会选择交易成本最小的治理结构,成本最小化

① Ö.Bodin, "Collaborative Environmental Governance:Achieving Collective Action in Social-Ecological Systems", *Science*, Vol.357, No.6352(August 2017), p.4.

② E.Ostrom, "A Diagnostic Approach for Going beyond Panaceas", *Proceedings of the National Academy of Sciences*, Vol.104, No.39(September2007), pp.15181–15187.

是利益相关者进行决策的目标之一,而最大化净效益则是环境决策的目标。因此,交易成本分析视角主要研究的是个体行为者与其他组织如何在信息共享和同伴咨询方面获得合作伙伴的帮助,并能够在多大程度上限制这些行动产生的交易成本。

表2-2　环境协同治理研究视角比较

归因视角	问题聚焦	归因目的	分析单元	分析方法	准则
协同网络视角	参与主体如何合作	合作	特定行动	事中评价	协同合作的主体和方式
协同治理模型	如何解决冲突,克服不信任	合作	起始条件	事前评价	影响环境协同治理的因素
社会生态系统(SES)分析框架	构建结合复杂社会生态系统的协同治理制度体系	因果	结果状态	事后评估	环境协同治理最终达到的状态和效果
制度性集体行动(ICA)框架	如何降低合作伙伴收集信息的交易成本	工具	特定行动	事前评价	交易成本理论

基于此,表2-2对环境协同治理的归因视角予以总结。协同网络视角依据关系网络研究,主要考察环境协同治理的合作主体和合作方式,协同治理模型则考量影响协同合作的各个因素,社会生态系统(SES)分析框架研究在复杂的社会生态系统下,环境协同治理的过程及最终结果,制度性集体行动(ICA)分析框架则将关注点放在每个利益相关者,探讨他们的伙伴关系和如何利用合作伙伴降低自身的交易成本。柯克(Kirk)基于公共管理协作实践,整合并扩展了一套概念框架、研究成果和基于实践的知识,形成了一个用于协同治理的集成框架,分别包括一般系统环境、协作治理机制(CGR)及其协作动态和行动三个部分,对跨部门协作、协作规划、协作过程、网络管理、协作公共管理、环境治理和冲突解决以及协作治理进行了系统分析。[①] 一般系统环

---

① C.Boschet, T.Rambonilaza, "Collaborative Environmental Governance and Transaction Costs in Partnerships: Evidence from A Social Network Approach to Water Management in France", *Journal of Environmental Planning and Management*, Vol.61, No.1(January 2018), pp.105-123.

境塑造并影响整个协作治理机制,机制本身也可以通过协同行动影响系统环境。该框架借鉴并应用了不同领域的知识(如公共管理、冲突解决和环境管理等),整合了协作治理的多个组成部分,从系统环境和外部驱动因素,到行动、影响和适应。这使得学者能够从整体上研究协作治理机制(CGR),或者关注其各个组成部分,同时促进对复杂、多层次系统的跨学科研究。

从协同主体视角探究环境协同治理机制有着重要意义。作为环境协同治理的主体,协同网络参与者或利益相关者与环境治理绩效之间有着密切关系。易洪涛等人利用中国东莞市水治理数据,证实了协同网络中的社会影响效应会影响网络中个体政策行动者的治理绩效。① 社会影响效应指的是当某个行动者取得一定绩效后,其他行动者会模仿他的态度或行为倾向,且这些态度或行为已经在群体中被广泛接受或采纳。因此,在协同治理中行动者会积极模仿取得绩效的其他行动者的行为,并与之建立协同网络关系,从而促使自己也能取得良好绩效。同时,行动者也会受到相邻地区行动者绩效的积极影响。纽威格(Newig)进一步描述了参与者特征与环境治理结果之间的因果机制,并将参与者影响环境标准制定的机制与决策实施的机制区分开来。② 其中,环境问题代表、参与者的环境知识以及决策过程中的对话互动,都会影响决策质量。同时,不同主体间协作的历史也会影响环境协同治理能力,相比没有协作历史的背景,不同行动者之间如果存在自发协作进行环境治理的历史,更能有效实现基于共识的目标,实现有效合作。

有学者从伙伴关系视角解释协同治理关系形成的因果机制,基于交易成本理论创造了伙伴关系的协同治理分析框架,探究利益相关者会与对方建立

---

① C. Huang, W. Chen, H. Yi, "Collaborative Networks and Environmental Governance Performance: A Social Influence Model", *Public Management Review*, Vol. 23, No. 12 (December 2020), pp. 1−22.

② N. Jens, C. Edward, J. W. Nicolas, K. Elisa, A. Ana, "The Environmental Performance of Participatory and Collaborative Governance: A Framework of Causal Mechanisms", *Policy Studies Journal: the Journal of the Policy Studies Organization*, Vol. 46, No. 2 (May 2018), pp. 269−297.

伙伴关系并发起合作的原因。① 不同行动者之间会感知权力的相似性,行政权力越大、管理职位越高、社会影响力更大的行动者更可能会成为他人追求的伙伴。同时,地理位置的相近性和决策领域的一致性降低了合作的交易成本,因此具有这些特征的行动者们形成协同关系的可能性更高。

二、环境协同治理的评价标准

环境协同治理已逐渐被学者看作解决环境问题的最理想方式,那么环境协同治理是否能比其他治理方式产生更多有利于环境改善的成果? 这一点有待考核。在对环境协同治理进行评价的过程中,必须对协同治理和其他治理方式执行一样的环境标准。还要注意,协同治理的绩效可能与评估体系的发展是相辅相成的,比如,激励合作伙伴进行监控和信息收集,会促进评价指标体系的构建。在评价模型建立方面,有两点需要考虑:一是产出与成果的区别,二是社会成果和环境成果的差异。依据政策学者的定义,我们将产出和成果进行区分。产出是环境协同治理产生的计划、项目等,成果是环境协同治理的产出对环境和社会产生的影响。所以这种区别引出了两个关于环境协同治理评价的基本研究问题:(1)环境协同治理是否产生与其他治理方式不同的产出? (2)环境协同治理的产出能否产生更好的环境和社会成果? 据此构建环境协同治理的基础评价模型(图2-1)。现有研究已经衡量并比较了环境协同治理的投入、过程和产出,但相对较少的研究将产出与成果联系起来。目前关于协同成果的研究,更多关注社会成果,比如信任、社会资本等领域,但是对环境成果的研究较少。环境和社会成果可能是反向相关的;合作可能会改善社会条件,同时恶化环境条件。这将使在层级、监管或市场机制上合作的选择变得更加困难。但测算最终的环境成果才是衡量环境协同治理的关键标

---

① C.Boschet, T.Rambonilaza, "Collaborative Environmental Governance and Transaction Costs in Partnerships: Evidence from A Social Network Approach to Water Management in France", *Journal of Environmental Planning and Management*, Vol.61, No.1(January 2017), pp.105–123.

准。环境成果的研究难点在于难以对协同治理过程对环境成果的影响进行因果推断。那么我们如何从方法视角对环境协同治理进行评价呢?

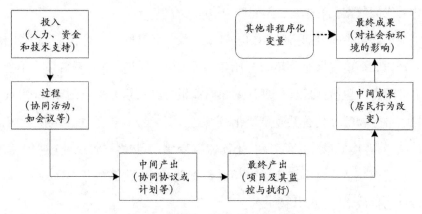

图 2-1　环境协同治理评价基础模型

就评价方法而言,图 2-1 的评价模型适用于实验法、准实验法和统计方法,例如,运用随机试验,将环境协同治理看作一种管理干预,利用实验法评估环境协同治理的产出和成果。但是该方法可行性极低,一般在长期环境变化的情况下使用。准实验法同样将环境协同治理看作一种干预方式,但不一定运用随机试验控制,也可以使用其他经典的实验设计来测算环境协同治理。该方法可行性稍高一些,容易找到相关的自然实验,但是不容易找到与案例匹配的控制手段,而且有效的纵向数据也难以获取。统计方法主要用于分析变量间的相关性,测算环境协同治理过程中各因素和协同结果之间的因果效应(并非因果机制)的显著性。该方法的可行性较高,但同样存在缺乏纵向数据的问题。图 2-2 则适用于案例分析法,该方法可以着重研究因果机制,而不仅仅是因果效应,强调因果事件中对过程的追踪,可行性高,但要求要谨慎使用反事实,必须与理论保持一致,并且在保持其他变量不变的情况下,进行可控比较。[①]　目前国外学者

①　M.T.Koontz,C.W.Thomas,"What Do We Know and Need to Know about the Environmental Outcomes of Collaborative Management?", *Public Administration Review*, Vol. 66(December 2006), pp.111-121.

已有对公共部门协同的案例分析,展示了协同过程和最终成果之间的联系。从长远的角度看,未来的研究可以在使用准实验方法时,运用远程遥感数据等来弥补纵向数据上的不足,进行比较研究。

关于评价指标,现有研究已构建出了不少有效的环境产出和成果指标。协同产出和环境成果是环境协同治理过程中因果机制和最终结果均不能忽视。环境产出包括:协议(管理计划和特征报告等);恢复栖息地改善项目(恢复植被或生物群等);公共政策变化;管理实践转变;宣教活动;计划。环境成果包括:对环境质量变化的看法;土地覆盖变化;生物多样性变化(遗传、物种或景观层面);适合特定资源的环境参数变化(水生化需氧量、环境污染水平或污染物排放率)等。

绩效评估领域已经在学界繁荣多年,但该领域的语言和方法却几乎没有进入环境政策领域,在环境协同治理的子领域甚至更少。在本书中,"协作环境治理"是指任何地方、州或联邦在公共、私人和非营利组织之间的合作伙伴关系中为解决环境问题而付出的努力。协同伙伴关系可能会受到其他治理系统的影响,例如层级、契约等,但环境协同治理的主要特征是这些伙伴关系。通过使用上述模型仔细区分协同过程的产出和成果,可以解释由于政策制定而预期会产生的因果影响,各个环节可以按顺序排列在因果链中,像评估决策和绩效一样评估环境协同治理。

第四节　国内外研究脉络

纵观全球经济的发展历程,大多数国家早期的经济腾飞一部分是以牺牲环境为代价的"先污染,后治理"式发展。随着社会的不断进步,环境污染问题也演化得愈发严重,伴之以公民环保意识的不断觉醒,环境协同治理问题成为学术界探讨的热点话题。目前学术界对环境协同治理的研究呈现纵深推进、学科交叉特征。纵深推进体现在不同的学者基于不同的研究视角对环境协同治理的驱动因素、结构、模式、现实困境等进行了多方位的研究;学科交叉体现在现有研究不仅仅局限在环境领域,整合环境学、心理学、经济学、政治学以及公共管理学等知识的跨学科研究不断增多,为环境问题的解决提供了新的思路。接下来,笔者将从环境协同治理的动因、环境协同治理结构和行动的影响因素、环境协同治理模式以及环境协同治理与环境质量改善四方面来对国内外环境协同治理主要研究脉络进行梳理。

一、环境协同治理的动因

治理环境问题,需要政府、市场以及社会等多个主体协调联动已经是国内目前学术界达成的共识。关于环境协同治理的驱动因素,国内研究主要聚焦于环境的公共物品属性外部性特征以及区域一体化两个方面。环境的公共物品属性外部性特征,会为地方政府环境治理提供"搭便车"的契机。这种个体的经济人的理性行为,会导致环境治理集体的非理性,最终导致环境无人治理的状况。除此之外,现有的环境问题纷繁复杂,治理难度大,没有一方主体享有治污的全部资源,传统的属地主义治理模式也与区域一体化进程不匹配,这些使得环境协同治理显得尤为关键。

(一)环境的公共物品、外部性特性

环境的公共物品特征指的是环境效用的不可分割性、消费的不排他性以及收益的不可阻止性;环境的外部性特征指的是行动者的行为使得其他行动者受益和受损的情况。在研究跨域水污染治理方面,庄贵阳等人指出,跨域水污染具有极强的外部性与渗透性特征,条块分割式的政府主导型治理体系、市场自决型治理体系和社区自治型治理体系难以满足流域水污染综合防治的要求。[①] 王俊敏、沈菊琴亦认为跨域性以及公共性是跨域水资

---

① 庄贵阳、周伟铎、薄凡:《京津冀雾霾协同治理的理论基础与机制创新》,《中国地质大学学报(社会科学版)》2017年第5期。

源的两大典型特征，传统的属地治理具有明显的行政区划特征，难以界定跨域水环境的责任承担，环境负外部性和地方保护主义是在治理过程中常会出现的两大难题，因此要想找寻治理跨域水环境的难题的出路，从属地治理向协同治理转变是可行路径。① 在研究京津冀大气污染的治理方面，有学者认为大气污染问题具有典型的公共物品特征，具有传输性和复杂性，而京津冀三地又比邻而居，这要求京津冀地区的大气污染治理有三地政府协商沟通，创新雾霾协同治理的机制，以此破解三地间的付出和收益不对等的问题。② 因为大气污染具有跨域性，所以它要求相关政府之间进行合作治理，并形成持续协同的机制，以实现整体环境最优化。③ 由此可见，环境的外部性和公共物品特征决定了传统的属地治理模式已经无法适应现实需要，跨域协同治理是必行之策。

（二）区域一体化

以我国目前的发展情况来看，区域一体化成为许多地区的发展方向。而在区域一体化的发展大背景下，区域内各个地区间的联系愈加紧密，跨区域环境综合治理成为共识，即实现跨域生态环境协同治理是区域一体化发展的必然要求。以往的以单一行政区划为原则的属地治理模式难以有效解决流域生态环境问题，在新时代背景下，协同推进协同治理是开展流域生态保护的必然选择。④ 显而易见的是，现阶段的环境问题已不再是单一行政辖区的问题，而逐渐演化为一种区域性问题，所以以政府主导的多元主体跨行政划分的协同治理

---

① 王俊敏、沈菊琴：《跨域水环境流域政府协同治理：理论框架与实现机制》，《江海学刊》2016 年第 5 期。

② 庄贵阳、周伟铎、薄凡：《京津冀雾霾协同治理的理论基础与机制创新》，《中国地质大学学报（社会科学版）》2017 年第 5 期。

③ 陈桂生：《大气污染治理的府际协同问题研究——以京津冀地区为例》，《中州学刊》2019 年第 3 期。

④ 周伟：《黄河流域生态保护地方政府协同治理的内涵意蕴、应然逻辑及实现机制》，《宁夏社会科学》2021 年第 1 期。

是处理环境问题的必然选择。① 亦如京津冀区域大气污染治理的属地治理模式
遭遇瓶颈,跨域大气污染的府际协同治理势在必行。② 正如魏娜、孟庆国所言,
现在的大气污染由以往的以单一局地为特征城市大气污染转变为现阶段的以
跨区域为特征的大气污染,即污染的影响范围已不再局限于单一的行政辖区之
内,而是跨越了多个行政区划的边界。③ 区域一体化使得原有的明显行政界限
不再清晰,区域之间的联系愈加紧密,自扫门前雪的传统与当下已然格格不入。

从国际层面来看,关于环境协同关系形成的原因,国外将重点置于个体资源
的有限性以及合法性要求两大方面。现有的环境问题纷繁复杂,治理难度大,没有
一方主体享有治污的全部资源,属地主义治理模式已与时代脱节。更重要的是,
传统的行政治理模式无法满足合法性要求,合法性要求推动了环境协同治理。

(三) 个体资源有限性

个体资源的有限性,顾名思义,指的是单一主体受现实情况制约掌握的资
源存在上限。自然资源分布在各个地区,将协同治理应用于环境问题已成为
普遍做法。④ 单一主体力量根本没有解决问题所需要的所有的资源、权力和
能力,并为环境治理提供所必要的财力支持,这直接决定了环境治理需要依赖
于其他利益相关者。⑤ 正如默里(Murray)所坚持的那样,不存在一个国家能

---

① 刘彩云、易承志:《多元主体如何实现协同?——中国区域环境协同治理内在困境分析》,《新视野》2020 年第 5 期。

② 郭施宏、齐晔:《京津冀区域大气污染协同治理模式构建——基于府际关系理论视角》,《中国特色社会主义研究》2016 年第 3 期。

③ 魏娜、孟庆国:《大气污染跨域协同治理的机制考察与制度逻辑——基于京津冀的协同实践》,《中国软科学》2018 年第 10 期。

④ T.Robinson,M.Kern,R.Sero,C.W.Thomas,"How Collaborative Governance Practitioners Can Assess the Effectiveness of Collaborative Environmental Governance,While Also Evaluating Their Own Services",*Society & Natural Resources*,Vol.33,No.4(April 2020),pp.524-537.

⑤ M.J.Fliervoet,W.G.Geerling,E.Mostert,M.J.A.Smits,"Analyzing Collaborative Governance Through Social Network Analysis:A Case Study of River Management Along the Waal River in the Netherlands",*Environmental Management*,Vol.57,No.2(February 2016),pp.355-367.

够具备所有的资源独立面对解决所有问题，特别是当主要的大气污染问题成为国际性和全球性问题时，这时就需要构建新的合作伙伴关系和协同治理网络。① 利益相关者在有利的联合治理方案中投入更多资金和资源，一般而言，在这种情况下产生的处理方案比任何一个单一主体利用一方资源所给出的方案更为有效。所以，在解决复杂环境问题的过程中，单个组织和个体可能无法单独成功解决这些问题，有效破解这种困境的方法是让社区内代表多重利益的合作伙伴参与到治理过程中。② 简而言之，单一主体的力量是有限的，若不借助其他主体力量，环境治理只会事倍功半。

（四）合法性要求

一般而言，人们会遵守程序上合法以及实质上公平的制度安排，传统的自上而下的治理模式因为缺少其他利益攸关方的参与而丧失了合法性。这成为环境问题治理失败的症结所在。反之，若想要解决环境这一棘手难题，合法性是应有之意。

公民对决策的接受程度对决策的实施效果有直接影响，公民的接受程度越高，决策实施的阻碍越小，而这种所谓的公民的接受程度在某种程度上可以理解为"合法性"。从概念上讲，更有效的协同治理模式通常会提高社会合法性的总体水平，进而提高利益相关者之间的合规率。③ 故协同治理通常被认为有助于简化和改进决策，从而更好地解决相关问题，提高合法性，并改进实施。④ 反

---

① F.Murray,"The Changing Winds of Atmospheric Environment Policy", *Environmental Science and Policy*, Vol.29(May 2013), pp.115-123.

② V.Kalesnikaite,"Keeping Cities Afloat:Climate Change Adaptation and Collaborative Governance at the Local Level", *Public Performance & Management Review*, Vol.42, No.4(July 2019), pp.864-888.

③ S.Birnbaum, "Environmental Co-governance, Legitimacy, and the Quest for Compliance: When and Why is Stakeholder Participation Desirable?", *Journal of Environmental Policy & Planning*, Vol.18,No.3(July 2016), pp.306-323.

④ T.Scott,"Does Collaboration Make Any Difference? Linking Collaborative Governance to Environmental Outcomes", *Journal of Policy Analysis and Management*, Vol.34,No.3(Summer 2015), pp.537-566.

过来,要想在总体上提高公民的接受程度,即社会合法性水平、提高利益相关者之间的信任程度,让利益相关者参与治理决策、治理过程是可行路径之一,而这些目标的达成都需要更有效的协同治理形式。[①] 一言以蔽之,传统的依托行政力量、自上而下的治理模式无法达成环境治理的政策目标,只有协同治理才能满足合法性要求。

从国内外研究来看,国内外对环境协同治理驱动因素的研究有许多相似之处,主要有环境的公共物品和外部性特征、区域一体化、个体资源的有限性以及合法性要求四大动因,国内研究侧重于前两者,而国外研究则侧重于后两者。国内外研究实际上都对个体资源的有限性进行了强调,认为单个主体不具备应对环境问题的全部资源,而环境问题影响广泛,危害长远,这决定了改善环境质量需要其他主体的协同合作。除此之外,由于国内众多研究都是以大城市群(如京津冀、长三角、粤港澳等)为分析对象,这些城市群经济联系紧密,城市之间的产业分工与合作、交通与社会生活、城市规划和基础设施建设相互影响,加之大气污染本身具有跨域性,所以区域一体化也是我国环境协同治理的重要驱动因素。从国际层面来看,可能由于政治体制的原因,合法性要求亦被国外学者视为环境协同治理关系形成的重要原因。

二、环境协同治理结构和行动的影响因素

环境协同治理的结构和行动受多方面因素的影响,大致可以分为经济因素、制度因素、思想因素以及文化因素四大类。梳理国外有关环境协同治理的相关文献,发现国外主流研究认为经济因素(交易成本、资源依赖)、文化因素(社会资本、心理认同、互动学习)、制度因素(有效的协同治理机制、完善的相关配套措施)以及思想因素会在不同的层面上影响环境协同治理结构和行

---

① M.Zurba, "Leveling the Playing Field: Fostering Collaborative Governance Towards On-Going Reconciliation", *Environmental Policy and Governance*, Vol.24, No.2(March 2014), pp.134-146.

动。国内在研究环境协同治理结构和行动的因素时则更多着眼于制度方面的原因，例如公开参与的信息、完善的法律制度、有效的协同治理机制等。除此之外，传统思想的影响也是国内研究的重点方向之一。

（一）经济因素

环境协同治理经济层面的影响因素，一直是国外学者乐于研究的领域、通过归纳整理，主要有交易成本以及资源条件两方面。

1. 交易成本

首先是交易成本方面，治理环境问题是否采用协同治理模式或采用何种治理模式，成本是首先需要考虑的问题。当协同治理带来的收益可以覆盖交易成本时，会推动利益攸关方协同治理环境问题。交易成本可能成为各种组织和个人行为者之间处理具体的环境问题时建立和维持合作伙伴关系的障碍。[1] 人们通常认为协同治理是耗时长、成本大且结果不确定的，若采取协同治理模式，就需要有人承担由此带来的交易成本，并承担与审慎决策相关的成本，对交易成本的不同把控会导致不同的协同治理结构和行为。[2] 一个任务的级别越高，可能会导致越多的参与者参与到治理网络中，从而导致交易成本的总体增加。并且更多的合作通常意味着转移成本的增加，但是需要注意，交易成本的增加并非是不可控，可以通过一些额外收益来弥补。[3] 但是如果收益无法覆盖成本，可能会导致糟糕的后果。随着协同治理交易成本的增加，实际合作

① C.Boschet, T.Rambonilaza, "Collaborative Environmental Governance and Transaction Costs in Partnerships: Evidence from A Social Network Approach to Water Management in France", *Journal of Environmental Planning and Management*, Vol.61, No.1(January 2017), pp.105-123.

② H.Schroeder, S.Burch, S.Rayner, "Novel Multisector Networks and Entrepreneurship in Urban Climate Governance", *Environment and Planning C: Government and Policy*, Vol.31, No.5(October 2013), pp.761-768.

③ J.Westerink, R.Jongeneel, N.Polman, K.Prager, J.Franks, P.Dupraz, E.Mettepenningen, "Collaborative Governance Arrangements to Deliver Spatially Coordinated Agri-Environmental Management", *Land Use Policy*, Vol.69(December 2017), pp.176-192.

更有可能被名义上的合作所取代,这对协同治理的结构和行动会产生直接的影响。① 具体的表现形式就是网络参与者可能倾向于放弃网络治理进而采取"搭便车"行为。更为严重的是,当交易成本超出安全范围而不存在可以降低的空间时,会使得协作行为难以运行,特别是由于参与者众多以及先前存在的纠纷和紧张局势的幅度较大时。② 交易成本作为重要的考量因素,会直接影响协同治理的结构和行为,交易成本过高有可能会直接导致协同行为终结。

2. 资源条件

从根本上来说,对一个棘手的环境问题而言,利益攸关方是否会参与、采用何种方式参与、何时参与以及参与的程度,取决于利益攸关方所具备的资源条件。在极端情况下,当利益相关者缺乏参与协同治理的时间、金钱、知识等传统资源时,利益相关者极有可能会被动地被排除在协同治理的决策之外,参与者也可能会主动退出。在我们这个错综复杂和支离破碎的社会中,每个参与者所具备的资源条件是不一样的,实现集体行动的相关资源广泛分布在不同利益诉求、抱负、观念和价值体系的行动者之间,具备资源多的强者往往更大比例地参与到治理行动中,这会直接影响协同治理的参与结构。③ 阿比盖尔·布朗(Abigail Brown)等人在研究帕加罗河谷的协同治理过程中,各个参与主体为了更好地实现共同目标,会积极采取行动,以求资源共享。但是小农、西班牙裔/拉丁裔社区和普通公众(即缺席的土地所有者、农村居民和城

① S. Tyler, "Does Collaboration Make Any Difference? Linking Collaborative Governance to Environmental Outcomes", *Journal of Policy Analysis and Management*, Vol. 34. No. 3 (Summer 2015), pp. 537–566.

② C. Boschet, T. Rambonilaza, "Collaborative Environmental Governance and Transaction Costs in Partnerships: Evidence from A Social Network Approach to Water Management in France", *Journal of Environmental Planning and Management*, Vol. 61, No. 1 (January 2017), pp. 105–123.

③ V. A. Buuren, S. Nooteboom, "The Success of SEA in the Dutch Planning Practice: How Formal Assessments Can Contribute to Collaborative Governance", *Environmental Impact Assessment Review*, Vol. 30, No. 2 (February 2010), pp. 127–135.

市居民)往往被排除在决策之外,他们认为自己缺席协同治理最关键的原因是缺乏必备的知识和资金,无法影响决策,所以协同治理各主体间的不信任由此增加。[1] 亦有学者认为由于(资金)短缺和竞争压力增加,伙伴关系成员之间的信任感可能会由此遭到打击。[2] 而利益攸关方之间的信任感和集体行动中十分关键,可以创造互惠规范,增加个人和整个群体获得资源和知识的机会,以此在协作动力中发挥更多作用,例如提高协同治理的效率和持续性[3]。

(二) 制度因素

在探讨制度对协同治理结构和行动的影响方面,国内外主要聚焦于有效的协同治理机制、完善的法律制度以及完善的相关配套措施三大方面。

1. 有效的协同治理机制

总体而言,国外在环境协同治理相关研究中认为有效的协同治理机制主要包括透明的参与机制、正式的责任机制以及管辖权边界不明显三大方面。决策和规划过程应该为利益攸关方带来共同的利益,如果没有明显的共同效益、信息共享,就不可能带来合作。[4] 正式并且有效的组织结构和运作程序在整体上可以提高团队的协同绩效和可持续性。透明度高的包容性协同治理参与机制有助于在关键行动者、政府部门以及他们运作的广泛社区之间建立一

① A. Brown, R. Langridge, K. Rudestam, "Coming to The Table: Collaborative Governance and Groundwater Decision-Making in Coastal California", *Journal of Environmental Planning and Management*, Vol.59, No.12(December 2016), pp.2163-2178.

② X. Duan, S. Dai, R. Yang, Z. Duan, Y. Tang, "Environmental Collaborative Governance Degree of Government, Corporation, and Public", *Sustainability*, Vol.12, No.3(February 2020), p.1138.

③ D. Sabrina, S.L. Annelie, J. Maria, E. Göran, S. Camilla, "Achieving Social and Ecological Outcomes in Collaborative Environmental Governance: Good Examples from Swedish Moose Management", *Sustainability*, Vol.13, No.4(February 2021), p.2329.

④ J.Y. Ko, J. W. Day, J. G. Wilkins, J. Haywood, R. R. Lane, "Challenges in Collaborative Governance for Coastal Restoration: Lessons from the Caernarvon River Diversion in Louisiana", *Coastal Management*, Vol.45, No.2(March 2017), pp.125-142.

种相互理解的信任关系。① 反之,缺乏透明的参与机制会让各行为体之间因为缺乏沟通而逐渐产生隔阂,可能会导致协同治理失败。所以如何建构透明开放包容的参与机制,是当前协同治理面临的现实困境之一。问责机制作为协同治理机制的重要组成部分,规范的组织运行流程以及稳定的组织结构都离不开它,若没有正式的问责机制,与软监管精神的合作是否能够稳定地克服部门分裂以及推动环境协同有效治理还有待商榷。② 环境问题具有典型的跨域性和公共性,明显的管理权边界为跨层面互动设置了障碍,这体现了制度机制响应与气候变化现实之间的不匹配。但是由于管辖权是政策制度机制的一部分,不能因为需要改善环境质量就取消行政区划,这是不现实且不可行的。如何找寻解决管辖权边界影响环境协同治理的第三条道路,是目前需要攻克的又一难关。

从国内研究来看,国内多数学者认为有效的协同治理机制必须包含利益补偿机制以及参与机制两大机制。大多数学者认为有效的协同治理机制是以政府为主导、企业和社会公众共同参与的多元共治机制,政府不再承担生态环境保护的全部责任,其他社会力量在环境协同治理中同样发挥重要作用。③ 在利益补偿机制方面,因为我国幅员辽阔,地区间的经济发展程度不一致,跨域协同治理可能会损害相对落后地区的发展权益,为了提高其协同治理积极性,适当的利益补偿机制显得尤为重要。换言之,资源相对弱势的一方若得不到应有的利益补偿,会导致其协同治理的积极性不高,进而阻碍协同合力的形成和合作的可持续性。④ 因此,在治理知识和人力结构以及治理资金不对称

---

①　S.Birnbaum, "Environmental Co - Governance, Legitimacy, and the Quest for Compliance: When and Why is Stakeholder Participation Desirable?", *Journal of Environmental Policy & Planning*, Vol.18, No.3(July 2016), pp.306－323.

②　S.Gambert, "Territorial Politics and The Success of Collaborative Environmental Governance: Local and Regional Partnerships Compared", *Local Environment*, Vol.15, No.5(May 2010), pp.467－480.

③　孟庆瑜、梁枫:《京津冀生态环境协同治理的现实反思与制度完善》,《河北法学》2018年第2期。

④　李珵:《协同治理中的"合力困境"及其破解——以京津冀大气污染协同治理实践为例》,《行政论坛》2020年第5期。

时建立利益协调与利益补偿的机制十分关键。① 完善的利益补偿机制是形成有效的环境协同治理机制的必要条件。

参与机制是除利益补偿机制之外的又一重要机制,政府需要提供公众参与的平台,完善细化运行机制,以此充分调动参与者的积极性。构建有效协同治理机制可以通过给公众提供参与机会,让公众能够根据自身实际能力和状况,与其他利益攸关方一起协商与自身利益相关的事项,以此采取行动来实现合作共赢。② 除此之外,国内主流研究认为,公开的参与信息在构建有效的参与机制方面扮演着重要角色。社会公众对环境有关信息的了解不充分加大了民众参与污染防治的难度,利益攸关方参与环境协同治理始于能够获取相关的参与信息,公开的参与信息有利于提高参与积极性。公开透明的参与信息不仅能够让社会公众实时、实地以及动态地了解到区域污染的基本情况,而且能够提高公民环保意识,极大程度上吸引公众参与到大气污染的治理当中。③ 除此之外,在应对环境冲突的治理实践中,要想各行为主体之间能够平等有效地参与公共问题的决策,就必须推动参与信息的公开和透明,以此促进社会公众积极参与到公共政策制定过程中,以理性、合法的形式表达意愿以及利益诉求。④ 信息是否公开透明、主体间沟通是否顺畅将直接影响公众参与的意愿和积极性。信息非公开、不透明将会在协同治理过程中筑起一堵信息"高墙",导致掌握信息不充分的参与者或者弱势一方难以进入协同治理网络,形成一个封闭的治理环境。⑤

---

① 孟庆国、魏娜、田红红:《制度环境、资源禀赋与区域政府间协同——京津冀跨界大气污染区域协同的再审视》,《中国行政管理》2019 年第 5 期。

② 庄贵阳、周伟铎、薄凡:《京津冀雾霾协同治理的理论基础与机制创新》,《中国地质大学学报(社会科学版)》2017 年第 5 期。

③ 李雪松、孙博文:《大气污染治理的经济属性及政策演进:一个分析框架》,《改革》2014 年第 4 期。

④ 严燕、刘祖云:《风险社会理论范式下中国"环境冲突"问题及其协同治理》,《南京师大学报(社会科学版)》2014 年第 3 期。

⑤ 杨立华、张柳:《大气污染多元协同治理的比较研究:典型国家的跨案例分析》,《行政论坛》2016 年第 5 期。

除此之外,乔花云等人指出,提高环境信息共享的全局意识,实现环境信息在区域间自由流动,可以在区域内各主体间建立无障碍的以统一数据为核心的生态环境公共服务信息网络。① 就我国的现实情况来看,构建信息互联互通、资源共享的大数据网络正处于探索阶段,且在一些相对发达的地区已经取得了较为显著的成果。

2. 完善的法律制度

梳理国内相关文献不难发现,我国环境协同治理面临的诸多现实困境主要与相关法律机制不健全相关,事实上这不利于动员社会力量参与到协同治理实践中。完善的法律制度对环境协同治理结构和行动的影响主要体现在提高社会公众参与环境协同治理的积极性、保证公众参与的有序性两大方面。从顶层设计的角度来看,环境协同治理需要构建协同治理的制度体系,但是我国相关制度安排仍然存在许多不合理之处,例如区域府际间的制度安排不统一以及法律法规或政策制度不一致,甚至相互矛盾。② 具体而言,流域生态环境协同治理的困境可以归纳为立法层面的协同不足、执法层面的协同不足、司法层面的协同不足三个方面。③ 杨志等人在多元环境治理主体的动力机制以及互动逻辑研究中认为,多元主体间的合作困境主要是立法失衡和程序缺失、政府内部碎片化治理和外部多元化回应不足、多元主体间缺乏协作机制三方面。④ 这与限制粤港澳大湾区环境协同治理的因素——环境执法途径和执法力度不同、监测体系不同有相同之处。⑤

---

① 乔花云、司林波、彭建交、孙菊:《京津冀生态环境协同治理模式研究——基于共生理论的视角》,《生态经济》2017 年第 6 期。
② 李永亮:《"新常态"视阈下府际协同治理雾霾的困境与出路》,《中国行政管理》2015 年第 9 期。
③ 彭本利、李爱年:《流域生态环境协同治理的困境与对策》,《中州学刊》2019 年第 9 期。
④ 杨志、牛桂敏、郭珉媛:《多元环境治理主体的动力机制与互动逻辑研究》,《人民长江》2021 年第 7 期。
⑤ 许堞、马丽:《粤港澳大湾区环境协同治理制约因素与推进路径》,《地理研究》2020 年第 9 期。

由此可见，区域生态环境协同治理机制的有效运行需要法律法规的保障，其完善与否，会对参与者的行动产生直接影响，最终影响治理绩效。① 通过完善的法律制度可以吸引社会其他有效力量参与到环境污染冲突及治理行动中，进而提升环境污染协同治理效率。② 正如肖萍等人所言，实现跨行政区域法治是实现环境协同治理的必须路径和关键的形式保障，合理立法可以助推环境协同治理的达成，且恰当的立法形式是实现科学立法的关键。③ 具体而言，可以从明确主体的法律地位、权力责任以及保障主体间的法律平等三方面着手，减少政府的过多强制性干预，以此保障协同治理的健康运行，使得多元主体有序有效地参与治理。④ 除此之外，法律法规作为一种强制手段可对跨域环境协同治理中产生的政策不稳定、标准不统一、缺乏长期性等问题提供行之有效的对策，对有效地推动区域进步与经济发展也有积极意义。⑤ 由此可见，完善的法律制度不仅可以很大程度上缓解目前协同治理面临的现实困境问题，对提高环境协同治理效能也具有极强的推动作用。

3.完善的相关配套措施

与国内研究有所不同的是，在分析制度层面的影响作用时，国外对相关配套措施的缺失也进行了一定程度的研究。相关配套措施不够完善主要聚焦于激励不足以及利益攸关方权力未受到保障两大方面。

（1）激励不足

首先是激励方面，合作和协同治理可以以多种方式开展，没必要寻求一种

---

① 余敏江：《论区域生态环境协同治理的制度基础——基于社会学制度主义的分析视角》，《理论探讨》2013年第2期。

② 刘科、刘英基：《环境冲突防范与协同治理路径创新研究》，《长沙理工大学学报（社会科学版）》2017年第6期。

③ 肖萍、卢群：《跨行政区协同治理"契约性"立法研究——以环境区域合作为视角》，《江西社会科学》2017年第12期。

④ 严燕、刘祖云：《风险社会理论范式下中国"环境冲突"问题及其协同治理》，《南京师大学报（社会科学版）》2014年第3期。

⑤ 王娟、何昱：《京津冀区域环境协同治理立法机制探析》，《河北法学》2017年第7期。

放之四海皆准的方式,也无需采用复制粘贴的方式来设计治理方案。但值得注意的是,一个计划可以包括特定的激励机制,因为这对最终环境协同治理的效果非常关键。① 为利益相关者之间的协作创造适当的激励对协同治理的成功至关重要。以往的研究,包括心理学、经济学的发展,也突出表现了不同激励形式之间复杂的互动形式,但是在环境协同治理实践中,激励的作用却常常得不到重视。② 参与性激励手段,是指国家为目标行为体,可能是公司、社区、个人等非政府组织提供激励措施,既可以是积极的正强化,也可以是消极的负强化,参与正在建立的特定形式的协同治理。③ 除此之外,通过经济激励,使其与制度和政策保持一致性,可以提高治理资源使用的效率和绩效,促进各主体合作,提高环境协同治理效率。④ 总而言之,如果协同治理机制无法应对复杂问题,则需要制定强有力的激励措施进行补充,以允许发展合作动力,实现预期结果,激励不足可能会导致协同治理失败。⑤ 由此可见,激励机制在环境协同治理过程中的作用不应该被忽视,使得激励可以提高行动者参与协同治理的积极性。

(2)利益攸关方权力未受到保障

其次是利益攸关方权力未受到保障方面,利益相关者的权力和利益未受到保障的重要体现就是治理层面权力失衡,政府主导或操控了整个协同治理过程,虽然名义上让受到环境影响的各方参与治理过程。但是实际上还是无

① J.Westerink,R.Jongeneel,N.Polman,K.Prager,J.Franks,P.Dupraz,E.Mettepenningen, "Collaborative Governance Arrangements to Deliver Spatially Coordinated Agri—Environmental Management", *Land Use Policy*, Vol.69(December 2017) ,pp.176–192.

② C.Tang,S.Tang, "Managing Incentive Dynamics for Collaborative Governance in Land and Ecological Conservation", *Public Administration Review*, Vol.74, No.2(March 2014) ,pp.220–231.

③ N.Gunningham, "The New Collaborative Environmental Governance:The Localization of Regulation", *Journal of Law and Society*, Vol.36, No.1(March 2009) ,pp.145–166.

④ G.Rasul,B.Sharma, "The Nexus Approach to Water—Energy—Food Security:An Option for Adaptation to Climate Change", *Climate Policy*, Vol.16, No.6(November 2016) ,pp.682–702.

⑤ J.Voets,K.Verhoest,A.Molenveld, "Coordinating for Integrated Youth Care:The Need for Smart Metagovernance", *Public Management Review*, Vol.17, No.7(August 2015) ,pp.981–1001.

异于传统自上而下的治理模式,任何受问题影响、关心问题、可能影响问题的关键利益攸关方事实上已然无法公平参与并影响决策。

众所周知,代表性、民主性以及合法性是促进建设性科学政策对话的关键问题。[①] 有效的合作治理要求单一组织不要过于占据主导地位,需要合理关切其他参与者的参与权利。[②] 现今社会,几乎每个人都成了全球环境治理的利益相关者,他们受到环境问题的影响,他们的利益诉求理应被关切。[③] 但是威特克(Whitake)发现,在治理层面权力失衡的现实情况下,公民等利益相关者的利益往往得不到关注,他们名义上参与治理过程,当一项决策被推行时,参与者被动地接受并通过表决。[④] 沙利文(Sullivan)和怀特(White)等人在研究科罗拉多河下游流域干旱应急计划时发现,由于权力失衡,不平等包容的参与方式使得美洲土著部落的代表经常感到被排除在协同治理干旱过程之外,弱势成员被排斥并且缺席是经常发生的事情。[⑤] 斯特森(Stetson)等人在研究白令海峡的可持续发展问题时同样发现,协作进程未能有效地将阿拉斯加土著社区的不同声音与其他关心海洋资源可持续管理的治理利益攸关方联系起来,这直接阻碍了白令海峡的可持续发展。[⑥] 通常来说,集体决策意味着治理

---

① K.Bäckstrand, "Civic Science for Sustainability: Reframing the Role of Experts, Policy - Makers and Citizens in Environmental Governance", *Global Environmental Politics*, Vol.3, No.4(March 2003), pp.24-41.

② M.J.Fliervoet, W.G.Geerling, E.Mostert, M.A.Smits, "Analyzing Collaborative Governance Through Social Network Analysis: A Case Study of River Management Along the Waal River in the Netherlands", *Environmental management*, Vol.57, No.2(February 2016), pp.355-367.

③ F.H.Lucy, "Challenging Global Environmental Governance: Social Movement Agency and Global Civil Society", *Global Environmental Politics*, Vol.3, No.2(May 2003), pp.120-134.

④ H.D.Rosenbloom, T.Gong, "Coproducing 'Clean' Collaborative Governance", *Public Performance & Management Review*, Vol.36, No.4(June 2013), pp.544-561.

⑤ A.Sullivan, D.D.White, M.Hanemann, "Designing Collaborative Governance: Insights from the Drought Contingency Planning Process for the Lower Colorado River Basin", *Environmental Science and Policy*, Vol.91(January 2019), pp.39-49.

⑥ G.Stetson, S.Mumme, "Sustainable Development in the Bering Strait: Indigenous Values and the Challenge of Collaborative Governance", *Society & Natural Resources*, Vol.29, No.7(July 2016), pp.791-806.

不是一个人做决定,而是组织或组织系统做决定。此外,生态系统的治理涉及平衡参与者的不同利益,倘若利益攸关方利益未受到合理关切,不同倡导联盟之间的权力和影响力的失衡可能导致治理惯性,阻碍有效的环境问题处理措施实施。[1] 只有确保参与者的各种正当利益适当地被纳入政策评估方法和决策支持工具中,所需的转型和可持续发展才会实现。[2] 由此可见,如何避免单一主体操控环境协同治理全过程,是摆在眼前的突出问题,如果无法避免治理层面的权力失衡,就无法实现协同治理。[3] 因此,如何让各个相关行动体参与到治理实践中,是当前许多国家正在努力的方向。

（三）思想因素

思想因素主要指的是传统经济优先发展思维以及自上而下管理思维对环境协同治理结构和行动的影响。在传统的经济优先发展方面,对于大多数国家而言,经济发展都得益于早期的工业文明,但是工业文明伴随着严重的环境污染,随着社会的不断进步以及环境问题逐渐影响人类的日常起居,人们意识到人与社会应当和谐共存。但是迄今为止,仍然有许多国家存在发展优先的传统思维,这在发展中国家和欠发达国家尤其明显,与经济效率相比,环境动机在社会网络中的重要性相对较低。国外学者认为,环境治理得益于适应性和前瞻性思维以及对跨时代决策的考虑。在现实的环境协同治理实践过程中,短期思维盛行,尤其是在一些欠发达地区,这种情况则更为明显。[4] 阿罗

① Ö. Bodin, "Collaborative Environmental Governance: Achieving Collective Action in Social-Ecological Systems", *Science*, Vol.357, No.6352 (August 2017), p.4.

② D. Ürge-Vorsatz, S. T. Herrero, "Building Synergies between Climate Change Mitigation and Energy Poverty Alleviation", *Energy Policy*, Vol.49 (October 2012), pp.83-90.

③ M.J. Fliervoet, W. G. Geerling, E. Mostert, M. A. Smits, "Analyzing Collaborative Governance Through Social Network Analysis: A Case Study of River Management Along the Waal River in the Netherlands", *Environmental management*, Vol.57, No.2 (February 2016), pp.355-367.

④ A. Sullivan, D.D. White, M. Hanemann, "Designing Collaborative Governance: Insights from the Drought Contingency Planning Process for the Lower Colorado River Basin", *Environmental Science and Policy*, Vol.91 (January 2019), pp.39-49.

等人将发展与气候之间的权衡称为机会成本,并认为有效的气候变化决策会减少原本可用于发展经济目标有效资源,特别是在资源稀缺的非洲。① 由此可见,经济发展与环境问题之间存在冲突,二者之间如何抉择成为关键。如果一个国家将发展问题视为优先事项,一切都为了发展服务,那么环境问题则很难得到合理解决,即环境价值的显著性,特别是其相对于其他价值(特别是经济价值)的重要性,决定了协同治理的成败。②

其次是在传统的自上而下管理思维的影响方面,虽然我国现在大力提倡多元主体协同治理的网络治理模式,但是实际上还是深受传统自上而下管理思维的影响,协同共治的治理思维尚未形成。传统的自上而下管理模式的特点是大部分决策权通常掌握在组织的最高层部门,由他们负责配置资源,当部门之间发生冲突和矛盾时,主要由他们负责进行协调。在社会发展尚不成熟的阶段,这种管理模式可以最大限度地配给资源、形成合力。但是随着时代的发展,外部环境瞬息变化,自上而下的管理思维已然无法适应时代潮流,成为环境协同治理的一大障碍。协同共治的治理思维要求各个协同治理主体的地位是平等的,平等的地位关系是区域间主体能够有效展开合作的前提。但在跨域生态环境的实际治理过程中,政府的权力强势和过分干预加剧了协同参与环境治理的难度,造成生态环境治理过程中社会力量萌发不足。③ 在生态治理多元主体中,政府起主导作用,公众和市场的关注先天不足,处于弱势地位,这会导致社会主体和市场主体发挥作用的空间被挤占,无力参与生态治

---

① C.A.Chuku, "Pursuing an Integrated Development and Climate Policy Framework in Africa: Options for Mainstreaming", *Mitigation and Adaptation Strategies for Global Change*, Vol.15, No.1(January 2010), pp.41-52.

② M.Paterson, D.Humphreys, L.Pettiford, "Conceptualizing Global Environmental Governance: From Interstate Regimes to Counter-Hegemonic Struggles", *Global Environmental Politics*, Vol.3, No.2(May 2003), pp.1-10.

③ 司林波、聂晓云、孟卫东:《跨域生态环境协同治理困境成因及路径选择》,《生态经济》2018年第1期。

理。① 在对协同目标的设定、协同议程的设置、协同行动的过程中,地位更高的协同主体因为拥有更多的资源会在治理过程中发挥更大作用,而地位相对较低的协同治理主体的利益则不会受到特别的关注。② 由此可见,协同共治治理思维会在潜移默化中影响参与主体的行动,传统管理思维不利于提高治理绩效。

(四) 文化因素

环境协同治理结构和行动不仅取决于经济、制度、思想因素,还受制于文化的影响。基于此,国外学者进一步讨论了文化因素对环境协同治理的影响。

1. 社会资本

社会资本指的是行动者在社会结构中所处的位置给行动者带来的各种资源。社会资本对环境协同治理结构和行动的影响主要体现在促进参与者沟通、建立信任、提高协同行动效率三大方面。首先是促进参与者沟通方面,琼斯(Jones)等人认为社会资本和加强沟通是在公共机构合作倡议中达成共识的关键因素。③ 社会资本越强,越有可能促进社区或地区间的沟通和联系,组织内各个成员动员起来并努力实现共同目标的可能性就越大。④ 在提高协同行动效率方面,在社会资本的影响下,个体更愿意表达个人想法,沟通和交流更为顺畅,对目标问题的清晰度更高,协同治理问题的效率因此也会变得更高。⑤ 在建

---

① 朱喜群:《生态治理的多元协同:太湖流域个案》,《改革》2017 年第 2 期。

② 李辉:《协同治理中的"合力困境"及其破解——以京津冀大气污染协同治理实践为例》,《行政论坛》2020 年第 5 期。

③ G. Stetson, S. Mumme, "Sustainable Development in the Bering Strait: Indigenous Values and the Challenge of Collaborative Governance", *Society & Natural Resources*, Vol. 29, No. 7 (July 2016), pp.791-806.

④ F. Ali-Khan, P. R. Mulvihill, "Exploring Collaborative Environmental Governance: Perspectives on Bridging and Actor Agency", *Geography Compass*, Vol. 2, No. 6 (November 2008), pp.1974-1994.

⑤ L. A. van Oortmerssen, J. C. van Woerkum, N. Aarts, "The Visibility of Trust: Exploring the Connection between Trust and Interaction in a Dutch Collaborative Governance Boardroom", *Public Management Review*, Vol. 16, No. 5 (July 2014), pp.666-685.

立主体间信任方面,合作过程可以在参与者之间建立信任,并可能通过建立
信任,以减少不同利益相关者之间的冲突。① 简而言之,社会资本所带来的
信任被认为会对复杂协作的实践产生各种有利影响,例如有助于促进协作,
使协作更为强大;提高协同治理绩效,并使协作创新成为可能;等等。② 因
此,若想要提高协同组织之间的凝聚力,构建社会资本是可行路径之一。

2.心理认同

一般情况下,心理认同(环境协同治理程序、特征、结构)在环境协同治理
结构和行动方面的影响力不容易被注意到,但是通过梳理文献发现,心理认同
在环境协同治理过程中扮演了关键角色。

当协同治理的决策被各参与者视为程序上公平和实质上合法时,即使在
决策过程中存在一些悬而未决的重大分歧或缺乏对除政府之外的参与者利益
进行考量的情况下,参与者也会对决策产生强大的心理认同,决策的接受度也
会很高。③ 除此之外,当参与者认同环境协同治理网络时,会出现一种强大的
激励机制,即参与者将自己的个人身份与协同治理网络身份融为一体,他们的
自尊和成就受到网络治理的影响,所以他们会提高自己的环境协同治理参与
度,力求在此过程中发挥更大作用,以此影响协同治理的结构和行动。正如巴
鲁蒂亚(Barrutia)等人所认为的那样,心理认同会加强参与者之间的沟通,并
会使得双向沟通过程更有效,从而降低交易成本,影响协同行动。④ 所以,若

① R.Berardo,T.Heikkila,K.A.Gerlak,"Interorganizational Engagement in Collaborative Environmental Management:Evidence from the South Florida Ecosystem Restoration Task Force", *Journal of Public Administration Research and Theory*, Vol.24,No.3(July 2014),pp.697-719.

② L.A.van Oortmerssen,J.M.C.van Woerkum,N.Aarts,"The Visibility of Trust:Exploring the Connection between Trust and Interaction in a Dutch Collaborative Governance Boardroom", *Public Management Review*, Vol.16,No.5(July 2014),pp.666-685.

③ J.Newig,O.Fritsch,"Environmental Governance:Participatory,Multi-Level and Effective?", *Environmental Policy and Governance*, Vol.19,No.3(May-June 2009),pp.197-214.

④ M.J.Barrutia,C.Echebarria,"Comparing Three Theories of Participation in Pro-Environmental, Collaborative Governance Networks", *Journal of Environmental Management*, Vol.240(January 2019), pp.108-118.

想要加强协同主体之间的联系,提高协同治理效率,增强行动者的心理认同不失为一种选择。

3. 互动学习

整体而言,互动学习主要通过提高协同治理效率以及促进决策创新影响环境协同治理结构和行动。参与协同治理被认为与知识建设和政策学习存在互动关系,互动学习可以促进各主体更高效地参与协同治理。[①] 在提高协同治理效率方面,协同治理可以建立信息流和反馈机制并为参与者之间的互动学习提供平台,增进不同行为主体之间的了解和联系,让各个利益相关方在互动学习的过程中改善关系,使得参与者以更加高效的方式行动。[②] 反过来,多中心行为体协同治理允许有不同利益诉求的各个主体提出自己的观点和信念,参与者通过挑战彼此的观点进行互动学习,在达成共识之后,将其纳入到协同治理决策中,以此提高协同治理效率。[③] 在促进决策创新方面,协同治理过程在实践中已经被证明是解决复杂环境问题的一种有效的流行机制,通过学习相关制度和法律、其他参与者的价值观以及评价决策的可行性,从而使决策者能够更好地制定具备一定创新性、以共识为导向的环境管理决策。[④] 除此之外,互动学习可以帮助利益相关方理解当前问题的复杂性质,制定并且对新的政策解决方案进行测试,并对其不足之处进行调整,进而推动环境协同治

---

① J.Baird, R.Plummer, Ö.Bodin, "Collaborative Governance for Climate Change Adaptation in Canada: Experimenting with Adaptive Co-Management", *Regional Environmental Change*, Vol.16, No.3 (March 2016), pp.747-758.

② T.M.Frame, T.Gunton, J.C.Day, "The Role of Collaboration in Environmental Management: An Evaluation of Land and Resource Planning in British Columbia", *Journal of Environmental Planning and Management*, Vol.47, No.1 (January 2004), pp.59-82.

③ T.Ansell, "Strengthening Political Leadership and Policy Innovation through the Expansion of Collaborative Forms of Governance", *Public Management Review*, Vol.19, No.1 (January 2017), pp.37-54.

④ E.A.Koebele, "Policy Learning in Collaborative Environmental Governance Processes", *Journal of Environmental Policy & Planning*, Vol.21, No.3 (May 2019), pp.242-256.

理结构和政策的创新。① 互动学习实质上是行为体之间的一种沟通交流过程,通过互动学习可以发现自身不足并吸取其他行为体的优势之处,对于优化协同治理过程也有一定意义。

既有研究动态表明,国内外关于影响环境协同治理和行动方面的研究各有侧重,呈现出全面开花的研究态势。具体来看,公开的参与信息、有效的协同治理机制、完善的法律制度以及协同共治的思维是国内主要的研究重点。且国内在环境协同治理机制方面的研究多依照"从问题出发分析成因,进而提出对策"的逻辑主线,目前主要形成了揭示协同机制的运作形式及逻辑、着眼于既有协同治理机制的完善与更新两类研究方向。国外研究则提供了不同的研究视角,主要是经济因素、文化因素、制度因素以及思想因素四大方面。经济因素主要包括交易成本和资源条件,这与国内研究有共同之处;文化因素主要着眼于社会资本、心理认同以及互动学习三方面,这三方面在国外研究中一直被视为重要的研究领域,众多学者从不同层面对其进行了阐述,而国内研究在这方面相对弱化;制度因素主要包括协同治理机制不完善以及相关配套措施缺失;思想因素则主要围绕传统的经济发展优先展开。

三、环境协同治理模式

国内外许多学者都对环境协同治理模式进行了较为深入的剖析,大多都遵循"分类—比较"的逻辑展开论述,即先是基于一定的分类标准对环境协同治理模式进行分类,之后再根据不同模式的优缺点进行比较,寻求不同模式之间的对话。虽然不同的学者因为立场、角度的不同对环境协同治理模式的分类会有所不一,但是在环境协同治理的合作模式的选择与治理成效之间呈现

---

① T.Ansell, "Strengthening Political Leadership and Policy Innovation through the Expansion of Collaborative Forms of Governance", *Public Management Review*, Vol.19, No.1(January 2017), pp.37-54.

显著因果关系上,学者已然达成共识。通过有关环境区域治理理论的文献梳理,可以将跨域环境协同治理归为府际合作模式、市场调节模式和网络治理模式三种,三种模式的基本情况可参见表2-3。

表2-3　环境协同治理模式概况

模式	特　征	主要代表国家
府际合作模式	基于行政权力,治理任务层层压实,治理效率高,但是成本相对较高。	中国
市场调节模式	基于市场经济,借助市场化手段应对环境问题,可以有效解决环境外部性问题,但是对实施地区市场化发展程度要求高。	欧盟国家
网络治理模式	多中心主体协同参与是其主要特征,强调构建协调和信任机制,但是对实施地区民主化发展程度要求高。	美国

接下来,笔者就对府际合作模式、市场调节模式、网络治理模式进行一一阐述,以期厘清三者之间的区别与联系。

（一）府际合作模式

府际合作模式,是以行政权力为背景,上下级政府或者同级政府采取综合手段以处理同一难题的合作模式。环境治理问题是一项涉及各行各业、治理机制极其复杂的系统工程。加之环境本身具备公共物品属性、外部性特性以及空间外延性,这就决定了跨域环境保护的整体性。故而环境污染的处理是无法由单一地方政府独立而有效地解决的,需要构建跨区域、跨流域治理的有效机制,而府际合作模式是解决跨区域环境问题的重要途径。[①] 以我国为例,我国有长三角、京津冀、粤港澳等十大城市群,但是每个城市群内城市与城市之间的经济发展差异明显,且环境问题又具有极强的外部性,种种原因促使地方政府寻求合作,形成府际合作模式。府际合作模式以行政权威为背景,具备

[①]　杨妍、孙涛:《跨区域环境治理与地方政府合作机制研究》,《中国行政管理》2009年第1期。

一定的强制性,所以在构建协同治理机制、形成协同理念、实施相关政策方面效率高、见效快,由此可见植根于我国本土的治理模式有一些不可比拟的优势,但是府际合作模式也存在一些固有缺陷。

环境协同治理要求各主体在环境问题上协同一致,减少主体间差异,以便形成合力。但在现实情况中,我国协同治理主体在目标、利益、能力条件、角色观念、治理方法等方面存在一定鸿沟,这成为地方政府合作的主要障碍。有学者认为中国区域环境协同治理的内在困境,主要是协同治理主体间的目标和诉求差异、地方政府风险意识的碎片化、地方政府绩效考核与风险控制间的冲突以及协同治理主体角色观念的转变困难四个原因。① 胡中华提出,制约区域环境协同治理常态化发展的棘手难题是地方政府利益不一致、环境治理主体能力参差不齐、协作治理方法单一以及缺乏专门化的区域环境协同治理责任考核与追究制度。

以我国粤港澳大湾区为例,粤港澳大湾区是我国经济发展最为活跃、开放程度最高的城市群之一,但是亦如一个硬币的两面,高速的经济发展也使得湾区的环境问题更为突出。为了共同应对环境难题,粤港澳大湾区开展了积极的府际合作,环境协同治理趋势不断增强,也取得了显著的环境治理绩效。但是由于粤港澳三地经济发展程度不一:广东正处于工业化蓬勃发展阶段,纺织、家具等工业仍然是广东发展的重要产业,但是工业发展定会伴随大量的工业污染排放,所以广东地区治理环境问题的重点关注对象是工业生产部门,对一些双高产业进行限产、关停和终端处理;但是香港和澳门情况有所不同,港澳地区是我国经济较为发达的地区,其工业化进程已步入成熟期,目前的产业结构以服务业等第三产业为主,主要污染物的来源是交通、居民的日常生活等。由此可以看出,由于三地经济发展模式不同,导致环境规制对象以及侧重点存在差异,这成为地方政府合作的重大障碍之一。

---

① 刘彩云、易承志:《多元主体如何实现协同?——中国区域环境协同治理内在困境分析》,《新视野》2020 年第 5 期。

　　再如我国京津冀地区,京津冀大气污染协同治理实践之所以会产生合力困境,主要是因为协同主体目标不一致、主体地位差异与补偿机制的不完善、协同主体污染治理能力与压力的不均衡以及协同主体的"无力可施"。① 京津冀三地虽然比邻而居,但是三地经济发展差异显著。众所周知,北京不仅是我国的首都,还是我国政治中心、文化中心、国际交往中心、科技创新中心,是世界一级城市,但是伴随着北京发展质量的不断提高,其非首都功能希望能得以疏散,环境问题成为其重点关注领域。北京、天津财力相对雄厚,服务业是其主要产业,故两地更为关注环境质量问题;而河北省经济发展相对落后,其财政收入远远落后于北京、天津两地,经济发展是其第一要义,为京津两市提供无污染的水源地也增加了河北省的经济负担,倾力治污可能是以牺牲经济为代价,这是河北省环境协同治理积极性不高的重要原因。除此之外,北京市显然掌握更多的协同治理资源,在整个协同治理的过程中具有更为重要的控制力和影响力,久之容易落入"强者主导"的怪圈中,河北省作为相对弱势的一方,利益可能得不到补偿。正如孟庆国等人所言,治理知识和人力结构的不对称以及治理资金的不对称是制约京津冀跨界大气治理区域政府间协同的资源因素。②

(二) 市场调节模式

　　市场调节模式,是指采取市场化的手段来调节环境的外部性并以此妥善解决环境污染问题。有关市场调节模式的研究,学术界主要在征收税负以及产权交易市场两方面进行,有关产权市场的研究主要集中在碳交易、低碳经济、碳金融三大主题上。征收碳税方面的研究,主要集中于低碳经济、碳税以

---

① 李珵:《协同治理中的"合力困境"及其破解——以京津冀大气污染协同治理实践为例》,《行政论坛》2020年第5期。
② 孟庆国、魏娜、田红红:《制度环境、资源禀赋与区域政府间协同——京津冀跨界大气污染区域协同的再审视》,《中国行政管理》2019年第5期。

及碳排放三大主题上。有关产权市场和碳税的研究，国外相对于国内而言，起步更早、研究成果更为丰富。在环境治理问题中，市场调节模式常常被用来与府际合作模式进行比较，前者侧重于强调市场看不见的手配置资源的重要性，众所周知，环境的外部性特征可能会导致"搭便车"行为和公地悲剧现象，而引入市场的作用可以有效解决这一问题。纵观全球的环境问题治理实践，欧盟在缓解及应对气候变化问题以及跨域环境协同治理两方面做出了极大的努力，因此欧盟的环境保护事业一直走在世界前列，欧盟环境治理的政策体系也在治理实践中日益完善，涉及的范围不断扩大，跨域环境协同治理能力不断得以提升。①

具体而言，欧盟地区实施的是"空气清洁与行动计划"，构建了以改善环境空气质量为核心的一系列标准，以督促各成员积极达标。2013 年出台的欧洲清洁空气规划（CAPE）作为最新的欧盟政策框架分别确立了 2020 年和 2030 年空气质量战略目标。从具体的措施来看，欧盟各国通过碳税、碳交易等市场调节机制对温室气体、大气污染物排放进行管控调节。在推动全球减少碳排放上，欧盟是最为积极的倡导者和推动者，欧盟早期就在内部实行限额排放权交易（EUETS），以此助推国际减排行动的开展。② 除此之外，欧盟等国采用碳税、碳交易等措施的原因除了治理环境问题，其实还有更深层次的经济原因。欧盟国家国土面积狭小，人口稠密，化石能源有限，大量能源依靠进口，十分被动。为了支撑本国经济发展，欧盟国家不得不将注意力置于清洁能源的开发和使用上，欧盟国家也因此掌握了清洁能源的开发技术，领先世界其他国家。与此同时，欧盟内许多发达国家经济发展已然饱和，无法再从基础设施等工业领域寻求经济发展，而低碳经济则被

---

① 司林波、赵璐：《欧盟环境治理政策述评及对我国的启示》，《环境保护》2019 年第 11 期。

② 王刚：《美国与欧盟的碳减排方案分析及中国的应对策略》，《地域研究与开发》2012 年第 4 期。

许多国家视为新的经济增长点,这也成为了助推欧盟强力倡导碳减排的原因之一。

欧盟通过碳税等市场调节措施使得环境协同治理效果显著,其中以丹麦为最佳。丹麦碳税以减少煤的碳排放的指向明确目标,且"单一政策功能"的碳税思想使得碳税制度设计更符合本国经济社会发展实际,碳税工具环境治理成效显著。[①] 丹麦碳排放的减少主要得益于石油化石燃料在能源结构中的减少,而丹麦实现能源结构转型的关键是碳税发挥了关键作用。丹麦对可再生能源和清洁能源征收相对于化石能源低税的,调整了企业对能源的需求,使得企业有动力选择更为清洁的能源。除此之外,与其他国家有所不同的是,丹麦在能源方面所征得的税收不会作为税收收入而被纳入到预算安排中,而是返还到产业中,这有效地避免了因治理环境问题而牺牲经济增长,是一种循环双赢的制度安排。由此可见,西方发达国家因为其市场经济发展纯熟,所以市场调节模式在本国有深厚的发展土壤,可以有效应对环境问题。

(三) 网络治理模式

通过梳理文献发现,国内外学者都对网络治理模式进行了十分深入的研究,国外关于网络治理模式的研究主题主要集中于环境科学研究以及绿色可持续发展,而目前国内关于网络治理方面的研究呈现碎片化,大多数研究都是基于西方理论开展的,从本土视角研究如何有效运用网络治理模式的较为稀少。网络治理模式是介于府际合作模式和市场调节模式之间的一种治理模式,很好地结合了二者的优势。网络治理模式强调通过构建信任和协调机制,主张以政府、市场、社会等多元力量共同参与的一种治理模式,多元治理主体是其主要特征。随着环境问题的治理难度不断加大,传统府际合作治理模式

---

① 唐祥来:《欧盟碳税工具环境治理成效及其启示》,《财经理论与实践》2011 年第 6 期。

以及市场调节模式的固有弊端逐渐暴露出来，许多国家将治理目光投向网络治理模式，其中美国网络治理环境问题取得的成就最为突出，成为许多其他国家学习的对象。

在美国，地方各级污染控制计划是区域责任主体实现空气污染控制的主要方式。梳理南加州的大气污染治理实践发现，加州控制大气污染的成效起初并不理想，一度被联邦政府列为"极端严重"污染区域。① 出于这样的现实情况，加州地区成立南海岸空气质量管理区(South Coast Air Quality Management District, SCAQMD)，实行了最为严格的碳排放标准，以降低机动车、企业等对大气造成的污染而达到治霾的目的。从治理结果可见，南海岸空气质量管理实践是一个成功的跨域治理空气污染网络治理模式，完善且严格的法律保障、成熟的市场化运行、多元主体的广泛参与成为南海岸地区治理成功的重要原因。值得注意的是，美国治理环境问题的高度公众参与主要是得益于"环境运动"——美国最成功的现代社会运动之一，环境运动的参与渠道、参与主体及参与程度等会直接影响环境治理的内容、方式及治理成效。美国的环境运动的发展轨迹大致是从精英参与到大众参与，最终再到政社合作，该发展轨迹揭示了美国环境治理方式从单一行政主导到多元参与的网络治理模式的转变，以及治理内容从单一主题到综合污染防治的特点。② 网络治理模式虽然强调社会其他力量的介入，但是这并不意味着行政力量的完全脱离。相反，在遇到一些协商机制无法解决的复杂问题时，需要强制力量的介入，关于何时使用强制权力、何时使用网络对话，是政府当局需要把握的一个重要问题。③

需要进一步强调的是，在采用网络治理模式应对环境问题时，不同主体参

---

① 司林波、裴索亚：《跨行政区生态环境协同治理绩效问责模式及实践情境——基于国内外典型案例的分析》，《北京行政学院学报》2021年第3期。

② 赵琦、朱常海：《社会参与及治理转型：美国环境运动的发展特点及其启示》，《暨南学报（哲学社会科学版）》2020年第3期。

③ J. Voets, K. Verhoest, A. Molenveld, "Coordinating for Integrated Youth Care: The Need for Smart Metagovernance", *Public Management Review*, Vol.17, No.7(August 2015), pp.981-1001.

与治理的动机可能是不同的。比如伊拉德姆(Eraydm)等人在研究安塔利亚旅游区的合作网络和组织建设时发现,旅游代理商参与环境治理的主要驱动力是经济上的,而大型和高质量的公司或者旅游协会则一直关注的是如何让旅游业可持续发展,所以他们对环境治理有着更深的理解。[①] 因为参与治理的动机不同,所以各主体的参与程度也会有所不同。

综上所述,三种环境协同治理模式各有优缺点,府际合作模式优点是效率高,缺点是需要耗费巨大的财力物力,治理成效如何取决于多种因素。市场调节模式的优点是能有效避免"搭便车"和公地悲剧现象,但是缺点是使用门槛高,适合市场经济发展较为成熟的国家或地区。网络治理模式是一种结合府际合作模式和市场调节模式的一种新的治理方法,正在被越来越多的国家探索使用,但是也并不意味着这是一种放之四海而皆准的模式,也需要在治理实践中不断发展和完善。所以,采取何种治理模式为本国治理环境问题所用,应当视国家的具体情况而定。

四、环境协同治理与环境质量改善

如前文所述,目前传统环境治理模式因为其固有的缺点而陷入治理困局,环境协同治理应运而生,成为许多国家尤其是发达国家治理环境问题的首要之选。但是环境协同治理与环境质量改善之间的关系究竟如何,二者之间是否是单一的正向协同关系,接下来笔者通过对国内外关于该问题的研究现状进行梳理,探寻目前学术界对该问题的看法。

(一)环境协同治理有利于改善环境质量

从国内研究来看,在生态环境领域中,治理环境问题单一的政府自上而下

---

① H.Erkus-Oeztuerk, A.Eraydm, "Environmental Governance for Sustainable Tourism Development: Collaborative Networks and Organisation Building in the Antalya Tourism Region", *Tourism Management*, Vol.31, No.1(February 2010), pp.113-124.

的管制模式或市场激励模式抑或社区自治模式都难以取得理想的治理绩效，而基于政府、社会组织、企业等多元主体有效参与、共同合作的协同治理模式，对于实现社会可持续发展，提高环境治理绩效是一种可行路径。① 近年来，被众多学者讨论的环境协同治理理论对传统的政府主导型模式进行了深刻反思，协同治理通过有序化、自组织化的机制设计，发挥不同主体和行为者各自资源、知识、技术等方面的优势，使系统在不断适应的过程中达到更高级的平衡，实现对生态环境"1+1>2"的治理绩效。② 诸多国外典型国家如美国、日本、英国等的大气污染治理的成功案例表明，在大气污染治理过程中多元行动主体通过构建协同治理网络共同应对棘手的环境问题有助于加速治理进程，取得更好的治理成效。③

从国际层面看，大多数研究结果都佐证了环境协同治理可以有效改善环境质量。协作治理指的是"利益相关者之间的双向沟通和互动，以及利益相关者相互对话的机会"。协作治理过程可能会非常耗时，但相应地，如果协作有效运行，则可在之后政策实施中节省大量时间和精力，在环境改善方面发挥作用。④ 众所周知，自组织和高灵活性的协同治理模式可以带来巨大的好处。并且与现实环境相适应的协同治理系统被认为是解决环境问题能力的关键，能够解决与社会绿色生态适应相关的许多挑战。⑤ 泰勒(Tyler)通过分析编码

① 李礼、孙翊锋：《生态环境协同治理的应然逻辑、政治博弈与实现机制》，《湘潭大学学报（哲学社会科学版）》2016年第3期。

② 余敏江：《区域生态环境协同治理的逻辑——基于社群主义视角的分析》，《社会科学》2015年第1期。

③ 杨立华、张柳：《大气污染多元协同治理的比较研究：典型国家的跨案例分析》，《行政论坛》2016年第5期。

④ J.R.Barton, K.Krellenberg, J.M.Harris, "Collaborative Governance and the Challenges of Participatory Climate Change Adaptation Planning in Santiago de Chile", *Climate and Development*, Vol.7, No.2(March 2015), pp.175-184.

⑤ M.A.Guerrero, Ö.Bodin, J.R.R.McAllister, A.K.Wilson, "Achieving Social-Ecological Fit through Bottom-Up Collaborative Governance: An Empirical Investigation", *Ecology and Society*, Vol.20, No.4(December 2015), p.41.

流域管理制度数据库,测试了 357 个流域协同治理和流域质量之间的关系,研究结果发现协同治理可以改善水化学和河内栖息地条件。① 研究对证明协同治理过程对环境产出具有可测量的、有益的影响提供了理论证据。② 高度协同有利于形成可行性高的运行机制,而低度协同则容易忽略利益相关者提出的环境问题,这些都意味着协同治理可以改善环境质量。由此可见,关于环境协同治理与环境质量改善之间的存在正向协同关系的问题上,国外多数学者持积极态度。

(二) 环境协同治理存在局限性

传统的以制度、权力为导向的治理模式被认为是高成本和低产出的,越来越多的现实案例证明,更加包容的环境协同治理突破了传统的自上而下管理模式的缺陷,成为改善环境问题的最佳选择。在绝大多数研究中,也默认了环境协同治理与环境改善之间的正向关系,也有少数的国外学者指出了环境协同治理存在的局限性。

通常而言,更密切的合作意味着更丰厚的产出,但是二者之间的关系并非简单的线性关系,而是存在一种复杂关联,即环境协同治理在处理环境问题方面可能存在一个上限,并非万能药,这是公共管理者应该知晓的前提。需要有坚实的证据基础证明环境协同治理对于改善环境质量有正向的作用,若无法确定环境改善的证据,环境协同治理可能无法实施。③ 值得注意的是,环境协

---

① S. Tyler, "Does Collaboration Make Any Difference? Linking Collaborative Governance to Environmental Outcomes", *Journal of Policy Analysis and Management*, Vol. 34. No. 3 (Summer 2015), pp.537-566.

② J. C. Biddle, T. M. Koontz, "Goal Specificity: A Proxy Measure for Improvements in Environmental Outcomes in Collaborative Governance", *Journal of Environmental Management*, Vol. 145 (December 2014), pp.268-276.

③ M. T. Koontz, C. W. Thomas, "What do We Know and Need to Know about the Environmental Outcomes of Collaborative Management?", *Public Administration Review*, Vol. 66 (December 2006), pp.111-121.

同治理会模糊政府部门和公共部门的界限，带来新的权力真空，容易滋生腐败，这值得引起决策者的注意。

协同治理的过程跨越了政府的正式结构，突出了从"自上而下"的官僚形式向"自下而上"的决策机制的转变。从规范上讲，协同治理被认为比传统的方法更具回应性、合法性和有效性。随着社会的不断进步，影响公共问题的环境变得更错综复杂，政府、企业、公众等多元环境协同治理模式是改善环境质量不二法则。从既有研究动态来看，国内外学者都认为环境协同治理可以极大程度地改善环境质量。但是需要注意的是，国外学者提出环境协同治理也并非是解决一切环境问题的万能钥匙，而是存在一定的局限性，二者之间的关系也并非是简单的线性关系，在实践和理论研究中应当倍加注意。

第三章　环境协同治理的理论分析框架

随着西方公共管理理论的范式变迁,学者在进行理论引入的同时寻求打开理论研究中的"黑箱",不断完善分析框架并运用到具体案例,这是近年来实践发展的趋势。环境公共产品具有规模经济效应和非排他性等显著特征,不同人群日益增长的环境需求对公共治理能力提出了挑战。协同治理由于广泛的适用性,逐渐在环境治理理论研究中占据核心地位。其中,协同治理理论、制度性集体行动理论、协同优势理论和政策网络理论成为分析环境治理的主要研究框架。

第一节　环境协同治理理论基础

一、协同治理理论

协同治理理论是在协同学理论和治理学理论基础上形成的一种新型公共治理理论,主张政府、企业、第三部门和公民之间构建一种良好的合作关系。协同治理是各种要素的合理搭配与有机结合,从而追求公共事务治理效率的最大化。学者们对协同治理的定义、特点和价值取向等各有主张,形成"概念丛林"。

在公共管理领域，哈佛大学约翰·多纳休（John Donahue）教授在一篇题为"On Collaborative Governance"的工作论文中最早提出了协同治理的概念。[①]此后，他和合作者理查德·泽克豪泽（Richard Zeckhauser）在为《牛津公共政策手册》撰写"公私协同"章节时把协同治理定义为：通过与政府之外的参与者共同努力，并与之以共享自由裁量权的方式追求官方选定的公共目标。[②]这一界定突出了两个特点：一是政府在协同治理中始终处于主导地位，其自由裁量权是最大的；二是协同治理的主体除政府以外还包括其他参与者，它们也具有一定程度的自由裁量权。上述定义尽管纳入了广泛的利益相关者，但实践中经常会出现政府单一主导与有效治理的摇摆状态，既不符合协同系统的互信原则，也难以促进各主体参与意识的培育。因此，柯克·艾默生（Kirk Emerson）等从多中心治理的角度出发，将协同治理定义为"人们为实现公共目标积极参与制定和管理公共政策的过程"[③]，这一定义弱化了单个主体的领导作用。有学者从协同形式或协同关系的角度来界定，例如盖兹利（Gazley）等认为协同治理还应该包括非正式的合作关系网络[④]。斯科特（Scott）等认为协同治理代表了一套解决公共问题的工具，这些工具包括非正式合作安排、公私伙伴关系、服务合作协议、区域政府间机构、协商论坛、参与式规划和利益相关者咨询小组等。[⑤]

[①] J. Donahue, "On Collaborative Governance", *Corporate Social Responsibility Initiative*, Working Paper, 2004, p.2.

[②] J. D. Donahue, R. J. Zeckhauser, Public – Private Collaboration, in *The Oxford Handbook of Public Policy*, New York: Oxford University Press, 2008; M. Moran, M. Rein, R. Ejoodin, *The Oxford Handbook of Public Policy*, New York: Oxford University Press, 2006, pp.490–525.

[③] K. Emerson, T. Nabatchi, S. Balogh, "An Integrative Framework for Collaborative Governance", *Journal of Public Administration Research and Theory*, Vol.22, No.1 (January 2012), pp.1–29.

[④] B. Gazley, W. K. Chang, L. B. Bingham, "Board Diversity, Stakeholder Representation, and Collaborative Performance in Community Mediation Centers", *Public Administration Review*, Vol.70, No.4 (July 2010), pp.610–620.

[⑤] T. A. Scott, C. W. Thomas, "Unpacking the collaborative toolbox: Why and when do public managers choose collaborative governance strategies?", *Policy Studies Journal*, Vol.45, No.1 (April 2017), pp.191–214.

　　国内学者也对协同治理提出了各自的定义与内涵。郑巧等认为协同治理以寻求公共利益和普遍共识为目标,使多元主体通过非线性互动扩大生产力,创造行政现代性所追寻的公共性。① 刘伟忠认为协同治理强调的是社会事务处理过程中多元主体间的合作能消除现实中存在的隔阂和冲突,以最低的成本实现社会各方的长远利益,从而对公共利益的实现产生协同增效的功能。② 李汉卿认为协同治理过程本质上是权力和资源的互动,政府是最为传统的权威主体,能够在集体行动中确定目标、制定相应的规则。③ 张楠认为协同治理的管理机制的运行不依靠政府权威,而是协同网络的权威,其权力向度是相互的、多元的,而非单一的、自上而下的。④ 可以看出,协同治理在主体、客体、目标、关系和过程等方面,都是建立在多元主体权力分享的前提之上,这些因素共同影响公共政策议程,实现整体大于部分之和的效果。基于上述对协同治理不同角度的学理性考究,我们注意到协同要素大致包含了以下内容:(1)利益相关者的多元化,它既可以是个人,也可以是组织;(2)强调公共目标和参与过程的价值取向;(3)强调权力和资源的互动关系和互相依赖的过程;(4)追求成本效益与可持续性的结合;(5)协同本身就是政策制定者和管理者用来解决公共问题的政策工具。归根结底,"协同"代表一种公共价值,它既是过程又是结果,既是手段也是目的。

　　协同实践的复杂性要求理论不断更新和进步,国外学者在协同治理概念和运行机制的基础上,针对实践个案进行深度考察,并做出了不同的分析模型,比较有代表性的有跨部门协同模型、六维协同模型、公私协力运作模型以及 SFIC 模型。其中,SFIC 模型是由克里斯·安塞尔(Chris Ansell)和艾莉森·加什(Alison Gash)仔细研究不同政策领域的 137 个协同治理案例后总结

① 　郑巧、肖文涛:《协同治理:服务型政府的治道逻辑》,《中国行政管理》2008 年第 7 期。
② 　刘伟忠:《我国协同治理理论研究的现状与趋向》,《城市问题》2012 年第 5 期。
③ 　李汉卿:《协同治理理论探析》,《理论月刊》2014 年第 1 期。
④ 　张楠:《基于协同治理理论的我国地方政府区域治理研究》,湖北人民出版社 2015 年版,第 47 页。

出的协同治理实践的一般模型，包括起始条件、催化领导、制度设计、协同过程4个关键变量。① SFIC 模型能够高度概括协同治理的全貌，与现实政策过程具有很高的契合度，成为协同治理理论的经典模型，应用于多个领域的案例研究。

目前来看，协同治理理论研究仍存在一定的局限性：第一，关于利益相关者之间相互关系的研究比较薄弱，研究主要以政府为中心展开，对其他治理主体的探讨不够充分，这样一来协同本身就容易沦为其他治理主体配合政府行动的工具。第二，治理主体的协同行动逻辑较少考虑环境与规模因素的影响。宽松环境、规模较小的协同治理容易达成一致的政策目标；严格环境、规模较大的协同治理无论是决策效率还是政策执行均有不小的难度。第三，没有充分考虑各治理主体间的合作能力，许多研究多从促进协同治理的机制出发去分析正面案例，而较少探讨负面案例未能实现协同治理的缘由。第四，协同决策过程不一定是一种正式的制度安排，利益相关者的非正式关系网络、私下约定的口头承诺等也有可能促成协同治理。第五，协同治理中"推动"和"主导"这两个过程要素并非等同。推动者无非是受到了自上而下、自下而上、由外到内的压力传导：若压力是自上而下的，则推动者多为中央和省级政府，反之为地方基层政府，由外向内的压力多来自于企业、社会组织和公民；但是由谁来决定主导者则是基于成本和收益的综合考量。第六，政策制定者对为何选择协同治理仍不明确。例如，如果上级政府在执行治理政策前已充分掌握环境信息和有力调动下级政府的资源，便能利用现有的行政程序和管理流程，而不需要通过吸纳企业和社会力量重新设计一套新的协同治理程序和管理流程。第七，协同治理实践不应忽视耗时、成本高和不确定性等现实风险，协同工具的使用需要有人为管理和运营成本买单，并承担与慎重决策相关的时间成本。因此，协同治理的政策响应和时机选择同样关键。

---

① C.Ansell, A.Gash, "Collaborative Governance in Theory and Practice", *Journal of Public Administration Research and Theory*, Vol.18, No.4(October 2008), pp.543-571.

二、制度性集体行动理论

制度性集体行动理论(Institutional Collective Action, ICA)的研究领域多适用于大都市区和城市群治理,府际协作是 ICA 理论的主要研究对象。地理密度、群体规模、共同的政策目标、领导者或政策企业家、强制或选择性激励五类因素的相对实力将最终决定地方政府能否顺利实现协同合作。① 近年来,美国面对层出不穷的跨区域环境污染、交通、食品安全、刑事犯罪等问题,地方管理单元不断探索破解政策困境的行动路径,减少区域治理所需的交易成本,减少集体行动的障碍,实现比单独行动更好的政策目标。制度性集体行动理论的代表人物是理查德·菲沃克(Richard C. Feiock)。经过十多年的发展,ICA 理论已成为研究跨区域协同治理的主流框架之一。

ICA 理论发源于个体集体行动理论。奥尔森强调集体行动发生于个体认为它符合其自我利益并参与集体行为之时,公共物品的非排他性导致"搭便车"行为的产生,理性的个人行为会带来非理性的集体结果。② ICA 理论借鉴了奥尔森的观点并做了一定的拓展和修正,将研究对象从个体拓展到群体(组织)。然而,受环境风险和信息不对称的影响,无论是个人还是组织的行为都具备有限理性,在决策过程中往往因追求自身利益而出现"搭便车"、资源错配和缺少协调等问题,继而形成 ICA 困境,导致公共目标无法实现。

跨区域治理实践中,ICA 困境所带来的负面效应是权力和公共责任的分割,一个地方政府在一个或多个特定职能领域的决策会影响其他政府部门职

---

① [美]理查德·菲沃克:《大都市治理:冲突、竞争与合作》,许源源、江胜珍译,重庆大学出版社 2012 年版,第 48 页。

② M.Olson, *The Logic of Collective Action Public Goods and the Theory of Groups*, Harvard:Harvard University Press,1965.

能与行动。这种公共责任的分散会造成利益不协调、规模不经济、负外部性及共同资源使用不协调等问题。① 在职能分散、信息不对称等因素的干扰下，参与者双方无法就利益协调达成一致，那么合作就难以展开。合作规模的经济性要求地方政府让渡管辖范围内的部分权益，以实现规模收益。此时，如果地方政府以邻为壑，或上级政府的纵向干预不明显，就会发生推诿扯皮的问题。当存在"公共池塘资源"等问题时，如果各方的自组织行动只考虑自身短期利益，就会导致资源的过度使用，出现"公地悲剧"。如果不能有效实现外部性的内部化，或一方的收益以另一方的损失为代价，就会引发地方政府间的矛盾和纠纷。因此，为了解决这些问题，需要一种协调性机制，即地方政府间的制度性集体行动路径，以解决公共产品的配给问题。

ICA 困境具有横向与纵向的表现。如果政府规模太小（或太大）而无法有效地提供民众所期望的服务，或者服务的提供产生了跨越管辖边界的外部性，就会出现横向集体行动问题。当多个政府级别的组织同时追求类似的政策目标（例如经济发展或环境管理）时，不同级别政府的行为者之间就会出现纵向集体行动问题。ICA 理论提出了解决其困境的多种协作机制，包括嵌入性网络机制、约束性契约机制、委托授权机制和政府施加的集权机制。② 按照合作的数量可划分为双边协作与多边协作，两者的区别体现在多边协作的议题复杂性程度更高、双边协作的协调程度更灵活上。

基于协作的难易程度，ICA 理论需要思考的另一个重要问题是政府间合作过程中的交易成本。当协作机制以上级政府命令的方式产生时，交易成本最高；当协作机制产生于嵌入式网络关系时，这种情况通常是双边协作，交易成本最低；契约式和授权式协作机制的交易成本位于两者之间。菲沃克

---

① R.C.Feiock,"The Institutional Collective Action Framework",*Policy Studies Journal*,Vol.41,No.3(August 2013),p.398.

② 蔡岚：《粤港澳大湾区大气污染联动治理机制研究——制度性集体行动理论的视域》，《学术研究》2019 年第 1 期。

（Feiock）指出，地方政府之间的协同治理模式是基于成本与收益整体权衡的结果，即维持协作关系的关键因素是存在一定的净收益。当协同治理给地方政府带来的收益大于合作成本时，地方政府会更倾向维持协同关系。因此，协同治理中的交易成本随协同机制形成和有效运行产生重要影响。具体来讲，集体行动和协同关系中的交易成本有多个方面，协同过程中政府间的协作意愿与行动通常会受到沟通与信息交换成本、执行成本、谈判成本等交易成本的影响，以及通过协作获得的集体性收益、选择性收益和预期净收益的影响，同时还要面临协调不力、背离协作、分配不公平等合作风险。① 其中，预期净收益最终取决于政府间合作总收益是否大于采用特定协作机制所面临的交易成本，不同机制和各个机制内的不同规则不仅影响预期净收益，同时也影响这些收益在不同参与者中的分配情况。

协作主体如何在多种协作机制之间作出恰当选择是协同合作的关键问题，在这个过程中一个重要的影响因素便是合作所面临的风险。职能协调长期以来一直为公共行政部门所关注，一般而言只能由上级政府要求地方各层级政府共享职权来解决信息不对称和碎片化问题。参与者虽然在合作中拥有相同的利益，但他们在共同利益的分配上存在分歧，因此谈判成本更高；背离问题是行为风险，其他参与者可能通过隐瞒信息、逃避或背弃承诺而采取机会主义行动。因此，向合作伙伴发出可信承诺对于建立信任关系、克服背叛风险至关重要。

简而言之，制度性集体行动是有关各级政府如何形成相互作用的协同关系、提供和产出正外部性的公共物品和公共服务的理论。它为我国日益增多的跨区域公共问题提供了制度性思考，同时存在进一步发展的空间，未来该理论可以从以下几个方向进行拓展。第一，大多数使用 ICA 框架的研究都集中

---

① 蔡岚：《解决区域合作困境的制度集体行动框架研究》，《求索》2015 年第 8 期；锁利铭、阚艳秋、涂易梅：《从"府际合作"走向"制度性集体行动"：协作性区域治理的研究述评》，《公共管理与政策评论》2018 年第 3 期。

在横向集体行动的困境上,对纵向和功能分散型困境的研究不足,对于这三层困境的作用范围还知之甚少。第二,时间变量也要纳入考量,例如 ICA 困境在不同阶段的演变规律、协作机制选择是否随时间和治理主体的变化而变化。第三,ICA 困境能否得到解决、合作机制能否适用于不同的社会经济、文化和政治背景,是否能够开展大样本的量化分析或中小样本的案例比较,都是值得研究的命题。例如收集数据对同一主题进行多国比较,探索各国政府之间以及国际组织之间的合作。第四,ICA 研究没有解释如何在特定背景下识别三种类型(协调、分配和背离)的合作风险,也缺乏对两种交易成本(谈判成本和失去自主性)的实证分析。第五,加深对参与者属性、认知、利益诉求等研究,这方面存在的问题通常会造成合作过程中权利和资源的不平衡,使得弱势的一方不愿意选择集体行动,当然不排除强势一方愿意让弱势一方"搭便车"来推进集体行动,这取决于所解决问题的紧迫性和对预期净收益的分配考量。第六,探讨不同类型的制度性集体行动是否对其他公共政策产生正面或负面的溢出效应,以及对于经济社会发展的正面或负面影响。第七,需要深入研究个人的认知和行为属性对协作机制选择和治理效能的影响,从认知科学、行为公共管理学和行为经济学的研究角度,将个人和组织的内在联系进行有效衔接。

三、协同优势理论

"协同优势"这一概念最初被用于描述企业基于合作理念与其他企业建立战略联盟所获得的特殊优势。[①] 后来,经过一些学者的长期努力,协同优势理论逐渐被从企业管理应用到公共管理领域。英国学者胡克斯汉姆(Huxham)首先提出这一概念,指出协同各方达成某种创造性的结果时,便可以说是达成了"协同优势"。这种创造性的结果可以视同成某种目标的实现,而这一目标是各参与方仅凭一己之力无法实现的。在有些时候,协同目标已

---

① R.M. Kanter, "Collaborative Advantage", *Harvard Business Review*, Vol. 2, No. 4 (1994), pp.96-108.

经超出了各参与方组织层面的目标,达到了更高的社会层面。① 基于此,胡克斯汉姆建立了一个协同过程主题框架,每个主题之间不仅存在交集,且每个主题都与协同过程的各个阶段和利益相关者的行动相互关联。随着协同实践认识的不断加深,新的主题内容也会不断添加进来,形成更加丰富、庞大的分析网络。② 随后,胡克斯汉姆和旺恩(Vangen)经过多年的研究,收集了大量有关协同工作的数据,并继续丰富这一主题框架。

协同优势理论认为,现代社会的公共事务日趋复杂化,许多问题的解决需要多主体与多要素的协同配合取得创造性结果,以实现协同优势。③ 这种创造性结果具体而言是达成一致的目标,而这一目标是任何组织单独行动都无法实现的。但该理论也明确指出,鉴于管理机构、参与者及其竞争利益的复杂性存在困难,协同优势很少在实践中得到证明,反而会出现"协同惰性"(Collaborative Inertia)。协同惰性指的是协同行为的绩效不突出、行动效率低下以及协同过程中的成本过高。协同优势和协同惰性是两个相反的概念,两者共同构成了完整的协同优势理论。协同优势理论侧重于分析协同惰性的原因及克服之道,在此基础上则需回答一个关键问题:如果各行动者参与协同行动的目的是追求协同优势,为什么实践中反而经常发生协同惰性的结果? 胡克斯汉姆等人的一系列研究发现,造成这种现象的原因是协同各方在目标、权力、信任、成员结构、领导力五个方面存在重大差异。④ 这五大方面基本涵盖了协同惰性的生成机理,给公共服务实践带来重要启发。

一是目标模糊。协作环境中不同参与者自身的目标不尽相同且存在模糊

---

① C.Huxham, "Pursuing Collaborative Advantage", *Journal of the Operational Research Society*, Vol.44, No.6(1993), pp.599-611.

② 鹿斌、金太军:《协同惰性:集体行动困境分析的新视角》,《社会科学研究》2015年第4期。

③ 王安琪、唐昌海、王婉晨、范成鑫、尹文强:《协同优势视角下突发公共卫生事件社区网格化治理研究》,《中国卫生政策研究》2021年第14期。

④ C.Huxham, "Theorizing Collaboration Practice", *Public Management Review*, Vol.5, No.3(2003), pp.401-423.

性，一个参与者的目标不一定会被另一个合作伙伴所认可，最后难以形成共识。在协同行动过程中，如果不同主体之间目标差异过大，会导致各方之间摩擦增多、关系紧张，协同难以取得效果且不能持续。① 二是"权力点"固化。"权力点"（Points of Power）是指能共同构成协作行为的关系基础的触发点，影响协作活动的协商、执行方式以及利益分配方式。拥有"权力点"的人不仅能决定哪个主体能参与政策制定，更重要的是决定政策制定的议程。② 三是信任缺失。信任是影响协作成败的重要因素，深刻地影响着任何一个组织或合作关系的权威和凝聚力。建立合作关系往往从怀疑或猜忌开始，从怀疑到建立信任关系的过程有两个因素很重要，第一个是对合作未来的期望的达成。这些期望建立在声誉或过去的行为基础之上，或者更正式的契约或协议。第二个是风险。合作伙伴要想彼此足够信任，就必须准备好承担风险以面对未来的不确定性。③ 四是成员结构的复杂性。协同优势理论认为，协同行为中的成员结构具有模糊性、复杂性和动态性三个特点。④ 由于协同体系的信息不对称，多元主体对自身和其他主体具体情况难以形成全面且清晰的认识，因此在协作行动中会呈现出明显的盲目性和无序化特征。参与各方频繁地进入和退出加剧了复杂协作体系和结构的不稳定性。⑤ 五是领导力不足。有效的领导力需要倡导"协同精神"，"协同精神"可以体现在以下四个方面：吸纳合适的新参与方、授权各方积极参与、将所有参与方纳入协同过程并给予支持、鼓励参与方实现协同目标。但在实际协同过程中，协同关系中的领导行为不仅很难

① 张雅勤：《论公共服务供给中"协同惰性"及其超越》，《学海》2017 年第 6 期。

② C. Huxham, "Theorizing collaboration Practice", *Public Management Review*, Vol. 5, No. 3, (2003), p.407; C. Huxham, N. Beech, "Points of Power in Interorganizational Forms: Learning from a Learning Network", *Academy of Management Proceeding*, Vol.1, (2002), pp.B1–B6.

③ C. Huxham, "Theorizing Collaboration Practice", *Public Management Review*, Vol. 5, No. 3 (2003), pp.401–423.

④ C. Huxham, S. Vangen, "Ambiguity, Complexity and Dynamics in the Membership of Collaboration", *Human Relations*, Vol.53, No.6(June 2000), pp.771–806.

⑤ 张雅勤：《论公共服务供给中"协同惰性"及其超越》，《学海》2017 年第 6 期。

提倡"协同精神",有时还会对协同产生一定阻碍。① 带有专断式领导风格的个人或组织一方面通过操控政策议程,将自身意见强加给各参与主体,或通过私下交易影响政策议程。另一方面,他们出于政治因素,对值得花力气争取的参与者则花力气寻找;对不服从协作安排的参与者则想方设法排除在外等等。

针对上述协同惰性类型带来的不确定性风险,布莱森(Bryson)等首先提出了一种识别协同优势的机制和细节,具体做法是引入六个类别:一个组织的核心目标、所有组织共享的核心目标、超越核心目标的公共价值目标、消极回避目标、共同核心目标之外的负面公共价值后果、自己组织之外其他组织的目标。其次,采用可视化映射的方法构建各方目标的因果关系图,以帮助它们找出协同优势。② 协同优势理论试图证明所有集体行动的成功都是因为克服了协同惰性,是一种带有可证伪性的理论。当然,和其他集体行动理论一样,从治理主体的角度讲,它依然要解决弱势参与方可能存在的"搭便车"问题。这就产生了另一个理论问题:越有协同优势的参与者越可以通过自己掌握的资源来满足治理需求,那么也越不会参与到协同治理当中去,这是否也是一种协同惰性? 因此,该理论似乎蕴含着一个前提:任何一个参与方都不拥有绝对优势。因此,对"优势"概念的研究关注点应该超越资源要素的互补,进入到收益分配的差异中来。这体现了一种"多劳多得"的理念。

四、政策网络理论

对政策网络理论的研究主要聚焦于结构、关系和隐喻三个方面。彼得·卡赞斯坦(Peter Katzenstein)最早提出"政策网络"的概念:政策网络是包含不

---

① S. Vangen, C. Huxham, "Enacting Leadership for Collaborative Advantage: Dilemmas of Ideology and Pragmatism in the Activities of Partnership Managers", *British Journal of Management*, Vol.14(2003), pp.S61–S76.

② J.M.Bryson, F.Ackermann, C.Eden, "Discovering Collaborative Advantage: The Contributions of Goal Categories and Visual Strategy Mapping", *Public Administration Review*, Vol.76, No.6 (July 2016), pp.912–925.

同形式的利益调和与治理机制、在政策制定过程中形成国家与社会之间系统性生物关系的政治的整合性结构。① 政策网络拥有一组相对稳定的关系，这些关系具有非等级性和相互依存的性质，并在特定政策方面将具有共同利益（而非偏好）的各种公共和私人行为者联系起来。② 政策网络作为一种抽象化工具，既存在一定的现实特征，也存在部分的建构特征。它既是一种政策研究的隐喻，也是一种政策研究的方法。③ 马什（Marsh）和史密斯（Smith）认为政策网络理论不仅可以用于理解政策过程中多元主体相互依赖的关系类型，而且可以用于分析政策结构、政策环境对于政策结果的影响。④ 从时间上看，政策网络研究发展脉络大体上经历了三代。

第一代政策网络尝试从不同理论视角对政策网络概念的具体含义进行界定，以哈迪（Hardy）、威斯顿（Wistow）、罗茨（Rhodes）和博雷尔（Borzel）为代表，政策网络理论可以分为利益调和学派和治理学派。⑤ 两个学派之间各自有着不同的内涵和功能，也具有一定的互补性。肯尼斯（Kennet）认为政策网络是政策行动者出于资源依赖的目的，相互合作、相互联系的组织集群，依据依赖资源的不同依赖区分不同的组织集群。⑥ 罗茨对肯尼斯（Kennet）的观点进行了改进，并进行补充说明。政策行动者会出于权威、信息、资金等资源考虑组成相互联结的关系，并在此基础上进行互动。此外，多元行动主体之间在

---

① P.J.Katzenstein, *Between Power and Plenty: Foreign Economic Policies of Advanced Industrial States*, Madison: University of Wisconsin Press, 1978, p.9.

② K.Ingold, P.Leifeld, "Structural and Institutional Determinants of Influence Reputation: A Comparison of Collaborative and Adversarial Policy Networks in Decision Making and Implementation", *Journal of Public Administration Research and Theory*, Vol.26, No.1(January 2016), pp.1–18.

③ A.D.Henry, "Ideology, Power, and the Structure of Policy Networks", *Policy Studies Journal*, Vol.39, No.3(July 2011), pp.361–383.

④ D. Marsh, M. Smith, "Understanding Policy Networks towards a Dialectical Approach", *Political Studies*, Vol.48, No.1(2000), pp.4–21.

⑤ T.A.Borzel, "Organizing Babylon-On the Different Conceptions of Policy Networks", *Public Administration*, Vol.76, No.2(1998), p.265.

⑥ J.K.Benson, *A Framework for Policy Analysis*, Ames: Lowa State University Press, 1982, p.165.

资源拥有和资源依赖等方面各有差异,从而导致政策网络的互动频率、拟合程度和结构特征出现不同程度的变动差异。① 政策网络作为一种目标与利益协调方式,其功能假设主要包括两个方面:政策网络结构特点反映了在特定政策领域不同利益代表的权力或地位;政策网络结构影响网络成员之间的合作互动方式,从而对政策过程和政策结果产生影响。

政策网络是一种建立于非等级协调基础上的、区别于科层制和市场制的新的社会协调机制。另一种更被普遍认可的观点是,政策网络实质上是科层制和市场制的混合体。② 政策网络中多元主体呈现横向的协作模式,他们在这个关系网中能够有效沟通协调,最终实现共赢。在政策网络频繁的互动条件下,不同利益主体之间的信任不断加深。③ 与德国学者不同,荷兰学者的政策网络研究强调网络治理。瓦尔特·科克特(Walter Kickert)等人的研究区分了治理模式中理性中央控制模式和政策网络模式。理性中央控制模式认为,存在一个无所不能的政府,拥有完全信息,忽略了其他行动者的角色,这就违背了协商民主的本质。而政策网络模式是合作及共识的达成,涉及的是行动者之间的资源和信息交换。政策有效执行需要一个或多个行动者对共同目标的承诺,因此,有效的治理关键在于网络的有效管理。

第二代政策网络从欧洲大陆治理学派的研究中分化而来,称为网络管理流派。埃里克汉斯·克林(Erik-Hans Klijn)认为政策网络的管理者在政策制定与执行过程中往往发挥了组织和管理的作用,同时促进了不同行动者之间的沟通与协商。④ 克林和考伯尼(Koppenjan)认为政策网络还包含两种规则:

---

① R.A.W.Rhodes,*The National World of Local Government*,London:Allen & Unwin,1986.

② R.Mayntz,"Modernization and the Logic of Interorganizational Networks",*Knowledge and Policy*,Vol.6,No.1(March 1993),pp.3-16.

③ T.A.Borzel,"Organizing Babylon—On Different Conceptions of Policy Networks",*Public Administration*,Vol.76,No.2(1998),pp.253-273.

④ E.H.Klijn,J.F.M.Koppenjan,"Public Management and Policy Networks:Foundations of a Network Approach to Governance",*Public Management an International Journal of Research and Theory*,Vol.2,No.2(2000),pp.135-158.

互动规则和场所规则。互动规则发挥在场所规则内调适行动者行为的功能；场所规则提供给主要行动者一种控制手段，具体决定行动者位置、现实情况和回报。[1] 肯尼斯（Kenis）和普若文（Provan）指出，有效的网络管理要从网络规模、政策目标和环境复杂性三个方面评价，同时认为政策网络中的控制并不需要分层来看待，并提出个人权威控制、官僚控制、输出控制、文化或团体控制、信誉控制五种控制机制。[2] 第二代政策网络相比于第一代的不同之处在于其指出了政策网络不是静态的，是可以通过行动者的资源、规则、机制等不断变化的。然而，网络管理流派仍然没有解决第一代政策网络存在的缺陷，忽略了网络行动者的自治、个体属性和战略互动等关键要素。

第三代政策网络转向对网络自身特点的分析，并把社会学的社会网络分析方法和技术运用到政策网络分析中来，进而提炼出一系列可观察的因果关系变量。社会网络分析的核心是关系结构，而把（个体）特征的重要性看成是低于这些社会结构的。[3] 桑兹罗姆（Sandström）用行动者个体特征（属性变量）和行动者的关系特征（关系变量）一起绘制了政策网络结构，深入研究了不同政策网络结构的功能作用。[4] 罗茨（Rhodes）区分了五类政策网络：政策共同体、专家网络、跨组织网络、生产者网络和问题网络，这个分类有助于理解不同类型和层次的治理实践，同时避免了政策网络概念的混淆。[5] 总的来讲，第三代政策网络在政策网络类型学和行动者模型基础上对理论进行了完善和发展，根据行动者特征及其策略选择分析政策过程中行动者之间的互动行为，

---

[1] E. H. Klijn, J. F. M. Koppenjan, "Institutional Design: Changing Institutional Features of Networks", *Public Management Review*, Vol.8, No.1(2006), pp.141–160.

[2] P. Kenis, K. G. Provan, "The Control of Public Networks", *International Public Management Journal*, Vol.9, No.3(2006), pp.227–247.

[3] S. Wasserman, K. Faust, *Social Network Analysis: Methods and Applications*, Cambridge: Cambridge University Press, 1994, p.21.

[4] A. Sandstrom, "Policy Networks: The Relation between Structure and Performance", Sweden: Lulea University of Technology, 2008, pp.35–47.

[5] R. A. W. Rhodes, "Policy Networks: A British Perspective", *Journal of Theoretical Politics*, Vol.2, No.3(July 1990), pp.293–317.

从而解释有关政策网络理论的重要问题。同时,政策网络结构作为中介变量,可以连接行动者的关系和属性变量与政策结果的关系。

　　除了以时间划分,其他学者也从不同角度阐述政策网络的研究路径。范世炜把西方政策网络研究归纳为基于资源依赖、共享价值和共享话语的政策网络三种路径。① 政策网络形成的基础是行动者之间的资源依赖。行动者为了达到他们的目标,任何一个组织都会依赖其他组织所具备的资源,并根据实际需求进行资源交换。政策子系统中的行动者常常以相似的方式解读、筛选和过滤与政策相关的信息并构建一致的政策议程。政策网络在利益相关者的多重互动中形成多元化的话语联盟,话语联盟所通过制造共同的术语和概念来构建政策方案和政策变迁。张体委则认为资源依赖理论和倡导联盟框架已不适应当今政策网络结构的发展需要,提出从权力关系的视角解读政策网络结构的实质性内容。② 政策网络结构本质上是政策行动者之间稳定的权力关系结构化形式,政策结果则是政策行动者权力互动的产物。③ 基于权力关系结构化的解释路径破除了"结构—行动"框架的二元对立逻辑,在整体协同视角下拓宽了对政策网络的理解。政策形成、执行和变迁过程实质上是一个改变场景、行为和结果的结构化过程,政策行动者产生的正式或非正式的规则体系通过结构化过程不断被纳入议程设置中来,从而达到调适各方利益的目的。

　　综上所述,政策网络从理论建构、经验方法和价值取向上都已经发展得十分成熟。从治理主体视角观察,政策网络理论还需要弥补以下缺憾:行动者的进入或退出对风险感知、协同机制、政策结果、收益分配等的影响中可能产生行动者之间的利益冲突。行动者的不稳定性导致了网络关系结构的差别,且

---

① 范世炜:《试析西方政策网络理论的三种研究视角》,《政治学研究》2013 年第 4 期。

② 张体委:《资源、权力与政策网络结构:权力视角下的理论阐释》,《公共管理与政策评论》2019 年第 8 期。

③ K. Ingold, P. Leifeld, "Structural and Institutional Determinants of Influence Reputation: A Comparison of Collaborative and Adversarial Policy Networks in Decision Making and Implementation", *Journal of Public Administration Research and Theory*, Vol.26, No.1(January 2016), pp.1-18.

随着时间变化影响了网络整体结构的发展,对政策网络本身产生的政策结果也有影响。就本书而言,环境治理是一个持续不断的动态过程,网络本身的不稳定性不仅取决于行动者,在不同阶段、不同环境中使用政策网络需要准确把握主体之间的关系和利益偏好,从而为区域生态环境的发展提供一个不断更新的动态合作模式。

第二节 理论研究框架建构思路

一、推动环境协同治理的条件

鉴于环境协同治理的自愿性质,通过分析政府机构进行协同治理的动机,掌握利益相关者的参与动机和激励因素至关重要。既有文献通过比较不同激励措施对印度森林和灌溉机构的影响,发现积极的财政激励对灌溉机构的协同成功有较大影响。① 另一研究根据倡导联盟框架(Advocacy Coalition Framework)分析科罗拉多河流域水资源的协同环境治理过程,发现合作者有共同的信仰或共同的敌人、合作过程鼓励面对面交流、机构向行为主体提供资金或执行权力、对最终政策产出是短期的试验品达成共识等因素对促进环境协同治理十分重要。② 相较于协调和规划,协同治理的额外成本也会提升环境效益,比如增加权力共享、对时间和资源的承诺、对协同治理过程进行投资等。

(一)权力和资源的不平衡

权力和资源的不平衡也会影响群体参与协同治理的动机,即权力差异会

① A.Ebrahim, "Institutional Preconditions to Collaboration：Indian Forest and Irrigation Policy in Historical Perspective", *Administration & Society*, Vol.36, No.2(May 2004), pp.208-242.

② E. A. Koebele, " Cross - Coalition Coordination in Collaborative Environmental Governance Processes", *Policy Studies Journal*, Vol.48, No.3(January 2020), pp.727-753.

影响参与意愿。比如,环保主义者更喜欢传统的国会听证程序①,因为在其中权力差异更小,他们认为自身更具优势。因此,如果参与协同治理的一方权力正在上升,那么协同治理的各方将不太希望与之进行合作。利益相关者之间的权力不平衡是协同治理中常见的问题。这一阻碍使得美国环保组织对环境协同治理持怀疑态度,他们认为工业组织可以通过非正式手段,使得协同治理结果对他们自身更有利。埃切维里亚(Echeverria)以普拉特河流域协同规划为例展开分析,认为协同治理更偏重经济利益,环保倡导者经常处于劣势。②如果缺乏强有力的对策和中立的领导,舒克曼(Schuckman)认为协同治理的过程将与环保群体的诉求相悖。③在我国大气污染治理进程中,已有文献发现基层政府间行政管辖权的让渡,有利于推动府际协同治理,最终将流动性大气污染物的溢出效应内部化。④对于缺乏组织的关键利益相关者来说,环境协同治理中的权力不平衡问题亟待解决。

此外,另一个常见问题是一些利益相关者缺乏相关资源来参与协同治理,比如没有相应技能和专业知识,缺乏时间和精力来参与时间密集的协同过程等。支持环境协同治理的学者指出了一系列可用于给弱势或代表性不足的群体赋权的策略。⑤因此推动环境协同治理的条件之一,在于权力和资源不平衡带来的强有力的政策对利益相关者的约束。

---

① G.Barbara, *Collaborating: Finding Common Ground for Multi-Party Problems*, San Francisco, CA: Jossey-Bass, 1989, pp.85-90.

② J.D.Echeverria, "No Success Like Failure: The Platte River Collaborative Watershed Planning Process", *William and Mary Environmental Law and Policy Review*, Vol.25, No.3(2001), pp.559-603.

③ M.Schuckman, "Making the Hard Choices: A Collaborative Governance Model for the Biodiversity Context", *Washington University Law Quarterly*, Vol.79, No.1(2001), pp.343-365.

④ 崔晶、孙伟:《区域大气污染协同治理视角下的府际事权划分问题研究》,《中国行政管理》2014年第9期。

⑤ R.D.Lasker, E.S.Weiss, "Broadening Participation in Community Problem Solving: A Multidisciplinary Model to Support Collaborative Practice and Research", *Journal of Urban Health*, Vol.80, No.1(March 2003), pp.14-47.

（二）参与动机

安思尔（Ansell）等将激励、相互依赖、信任和合作目的统称为"影响参与动机的因素"[1]。参与协同治理的激励取决于利益相关者对协同过程是否会产生理想结果的期望，当利益相关者看到他们的付出和具体的政策结果之间存在直接关系时，激励就会增加。[2] 反之，如果利益相关者认为他们的投入仅仅是建议性或仪式性的，激励将会减少。

如果利益相关者认为实现其目标需要其他利益相关者的合作，那么参与协同治理的激励也将增加。[3] 例如，在一项资源管理纠纷案例中，环境协同治理流行的原因可能与当地群体对资源的共同依赖有关。高度依赖彼此的对立利益相关者更有可能实现成功的协同合作。[4] 赖利（Reilly）描述了"恐惧平衡"，它将竞争对手的利益相关者放在谈判桌上，因为他们害怕如果不参与协同就会失败。相反，具有深厚信任基础和共同价值观的利益相关者可能不会建立协同联盟，因为利益相关者发现单方面实现目标更容易[5]。当然，对相互依赖的看法往往取决于政治背景，参与的激励也往往受到国家层面的影响，如监管或法院的威胁。[6] 相比漫长而昂贵的法庭战争，利益相关者更倾向于选

---

① C.Ansell，C.Doberstein，H.Henderson，et al.，"Understanding Inclusion in Collaborative Governance：A Mixed Methods Approach"，*Policy and Society*，Vol.39，No.4（June 2020），p.575.

② A.J.Brown，"Collaborative Governance Versus Constitutional Politics：Decision Rules for Sustainability from Australia's South East Queensland Forest Agreement"，*Environmental Science & Policy*，Vol.5，No.1（February 2002），pp.19-32.

③ J.M.Logsdon，"Interests and Interdependence in the Formation of Social Problem-Solving Collaborations"，*The Journal of Applied Behavioral Science*，Vol.27，No.1（March 1991），pp.23-37.

④ S.L.Yaffee，J.M.Wondolleck，"Collaborative Ecosystem Planning Processes in the United States：Evolution and Challenges"，*Environments：A Journal of Interdisciplinary Studies*，Vol.31，No.2（November 2010），pp.59-72.

⑤ T.Reilly，"Collaboration in Action：An Uncertain Process"，*Administration in Social Work*，Vol.25，No.1（October 2001），pp.53-74.

⑥ A.J.Brown，"Collaborative Governance Versus Constitutional Politics：Decision Rules for Sustainability from Australia's South East Queensland Forest Agreement"，*Environmental Science & Policy*，Vol.5，No.1（February 2002），pp.19-32.

择协同合作。但当利益相关者认为他们可以单方面实现目标时,那么环境协同治理将因为更高的成本和投入变得不具吸引力。因此,如果利益相关者可以单独实现目标,那么协同治理只有在利益相关者相互高度依赖时才有效。

(三) 冲突与合作的历史

在许多情况下,政策僵局实际上可以为环境协同治理创造强大动力①。这种情况经常发生在资源管理中,因为僵局本身会给争端双方带来严重损失。韦伯(Weber)对地方协同治理的起源有过描述:"因对自然资源处置和土地管理方法的不断争论而感到疲惫和沮丧,竞争双方的领导者决定坐下来看看是否有更友好的方法来调和他们的矛盾"②。因此,高度冲突并不一定是协同的障碍。对某些利益相关者来说,如果不与那些利益截然相反的利益相关者进行合作,他们就无法实现目标。

一般来说,合作的历史更能促进环境协同治理,因为对抗心理对成功的协同合作来说往往是有害的。在协同治理系统中,参与者在讨论政策制定和执行过程方面有冲突、不信任和不同偏好的历史是很常见的。③ 冲突的历史很可能导致低水平的信任,这反过来会产生低水平的承诺、操纵策略和不诚实的沟通。换句话说,过去冲突的历史造成了不信任的遗产,为开展合作带来障碍。④ 与之相反,过去成功合作的历史可以创造社会资本和高度信任,从而产生协同合作的良性循环。因此,如果利益相关者之间存在冲突的历史,那么环

① R.Futrell, "Technical Adversarialism and Participatory Collaboration in the US Chemical Weapons Disposal Program", *Science, Technology & Human Values*, Vol.28, No.4 (October 2003), pp.451-482.

② E.P.Weber, *Bringing Society Back in: Grassroots Ecosystem Management, Accountability, and Sustainable Communities*, Cambridge, MA: MIT Press, 2003.

③ C.Ansell, A.Gash, "Collaborative Governance in Theory and Practice", *Journal of Public Administration Research and Theory*, Vol.18, No.4(October 2008), pp.543-571; G.Barbara, *Collaborating: Finding Common Ground for Multi-Party Problems*, San Francisco, CA: Jossey-Bass, 1989.

④ B.Ran, H.Qi, "Contingencies of Power Sharing in Collaborative Governance", *The American Review of Public Administration*, Vol.48, No.8(December 2018), pp.836-851.

境协同治理不太可能成功，除非利益相关者之间存在高度的相互依赖性，或者采取积极措施来纠正低水平的信任和社会资本。

（四）亲自我和亲社会动机

参与者选择强调哪些目标，以及他们在审议和达成协商一致的背景下如何与他人互动，将取决于他们的社会动机的性质。德·德勒（De Dreu）等将社会动机定义为"个人对自己和其他群体成员之间结果分配的偏好"，亲自我行为者倾向于将决策过程视为"一场以权力和个人成功为关键的竞争游戏"，而亲社会行为者则将其视为"一场以公平、和谐和共同福利为关键的协作游戏"①。其他公共产品博弈的实验研究表明，虽然人们有合作的自然倾向，但当其他人"搭便车"时，他们的亲社会动机不太可能保持强烈。② 简而言之，在协同治理背景下如何维持协作行为的问题可能更多地取决于某些参与者的公共服务动机（Public Service Motivation），而不是惩罚那些不贡献的人。协同治理不应完全假定参与者是亲自我（或亲社会）的参与者，而是反映参与者之间混合动机的可能性程度。③ 这些动机会影响诸如他们在政策议程中共享信息的数量和质量、根据他人提供的信息调整自己观点的方式和程度、他们愿意为协作努力做出多少贡献，以及他们认为公平与否的结果等。

协同治理系统的不同参与者之间的动机混合，可能会产生不同的后果。一方面，在缺乏有效的惩罚机制的情况下，可以合理预期更多的"搭便车"行

---

① C.K.W. De Dreu., B.A. Nijstad, D. van Knippenberg, "Motivated Information Processing in Group Judgment and Decision Making", *Personality and Social Psychology Review*, Vol.12, No.1 (December 2008), p.23.

② E.Fehr, U.Fischbacher, "The Nature of Human Altruism", *Nature*, Vol.425, No.6960 (October 2003), pp.785-791; U.Fischbacher, S.Gächter, E.Fehr, "Are People Conditionally Cooperative? Evidence from a Public Goods Experiment", *Economics Letters*, Vol.71, No.3 (June 2001), pp.397-404.

③ T.Choi, P.J.Robertson, "Contributors and Free-Riders in Collaborative Governance: A Computational Exploration of Social Motivation and its Effects", *Journal of Public Administration Research and Theory*, Vol.29, No.3 (July 2019), pp.397-340.

为,即参与者在过程中试图获得利益而没有做出太大贡献,会降低其他参与者的亲社会动机。另一方面,一些参与者的亲社会动机可能足够强大,以至于即使其他一些人"搭便车",他们仍继续朝着集体目标前进并且互惠互利。无论是作为召集人或促进者,还是自身的个体属性和价值观,一些参与者依然会保持他们的亲社会动机和行为,即使其他人似乎主要是出于自身利益。第三种情况是只要大多数其他参与者对集体做出贡献,个体参与者的行为则会倾向于符合群体的规范,从而保持亲社会态度,但这样一来,他们反而会更加自利。① 综上所述,协同治理系统中不同层次的社会动机既可能对参与者的行为和互动产生重大影响,也可能最终决定协作过程的有效性和所取得成果的质量。

二、环境协同治理的建构要素

环境协同治理的难点是解决"公地悲剧"问题。"公地悲剧"充分说明了由于产权界定不明导致低效率治理的问题,对环境要素的所有权、使用权界定不清将会导致环境持续恶化,环境问题日益严重。② 协同治理模式要求各参与主体相互信任,并在环境治理过程中分权协同。因此,环境治理结构问题,实际上是环境治理过程中权力的配置与行使问题。③ 此外,环境治理涉及不同主体之间的利益平衡,权力不对等会抑制有效措施的产生。已有研究对环境协同治理的建构要素做了讨论,认为协同治理机制由三种因素组成:原则性参与(包括四个基本过程元素的交互——发现、定义、考虑和决定)、共享动机(由四个要素组成——信任、相互理解、内部合法性和共享承诺)和联合行动

① M.Esteve,D.Urbig,A.van Witteloostuijn,et al.,"Prosocial Behavior and Public Service Motivation",*Public Administration Review*,Vol.76,No.1(December2016),pp.177–187.

② 周学荣、汪霞:《环境污染问题的协同治理研究》,《行政管理改革》2014年第6期。

③ 杨健燕等:《低碳发展下环境治理体系理论创新及法律制度建构研究》,立信会计出版社2019年版,第105页。

（涵盖四个要素——程序化和体制化的安排、领导力、知识和资源）。① 另一研究则从"政治—管理—法律"三条路径出发,政治路径必须明确利益、权力和责任分配问题,管理途径则要求落实利益、权力和责任的关系,法律途径则是解决合法性、平等和正当程序等问题。② 王莉借用企业管理的麦肯锡 7S 模型分析环境治理,作为硬件要素的战略、结构、制度与作为软件要素的风格、人员、技术和共同理念,③有效实现了环境治理体系宏观和微观的区分协调,既考虑了治理的顶层设计问题,也考虑了治理的具体执行和落实问题。

（一）包容性

制度设计是指协同的基本协议和规则,这对协同过程的程序合法性至关重要。一个可持续发展的制度设计必须建立在所有主体互相包容的基础上,才能在制度框架下达到共赢。协同治理过程必须是开放和包容的,因为只有那些认为自己合法参与的团体才有可能遵守承诺。④ 成功的协同治理会非常重视让利益相关者参与,而排斥利益相关者则是失败的关键原因。例如,电力行业的协同治理必须包含被排除在传统治理模式之外的小公司和公共组织。⑤ 在煤炭协同中有学者发现,如果协同治理的领导者企图排斥某些利益相关者,那么这一举动最终将威胁到协同过程的合法性。⑥ 但广泛的参与不是简单的包容,而是积极寻求利益相关者进行合作。广泛的包容性不仅仅是

---

① K.Emerson,T.Nabatchi,S.Balogh,"An Integrative Framework for Collaborative Governance", *Journal of Public Administration Research and Theory*, Vol.22, No.1（January 2012）, pp.1-29.

② 王学栋、张定安:《我国区域协同治理的现实困局与实现途径》,《中国行政管理》2019 年第 6 期。

③ 王莉:《低碳发展下中国环境治理体系转型的理论选择》,《政法论丛》2017 年第 5 期。

④ 郁建兴、任杰:《社会治理共同体及其实现机制》,《政治学研究》2020 年第 1 期。

⑤ C.H.Koch Jr., "Collaborative Governance in the Restructured Electricity Industry", *Wake Forest Law Review*, Vol.40（2005）, pp.589-615.

⑥ G.Barbara, *Collaborating : Finding Common Ground for Multi-Party Problems*, San Francisco, CA : Jossey-Bass, 1989, pp.85-90.

对协同治理的开放和合作精神的反映,也是合法化过程的核心,其基础是:(1)利益相关者有机会与他人商讨政策结果;(2)政策结果代表了广泛的共识。因此,缺乏包容性有可能破坏协同结果的合法性,动员未被代表的利益相关者的策略显得十分重要。[①]

协同治理也存在选择性包容的可能。在召集合作论坛时,领导者会认为广泛的包容只在某些协作环境中有价值。领导者有时会选择性地吸纳某些具有特定技能或观点的利益相关者,这些利益相关者有望做出重大贡献,但排除其他可能会增加交易成本而不做出重要或独特贡献的利益相关者。[②] 选择性包容也意味着选择性排他,这取决于领导者本身调配资源的能力到达何种程度。

（二）排他性

正如前文所述,当利益相关者有实现环境目标的替代方法时,他们可能缺乏进行环境协同治理的动力。协同治理的包容性与排他性密切相关,当利益相关者被排除在外时,他们被迫寻求其他合作方式进行治理。克拉夫特(Kraft)和约翰逊(Johnson)发现环境团体在被威斯康星州福克斯河联盟排除后,创建了一个"另类论坛"来发声。替代论坛的存在可看作有效合作的负面先决条件。[③] 当存在解决问题的替代途径时,理论上认为协同解决方法不是最优的。[④] 如果现有合作仅仅粗略地平衡合作各方的权力而缺乏吸引力,参

---

① S.L.Smith,"Collaborative Approaches to Pacific Northwest Fisheries Management:The Salmon Experience", *Willamette Journal of International Law and Dispute Resolution*, Vol.6,No.15(1998),pp.29-68.

② C.Ansell,C.Doberstein,H.Henderson,et al.,"Understanding Inclusion in Collaborative Governance:A Mixed Methods Approach", *Policy and Society*,Vol.39,No.4(June 2020),p.573.

③ M.Kraft,B.N.Johnson,"Clean Water and the Promise of Collaborative Decision Making:The Case of the Fox-Wolf Basin in Wisconsin",in *Toward Sustainable Communities:Transition and Transformations in Environmental Policy*,Boston,MA:MIT Press,pp.113-152.

④ T.Reilly,"Collaboration in Action:An Uncertain Process", *Administration in Social Work*,Vol.25,No.1(January 2001),pp.53-74.

与环境协同治理的利益相关者可能更认真地考虑替代方案。

（三）可信承诺

明确的基本规则和过程透明度是重要的制度设计特征。① 两者都可以从程序合法性和信任建构的角度来理解。领导者主张利益相关者进行诚信谈判,探索妥协和共同利益的可能性。但是,如果利益相关者对公平问题敏感,关心其他利益相关者的权力,担心政策落实受到操纵,则会对协同过程持怀疑态度。这一过程的合法性部分取决于利益相关者是否相信"公平听证"。明确且始终如一的基本规则向利益相关者保证,这一过程是公平、公正和公开的。流程透明度意味着利益相关者可以确信公开谈判是真实的,并且协同过程不是后台私人交易的掩护。② 治理主体之间的信用建设,是可信承诺得到保证的关键。作为社会诚信建设的关键责任者和主要推动力,政府应该率先垂范。同时,要建立起一种能为各治理主体普遍认可制度性安排与制度性承诺,防止道德风险和机会主义、逆向选择等行为,通过制定相应的激励机制或是加大违约成本对不合作行为进行约束,有效提高环境协同治理的可信承诺水平。③

（四）协同网络

协同网络以正式网络和非正式网络形式呈现,并通过双边交换关系和建

---

① G.J.Busenberg, "Collaborative and Adversarial Analysis in Environmental Policy", *Policy Sciences*, Vol.32, No.1(March 1999), pp.1–11; T.I.Gunton, J.C.Day, "The Theory and Practice of Collaborative Planning in Resource and Environmental Management", *Environments*, Vol. 31, No. 2 (2003), pp.5–20.

② A.Fung, E.O.Wright, " Deepening Democracy: Innovations in Empowered Participatory Governance", *Politics & Society*, Vol.29, No.1(March 2001), pp.5–41; M.T.Imperial, " Using Collaboration as a Governance Strategy: Lessons from Six Watershed Management Programs", *Administration & Society*, Vol.37, No.3(2005), pp.281–320.

③ 范如国:《复杂网络结构范型下的社会治理协同创新》,《中国社会科学》2014 年第 4 期。

立权力机构促进集体行动。① 环境治理中协同网络的重要性日益突出,政府和非政府行为者积极参与环境协同治理,并在不断的演化博弈过程中建立了正式和非正式的网络。② 协同网络的主体倾向于以自身利益最大化为目标,会策略性地选择潜在的协作伙伴,进而不同治理主体之间的关系会在其协作网络周期中发生变化。③ 从自组织机制的角度来看,协同网络中的参与会遇到协调和合作问题,但即使没有任何政府授权,也能够有效地传输信息以协调政策。④ 具有更多桥接结构漏洞的协同网络可能有更多的协作活动,但也可能会遭受更高的背叛风险,导致信任危机。⑤

三、环境协同治理的制度情境

在协同治理机制的分析框架中,"结构—过程"模型得到了较多运用。它把协同治理机制分为两大类:"结构性机制"和"过程性机制"。魏娜等进一步提出"结构—过程—效果"分析框架,对京津冀大气污染协同治理机制的整体运转状况及其成效进行考察。⑥ 司林波等在研究国家生态治理重点区域典型案例后发现:一般情境下,协同治理的初始阶段、发展阶段和成熟阶段分别适用"运动式""等级权威"和"府际协商"治理模式,而特殊情境下则适用"统筹权威+运动式"治理模式。在实践中,需要基于不同动力机制及承载场域选择契合

① R.C.Feiock,J.T.Scholz, *Self-organizing Federalism:Collaborative Mechanisms to Mitigate Institutional Collective Action Dilemmas*,Cambridge:Cambridge University Press,2009.

② C.Huang,H.Yi,T.Chen,et al.,"Networked Environmental Governance:Formal and Informal Collaborative Networks in Local China",*Policy Studies*,Vol.43,No.3(May 2020),pp.403-421.

③ Y.Lee,I.W.Lee,R.C.Feiock,"Interorganizational Collaboration Networks in Economic Development Policy:An Exponential Random Graph Model Analysis",*Policy Studies Journal*,Vol.40,No.3(August 2012),pp.547-573.

④ R.Berardo,J.T.Scholz,"Self-organizing Policy Networks:Risk,Partner Selection,and Cooperation in Estuaries",*American Journal of Political Science*,Vol.54,No.3(June 2010),pp.632-649.

⑤ R.S.Burt,*Brokerage and Closure:An Introduction to Social Capital*,Oxford:Oxford University Press,2005.

⑥ 魏娜、孟庆国:《大气污染跨域协同治理的机制考察与制度逻辑——基于京津冀的协同实践》,《中国软科学》2018年第10期。

治理情境的治理模式。① 本书基于协同治理模型(Collaborative Governance Model)、协同网络视角、社会生态系统分析框架(SES)和制度性集体行动框架(ICA),从"主体—政策—数据—制度"四个维度,对环境协同治理框架进行系统构建,以理解和研究当前环境协同治理模式。接下来将根据政策、数据和制度三个维度的环境协同治理的具体研究,对相关文献进行梳理阐述。

(一)多元主体参与

首先,在环境治理参与主体方面,构建多元主体参与的协同治理体系,形成以政府为主导、企业为主体、公众与社会组织共同参与协同治理格局是推动我国气候和环境治理的必然选择。② 区域环境协同治理是指地方政府、企业和公众等多元主体构成整体的治理结构通过合作化行为以实现区域环境善治目标,强调了环境协同治理中的多元主体和合作行为。由学者将区域环境协同治理界定为区域内政府、企业、社会组织和公众等主体通过功能整合、行动协调、资源互补等措施合作解决区域环境公共问题、实现区域环境整体性目标的过程③。该定义突出了区域环境协同治理所包含的治理主体多元、目标整合和过程协同的基本特征。

不可否认的是,每一种治理主体都具有参与协作的可能性与优势,但同时也都具有各自的局限性和障碍性。政府在拥有强大的社会资源获取和调配能力的同时,也会因为压倒性力量造成协作中共治关系的失衡;企业位于产生环境问题的第一线,拥有控制污染设备技术的发言权,在协作关系中意味着信息的披露与共享,过于积极的参与策略反而增加企业运转的成本;环保非政府组

① 司林波、张锦超:《跨行政区生态环境协同治理的动力机制、治理模式与实践情境——基于国家生态治理重点区域典型案例的比较分析》,《青海社会科学》2021年第4期。
② 刘华军、雷名雨:《中国雾霾污染区域协同治理困境及其破解思路》,《中国人口·资源与环境》2018年第10期。
③ 吴建中:《社会力量办公共文化是大趋势》,《图书馆论坛》2016年第36期。

织（NGO）中环境科学、法律等方面专业人士的深度参与，为这类组织的专业性贡献了重要力量，但权威型的国家治理结构决定了同国内其他非政府组织（NGO）一样需要配合政府的行动，这种依附关系实际上在某种程度上影响了它自身在协作参与过程中的独立性；公民个体影响力虽不可忽视，但其分散性制约了公民组织有效力量，造成这种障碍的原因主要还是公民个体间的认知差距、素质、判断等客观局限性的存在。①

　　在当今社会要有效实现环境协同治理，必须在坚持政府主导地位的前提下，积极创造条件，充分发挥社会组织、企业、公众等各方积极作用，实现合作共治（当代中国环境协同治理能力提升的内在逻辑）。在政治体系内部，行政部门因其职能与权力结构的特殊性，在环境治理中的作用更为突出，由此形成了一个具有重要影响力的行政系统。因此，环境协同治理要形成以政府为核心，社会组织、企业和公众联合联动的整体协同治理系统。在行政系统中，中央政府和地方政府之间、地方政府之间以及政府各部门之间错综复杂的关系需要通过协同达成一致（做成一个机制图），从而推动环境协同治理走向成功。

（二）协同治理政策协同

　　在环境治理政策研究方面，更加注重环境治理政策的分类研究，分别考察政策制定情况对环境绩效的影响。主张使用多元化、规范化的环境治理政策应对各种环境问题，协调不同群体在环境议题中的利益，实现环境效益的最大化。例如 20 世纪 70 年代起的排污费征收政策，排污费政策执行力不仅对征收效果和环境绩效带来重要转变，也为扶持企业进行绿色转型提供有益指导。② 针对上门收取排污费带来的寻租问题，有学者建议其征收方式由上门

---

① 王冰：《博弈视角下跨区域生态环境协同治理机制研究》，电子科技大学出版社 2020 年版，第 115—116 页。

② 郑石明、雷翔、易洪涛：《排污费征收政策执行力影响因素的实证分析——基于政策执行综合模型视角》，《公共行政评论》2015 年第 8 期。

收取改为公开定点缴纳,以弱化排污费征收的寻租空间。① 随着排污费向排污税的改革,政府官员或执法人员与企业勾结的不良现象逐渐减少,有效提高执政效率,促进财政收入增加的同时也有利于帮助企业降低治污成本。② 此外,雾霾天气频繁标志着我国将趋向于使用更严格的环境规制类政策。比如"十一五"计划期间设定的环保目标责任制,将控制污染物排放和单位能耗的量化任务目标下放到各级地方政府层面,直接与官员的升迁挂钩并且实行环境一票否决制。这一政策成为当时中国环境治理中最为重要的政策之一。③"十三五"规划后确立了以环境终身责任制为核心的多元化环境治理机制,党政领导干部主政期间损害生态环境、触犯生态红线,不论主政领导是否提拔、调离、退休,都要追究责任。

当代中国环境治理政策类型大致可分为三种:一般性环境治理政策、经济类环境治理政策和强制性环境治理政策。④ 一般而言,制定各类环境治理政策的核心目的是为了解决协同治理领域各种集体行动困境,实现环境质量明显改善的治理目标,最终达成生态环境保护与经济社会高质量发展的动态平衡,⑤深入贯彻"人与自然和谐共处"的生态文明建设理念。另一方面,中央和省级政府推动环境协同治理的行为在一定程度上会影响以传统产业结构为主的地区的生产效益,从而不利于地方经济发展,同时也会导致地方政府财政收入紧缩。这种政企关系的不确定性和环境治理的张力需要我们探索新的治理模式,为实现多元共赢提供更为广泛的理论和制度基础。

---

① 冯涛、陈华:《排污费征收方式的新探索》,《环境保护》2009 年第 18 期。

② 袁向华:《排污费与排污税的比较研究》,《中国人口·资源与环境》2012 年第 22 期。

③ G. Kostka, "Environmental Protection Bureau Leadership at the Provincial Level in China: Examining Diverging Career Backgrounds and Appointment Patterns", *Journal of Environmental Policy & Planning*, Vol.15, No.1 (February 2013), pp.41−63.

④ 周博雅:《环境综合治理政策的比较与协同机制研究》,武汉大学出版社 2019 年版,第 56 页。

⑤ 周宏春、季曦:《改革开放三十年中国环境保护政策演变》,《南京大学学报(哲学·人文科学·社会科学版)》2009 年第 45 期。

(三)协同治理数据协同

在环境治理数据研究方面,构建多种环境绩效测量指标体系,识别和应对不同类别的环境问题。20 世纪 90 年代,经合组织(OECD)出台了基于"压力—状态—响应"(Pressure-State-Response)模型的一系列环境绩效评估的指标体系,[1]PSR 模型把环境绩效指标分成"人类活动的影响、自然资源和环境状况以及社会经济表现"三大类。高能耗、高排放的生产方式在攫取和消耗资源的同时,也对环境造成压力(P),从而给自然资源状态(S)带来负面影响,恶化生态环境,最终导致经济、行政部门和社会组织的介入,即响应(R)。谢小青等基于 PSR 模型对武汉市的创业环境评价进行适用性分析[2],笔者在此基础上对三种指标作了改进,具体运行机制如图 3-1 所示。人类的环境资源的过度索取会对环境产生负向压力,那么环境就随压力变化表现为一定的现实状态,当经济社会活动大大超过环境的承受压力时,政府部门、社会组织等就会做出相应的决策响应,继而进入政策议程,用一系列的政策工具使环境状态得到改善。环境治理和经济社会发展的动态关系决定了环境治理模型是一种不断循环优化的状态。

从那时起,环境绩效评价的数据研究开始大量地进行,世界各国的机构都在不断充实和完善环境绩效模型并将其应用于实践。例如,欧洲环境署(EEA)提出用包含五类指标的"驱动力—压力—状态—影响—响应"(DPSIR)模型构建环境绩效指标体系。DPSIR 模型是对 PSR 模型的扩展。驱动力指标和压力指标分别反映造成生态环境恶化的间接和直接影响因素;状态指标反映在驱动力和压力的共同作用下生态环境及绿色发展的现实状

---

① B.Lloyd, "State of Environment Reporting Australia: A Review", *Australian Journal of Environmental Management*, Vol.3, No.3 (March 2013), pp.151-162.

② 谢小青、黄晶晶:《基于 PSR 模型的城市创业环境评价分析——以武汉市为例》,《中国软科学》2017 年第 2 期。

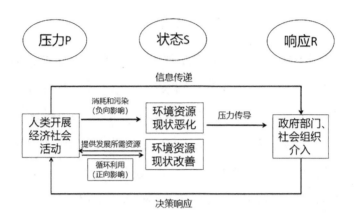

图 3-1　环境 PSR 模型的运行机制

态；影响指标是指生态环境恶化所造成的影响；响应指标主要指由政府部门主导的绿色产业扶持政策和环保项目的开展①。

　　由耶鲁大学和哥伦比亚大学联合发布的 EPI 环境绩效指数（Environmental Performance Index），评估对象覆盖了全世界主要国家和地区。② 最新的 EPI 指标使用 11 个问题类别的 32 个绩效指标，对 180 多个国家的环境健康和生态系统活力进行了排名③。EPI 指标提供了一种发现问题、设定目标、跟踪趋势、了解结果和确定最佳环境治理政策实践的方法，它包含不同的层级，从环境指标、政策分类、政策协同、政策执行和技术五个层面全方位反映真实的环境治理政策制定和执行情况。④ 尽管 PSR 模型和 EPI 指数的最小分析单位都是国家，但近年来中国学者也已经把它们用于区域环境绩效评估的研究当中。

---

　　①　卢秀茹、高祥晓、王露爽、刘佳：《基于 DPSIR 模型的绿色农业发展水平评价及优化研究——以河北省为例》，《河北科技大学学报（社会科学版）》2021 年第 21 期。

　　②　A.Hsu，N.Alexandre，S.Cohen，et al.，*Environmental Performance Index*，New Haven：Yale University Press，2016.

　　③　EPI 指数网址，见 https://epi.yale.edu/about-epi。

　　④　D.C.Esty，M.E.Porter，"National Environmental Performance：An Empirical Analysis of Policy Results and Determinants"，*Environment and Development Economics*，Vol. 10，No. 4（July 2005），pp.391-434.

我国对于环境绩效评估的研究主要集中在:基于主题框架模型或因果框架模型构建环境绩效指标体系、基于数据包络分析法(DEA)的环境绩效测量模型构建及影响因素分析、基于资源环境综合绩效指数(REPI)进行区域环境绩效评估,①以及基于 PSR 模型和 DPSIR 模型的评估等。研究环境绩效的数据来源主要还是使用统计年鉴、社会调查等官方统计数据,以此作为衡量环境绩效的标准以及环境治理政策制定和执行情况。中国碳核算数据库(CEADs)最近几年也得到了广泛应用,它是在国内外官方和民间机构共同支持下,以数据众筹方式收集、校验,共同编纂完成的涵盖中国及其他发展中经济体的多尺度碳核算清单及社会经济与贸易数据库。② 该数据库容纳了国家—省区—市—县层级的碳排放特征,为中国实现绿色发展、低碳发展提供坚实理论依据和技术支持,对中国控制温室气体排放的政策设计与实施做出贡献。历经数十年的发展,由数据支撑的环境绩效评估体系对改善环境质量、推动生态文明建设起到了重要作用。

（四）协同治理制度体系

在环境治理制度研究方面,从可行性角度设计了中国环境治理的基本制度和执法、监督、奖惩等实施细则,明确地方政府、企业主和社会公众的主体地位及义务。杨健燕等在《低碳发展下环境治理体系理论创新及法律制度建构研究》一书中提到,污染防治是我国环境治理的发端,由此我国确立了环境污染源头控制和"污染者负担"原则,构建包括环境准入制度、环境财政制度和与市场有关的环境交易制度等在内的环境治理制度体系。③ 本书基于协同治理的理论内核,根据目标对象和政策工具对上述分类作了改进,划分成命令控

---

① 彭乾、邵超峰、鞠美庭:《基于 PSR 模型和系统动力学的城市环境绩效动态评估研究》,《地理与地理信息科学》2016 年第 32 期。

② 中国碳核算数据库,见 https://www.ceads.net.cn/。

③ 杨健燕等:《低碳发展下环境治理体系理论创新及法律制度建构研究》,立信会计出版社 2019 年版,第 114 页。

制型、经济激励型和公众参与型环境治理制度。从表3-1可以看出，环境治理的协同性体现为既有政府部门的规制，也纳入了市场（企业）和社会公众的参与。

表3-1 环境治理制度体系

环境治理制度类型	制度举例
命令控制型	"三同时"制度、环境影响评价制度、排污许可证制度、污染物排放总量控制制度、限期治理制度
经济激励型	环境税制度、征收排污费制度、生态保护补偿制度、环境审计制度、碳排放权交易制度
公众参与型	环境污染第三方治理制度、信息披露制度

我国环境治理制度最早可追溯至20世纪70年代的"三同时"制度。"三同时"制度要求工业企业在新建、扩建和改建项目时必须与主体工程同时配套建设污染防治项目，即"同时设计、同时施工、同时投产"。为了防止建设项目对环境产生严重的负面影响或降至最低，预见性地对拟建设项目进行事前环境影响评价和风险防控，我国确立了环境影响评价制度和环境风险管理制度。征收超标准排污费制度是为了在经济上促使企业重视环境治理，弥补环境治理经费的不足。为了解决排污费征收过程中的法律依据不具体、执法刚性不足以及排污费使用不规范问题，征收排污费已修改成征收环境保护税。环保税遵循"谁污染谁付费"原则，而且差别化征税对促进企业减排能起到一种激励作用。在区域协同治理理念的指导下，我国的环境规划制度从单一的行政区划走向自然区域的综合性规划。[①] 针对环境治理滞后于地方经济社会发展的状况，我国制定了城市环境综合整治定量考核制度、环境保护目标责任制度和环境终身问责制度，有的地方甚至实行环境保护"一票否决"。2016年，国家印发的《绿色发展指标体系》中环境治理权重已经超过

---

① 曹树青：《区域环境治理理念下的环境法制度变迁》，《安徽大学学报（哲学社会科学版）》2013年第37期。

经济增长权重。

　　很长一段时间以来,环境治理处于探索阶段,关于环境保护的顶层设计并未过多考虑作为环境治理主力军的企业和作为环境权益享有者的社会公众的生存状况与现实需要,而且忽略了注入与开展环境保护相配套的财政政策和绿色产业转型升级等导向性举措。① 2015 年新修订的《环境保护法》从法治现代化角度理清了政府、企业主、社会组织和公众之间的环境治理关系。《环境保护法》加大了财政专项支持和环境违法行为处罚力度;授予县级以上政府监督本行政区域内的环境保护和污染防治工作。设立信息公开,要求重点排污单位主动公开环境信息。增加公益诉讼制度,明确公众的知情权、参与权和监督权,有利于及时发现和制止环境违法行为。《环境保护法》还设立了生态保护补偿制度,生态投资行为产生环境正外部性则需要给予额外的经济奖励;因环保活动而牺牲发展机会的主体也应给予一定的补偿。此外,环境污染第三方治理是生态环境治理的一个重要途径,在政府的主导下实现环境治理的产业化、市场化和专业化。环境污染第三方治理有很多突破和创新:排污者承担污染治理主体责任;设立绿色发展基金,为第三方治理活动的开展提供资金支持;引入第三方环境治理付费机制,提高第三方平台的积极性;建立环境污染第三方治理信息储备库,并激励其公开相关治理信息等。

　　为全球应对气候变化带来的负面影响,自 2011 年以来,我国逐步建立碳排放权交易制度,并在 7 个省市开展了碳排放交易权试点工作。2021 年,在碳达峰碳中和"1+N"政策体系的大背景下,生态环境部组织制定了《碳排放权登记管理规则(试行)》《碳排放权交易管理规则(试行)》和《碳排放权结算管理规则(试行)》。从产权理论的视角来看,如果将碳排放行为视为市场交易的对象,且权利界定明确,则可通过碳排放权交易实现减排成本最小化,从而提高经济效率。按照总量与交易机制,政府为市场的排放总量设定上限,并

---

　　① 杨健燕等:《低碳发展下环境治理体系理论创新及法律制度建构研究》,立信会计出版社 2019 年版,第 92 页。

向覆盖范围内的所有企业发放不超过上限的排放配额让其进行自由交易。可以看出,碳排放权交易具有反映政府行政权力的性质、给予市场实体平等民事权利的双重属性。虽然交易过程取决于受试者的自愿性,但排放总量一旦超过环境承载力,可能导致主体过于追逐私人利益,从而危害公共利益。因此,政府有必要对碳排放交易体系进行监督。

第三节　理论整合分析框架

协同治理的核心是不同行动主体之间的协同结构及其行动机制,要想成功解决复杂的环境问题,需要考虑不同利益相关者在环境治理过程中应该扮演哪些角色,采取哪些行动以及发挥怎样的作用。环境协同治理主体需要具备三个基本特征:参与主体要多元、参与主体目标相同、治理行动要协同。参与主体多元意味着环境协同治理需要多个部门、多个地区和多重社会成员共同参与;参与主体目标相同意味着参与主体均以环境质量的改善为共同利益和集体目标;治理行动要协同则要求部分区域乃至全国的环境治理行动必须紧密联动、高度协同。不同利益相关主体之间的协同具体体现在环境治理政策的制定与落实上,从而形成了政策议程设置、政策创新、政策执行到政策评估的政策协同过程。我国学者在政策协同方面的研究已具备一定的成果积累,分别从政府战略、部门政策和跨部门政策三个维度,即宏观、中观和微观层面探究了政策协同。大多数政策协同的研究采用政策协同效应量化方法,从目标、具体举措与力度三个角度,根据各部门联合颁布政策数、联合发文机构数与政策力度测算政策协同度,并在此基础上对该方法进行创新,不断推动政策协同领域相关研究的发展。

不同协同主体之间的权力分配关系和行动规则需要受到制度的规定和约束。我国环境治理制度可以从宏观和微观这两个维度去辨析。宏观制度体系重点关注环境治理机制的整体制度设计与规范,集中于政府推进环境治理的各类环保制度和对企业等市场主体的监管制度两个方面。从微观上看,政府环保制度主要针对政府在环境治理过程中权力行使和责任承担行为,规定了政府环境治理和保护管理权和污染防治的具体行动举措,同时也包括政府落实环保应承担的责任和失职处理办法。市场监管制度则以企业为主体,对企业等组织的生产活动行为规范和约束,主要包括排污监管、违规处罚、行政审批与核查、生产规范等不同方面。这两类制度分别从政府和市场两个方面构建起环境治理制度体系,但是,这些制度侧重于对特定利益相关者进行制度性规范,没有统筹协调不同主体间的权责关系与行动逻辑,包括政府部门之间、中央政府与地方政府之间、地方政府与地方政府之间以及政府与其他主体相互之间的协同机制规范。政策实施在整个环境治理过程中的作用也尤为重要,因此还需完善和强化对不同主体协同行动的监管和问责制度。在协商沟通过程中,数据信息的充分交换能大大降低集体行动交易成本,减少协同阻力和行动错误。综上,本节将从“主体—政策—数据—制度”四个维度建构研究框架,全方位阐释环境协同治理有效机制。

一、环境治理主体协同

协同治理结构将协同网络和伙伴关系中利益相关行动者聚集在一起,汇集不同资源,沟通与管理各自观点与利益,最终找到共同解决问题的办法。协同治理的一个重要问题是不同利益主体之间如何达成共识,并在此基础上共同参与制定强有力的政策解决方案,联合推进解决方案的实施、效果评估及问责等一系列行动。当今社会发生着迅速且不可预测的变化,公共问题也随之变得更加多层次、多样化且碎片化,气候污染、河流污染和生态失衡等日益突出的环境污染问题涉及到多元主体和复杂利益间的协调,给环境协同治理带来了一定的挑战。在这种背景下,中国不断改变以政府为单一主体、单一行政辖区管理的环境治理格局,向以政府主导的、多元主体共同协作的跨区域的协同治理模式转变。产生协同优势的机制不仅仅是通过不同的政策参与者一起工作来更好地管理一个政策问题，更是来自协同治理中政策协商和多元主体解决问题的变革创新性。

环境协同治理主体可以从横向和纵向两个维度进行区分。横向主体间的协同结构可以分三层：首先，政府不同部门之间需要协调合作共同解决政策相关问题；其次，不同区域的地方政府需要跨越行政边界，降低"搭便车"的风险，推动区域协同治理；最后，政府需要与企业、非政府组织、专家、媒体和公众等利益相关者建立协同机制，协调不同主体间的目标和利益诉求，巩固信任关系，有效解决环境公共问题。主体间的纵向关系主要是指中央政府和地方政府间的联结互动。在我国行政体制下，中央政府对地方各级政府具有核心指导作用，中央政府掌握着资源分配和地方行政官员问责、升迁调配的权力，因此中央政府的有关决策与指令能在很大程度上调动地方政府的积极性。但由于我国幅员辽阔、行政区域分散复杂，不同区域内公共问题的性质和具体情况有很大差异，受到行政层级的限制，中央政府对地方实际情况敏感度较弱，地方在自下而上的沟通反馈过程中，及时传达信息存在困难。因此，中央政府与地方政府之间应该进一步打破沟通壁垒，尤其是拓宽地方政府主动向中央发起对话的渠道，增加互动、沟通与协作。本书根据不同主体在环境协同治理中发挥的作用，可将主体结构分为核心层、中坚层和全员层三个部分。核心层主要包括中央政府和地方政府，即以政府为总管理协调者；中坚层包括社会组织、企业和专家，主要是环境治理与改善的中坚力量；全员层包括其他国家政府、媒体、公众等。

（一）核心主体层

政府处于应急协同网络的核心位置，其作用主要体现在领导指挥、监督、指导、激励、问责、协调等多个方面，通过国家意志进行社会动员，引导其他主体形成多元治理网络结构，统筹调度提升组织协同效率。在多元主体的治理结构中，政府的作用与其他主体相比存在着差异。一方面，政府作为公共管理行动者,是公共物品和公共服务的提供者,承担着解决公共问题、调解公共矛盾与冲突的基本职责;另一方面,我国面对复杂多变的国内外环境和公共事务,需要有像政府这样强大国家机构进行有效管理,发挥政府的主导力量。正因为如此,政府应该处于环境协同治理的核心位置,统筹领导各主体间的协同行动。

地方政府作为区域环境治理的主体,在提高环境治理成效方面起到了重要作用。一般来说,地方政府需要对本辖区内的环境治理负责。但由于环境污染的外部性问题,地方政府不能仅仅局限于自身区域的利益,需要联合相邻行政辖区政府协同治理,避免因属地原则导致的治理"碎片化"问题。因此,环境治理过程中,地方政府不仅要协调多元参与主体,促使其达成协同共识,还要处理好与"同级"间的合作关系,减少协同治理中"搭便车"的风险,带领各主体有效解决环境问题。在党和国家高度重视环境保护和生态文明建设的背景下,地方政府加强区域间环境协同治理,形成区域环境保护和治理的利益共同体。

(二)中坚主体层

社会组织、企业和专家作为环境协同网络中的关键行动者,它们的作用体现在"全国一盘棋"下中央—省—市间人、物、财、信息等资源上的多维协作和灵活协同,同时承担起核心层与全员层之间的过渡。社会组织和专家利用自身社会资源、知识和社会影响力等相关优势,在环境协同治理中充分发挥反应集体诉求、提供决策建议、推进宣传教育和监督政府行为等重要作用。在政府难以干涉或者影响比较弱的地方,社会组织就能发挥自身力量进行管理,带动该领域共同参与行动,例如环保型社会组织已经成为社会公众参与环境保护的主要载体,是不同层次行动主体的"驱动器"。企业作为市场关键主体,需要在日常生产活动中落实减少污染、保护生态环境的责任,通过转变生产方式、提高生产技术践行各类环境保护政策的要求,积极参与协同治理行动,从自身这个源头控制排污，改善环境质量。

（三）全员主体层

全员层包括其他国家政府、媒体、公众等，其作用体现在媒体的舆论引导与信息传播；公众个人参与环境政策制定与落实；WHO、其他国家等主体的信息交互、国际合作等。国家主体可以采取不同的方法、做更多的工作来促进不同群体之间的沟通，将各种行为者和关键群体聚集在一起，致力于共同的目标。公共机构和公民社会行动者是否在政策分析和决策方面表现出系统性差异，是协同治理研究的一个关键实证问题。以往的研究已经将这种差异理论化，但很少对其进行证明。对一些人来说，公民社会思维"与国家思维有着内在的不同"。与行政官员相比，民间社会行动者通常与当地的问题联系更紧密，他们可以提供多样化的生活经验，因此可以提供关于政策方面有效和有价值的内容的信息、解释、优先事项和观点。在合作治理中，公共机构也面临着与民间社会行动者截然不同的激励结构，它们倾向于在规避风险、具备奖励以及对政策问题和解决方案进行传统解释的制度环境中运作①。因此研究表明，国家与民间社会在环境治理方面的关系中，不断变化、推行特定举措的动力似乎来自民间社会，因为民间社会有更多的灵活性和创新机会。政府行动者在确定、促进这种创新机会正式转化为合作的方面发挥着重要作用。② 普通公民这个庞大社会群体具备各种资源、创新力量和强大的集体行动能力，他们参与生态环境保护能够产生较大环境治理成效。社会媒体在这个过程中充分发挥宣传引导作用，并对政府的职责行动具有监督约束作用，促使不同主体朝着同一个目标和方向前进。

---

① C.Doberstein，"Designing Collaborative Governance Decision-Making in Search of a 'Collaborative Advantage'"，*Public Management Review*，Vol.8，No.6（May 2015），pp.819-841.

② F.Ali-Khan，P.R.Mulvihill，"Exploring Collaborative Environmental Governance：Perspectives on Bridging and Actor Agency"，*Geography Compass*，Vol.2，No.6（November 2008），pp.1974-1994.

二、环境治理政策协同

从国家传统治理结构上看,政策协同可以分为纵向与横向两个维度。纵向协同表现为从中央到地方不同层级政府之间的联结机制,上级政府对下级政府是一种自上而下的领导。通常来说,政府层级越高(特别是中央政府),越倾向于发布指导性、综合性政策,向下级政府宣传并强化某种政策目标,并对下级政府行为进行引导。在自上而下的传播过程中,政策呈现出高强度、高影响力和高数量的特征。中央出台了近三十部与环境保护与治理的法律以及六十余部法规,其中具有代表性和重要意义的法律有《中华人民共和国环境保护法》《中华人民共和国大气污染防治法》等。在这些法律法规的强制作用下,地方政府积极出台相应的地方法规和规章制度,保证环境政策的顺利实施。自下而上的纵向互动在政策协同中也发挥着重要作用。地方可以根据自身发展实际情况,向上级政府及时反馈政策实施的成效和面临的困难,并针对上级政府相关政策提供各方面修改意见,从而减少政策推行的阻力。

政策的横向协同主要表现为政府内部不同部门之间或不同区域政府部门之间的联合发文。政府内部分工明确,各个部门都被安排具体职能,环境政策的制定与实施跨越了不同的工作领域,需要多个部门协同行动,共同负责。在中国,生态环境部(厅)、国家(省)发改委、国家(省)能源局、财政部(厅)和工业与信息化部(厅)是中央和地方层面环境政策制定与推行的核心部门,环境政策也是这五类部门协同的成果。另一方面,环境问题呈现外溢性、复杂性和广泛性的特征,因此环境治理往往需要地方政府跨行政界限进行协作。在应对某一特定区域环境污染问题时,区域政府间会形成一个"政策联合体",共同确立政策目标、制定政策细则和推动政策实施。通过政策协同,多个部门将围绕区域内环境问题,共同参与制定政策,征求专业意见,不断完善政策细则。最后形成的政策文件,其完备性与科学性远优于单个部门制定的政策。在政策实施阶段,环境政策协同有助于充分整合和调动各部门资源，提高协同治理能力。

在本书中，环境治理政策协同中的政策指环境治理过程中改善环境质量、促进各部门有效协作的相关政策。政策协同即政府（中央或地方政府）为了促进跨部门政策目标的实现，超越现有的单个部门政策边界领域，与责任范围之外的职能部门协作，进而整合不同部门之间的政策的行为。在不消除部门边界的前提下，通过部门间职能、结构和资源的整合和有效合作，促进部门间的互动和一体化管理效果，实现公共服务的无缝提供。政策协同的核心在于采用多部门协作的方式，通过推动跨部门关系，将外部问题内部化。政策协同旨在做好政策的整体匹配和策略设计，加强政策协调，实现"最优政策组合"和"整体效果最大化"。

三、环境治理数据协同

环境治理数据协同的数据泛指数字、信息、信息技术及系统等一系列内容的总称。数据协同可被理解为数据间互动、主体间开放共享的过程，旨在提升多元主体的数据认知层次（由低到高为数据、信息、知识、智慧），使行动者更多地基于科学而非经验进行决策。其内涵包括三个方面，一是从大数据中提取信息、知识及智慧，提供给相关领域的环境治理决策者，实现数据与数据的协同效应，使得环境决策者更多地基于科学而非经验进行决策，提高决策者的有限理性；二是区域间政府沟通交流顺畅，能够实现不同部门间数据共享，信息互通，减少因信息不对称造成的行动不协调，协同治理效率低下；三是大数据中心的权限开放，使专业机构、科技企业、公众等更多社会力量共同参与决策与处理，实现数据价值的多方协同。数据本身虽然不具备改善环境的能力，但较强的数据采集、共享和利用程度可提升环境问题有效治理的指挥决策能力。

区域协同在环境治理、经济发展和应急管理等领域中得到了充分研究。作为环境协同治理的核心主体，政府间信息共享是实现数据协同的重点。政府间在处理环境污染等跨越省市界限的问题时,需要大规模和全组织的数据协同。不同区域政府借助信息技术,加快数据整合和共享速度,进一步提高行动效率,降低信息不对称造成的交易成本,减少协同难度和阻力,实现更大的公共价值。由于组织结构的差异,数据共享在实践中面临着不同部门间"目标差异"和"权力界限"的双重困境("跨省通办"中数据共享的新挑战及协同治理策略)。包括政府在内的不同主体都是一个个不同组织或群体,其职责、行动目标和方式存在较大差异,资源和权力分配容易产生不平衡,在数据协同过程中可能会导致资源差异下的利益冲突和权责不清等问题。在数据协同过程中,各主体对环境治理行动步骤和轻重缓急顺序理解不同,难以针对某一共同问题达成共识。此外,不同管理理念和决策流程差异也可能是组织间沟通不畅的重要原因。准确把握不同主体组织结构和相互间的运作关系,探索跨区域、跨部门和跨层次的主体间协同治理策略是有效应对这些挑战的关键。

为解决行政边界限制和权力资源不平衡等数据协同难题,区域间协同主体不断创新跨区域数据共享模式,通过相互沟通和交流学习了解协作伙伴的数据信息及其使用情况。一方面,不同区域可以依托国家一体化政务服务平台这个枢纽,打造辐射式数据协同模式,提高数据相互交换与调取流畅度。另一方面可以针对环境治理的重点区域,通过"点对点"的方式在两地之间建立桥梁式数据协同模式,进行定向且大规模的数据输入输出。数据协同在降低因资源信息不平衡造成的交易成本、减轻沟通工作量的同时,能够有效提高协同效率和治理能力,最终实现"多赢"局面。

在多元主体共同参与的协同治理网络中,存在由权力差异导致的组织结构层级化的问题,同时信息的非正式传播也会造成数据传递和沟通的困难,进一步加剧主体间的数据壁垒。为了更好地解决数据壁垒问题,实现主体间数据协同,必须通过法律形式保障信息公开,打破以政府为主导的治理模式,进一步修正政府上下层级和不同部门间的信息不同步、政府垄断信息、信息传播速度慢和信息失真等弊端。总体来说,开放共享的数据平台有利于不同参与主体迅速掌握有效治理信息,同时促进社会主体观察监督到的生态环境破坏行为等相关信息迅速、畅通地进入环境协同治理决策部门,便于对生态环境进行更为有效的治理。

四、环境治理制度协同

目前,我国生态环境保护制度的建设基本完成,逐步形成符合自身环境治理和社会发展现状的环境治理制度体系。特别是党的十八大以来,我国高度重视生态环境保护工作,加快建设生态环境治理制度体系,完善环境保护法律法规,出台各项治理改革与创新制度。"十四五"期间,我国不断调整生态文明建设战略与方向,立足生态系统的整体性,更加重视源头防治、综合整治和系统性治理的制度体系,进入了生态环境治理从量变向质变进行转化的关键阶段。

制度不仅包括像宪法及各种法律法规规章这样的正式规章制度,同时也涵盖各种社会关系网络中形成的非正式规则,例如约定俗成的传统和惯例等。在宏观层面上,环境治理要实现多方利益相关主体协同治理的目标,需要精细思考与设计相关制度规定与规范;在微观层面上,环境协同治理需要不同主体之间相互信任、沟通协商、共同行动,实现事先经过约定、谈判、沟通与博弈后定下的协议,这种协议在一定意义上就是约束主体的制度,它在提高协同能力、降低交易成本和明确各主体职责等方面起着重要作用。

制度体系在环境协同治理全过程中发挥着保障、调节和规范作用。一般来说,制度是针对不同社会主体及其行为做出的规范与约束,这些主体包括政府等其他社会组织、团体和公民。环境治理相关制度不仅对协同治理主体的行为方式进行明确有效的规范,确保各主体践行自身职责,促进环境治理目标的成功实现。同时,有关环境协同治理的制度能够保证不同主体之间平等协商,规定不同主体之间的权力关系,防止协同过程中权力越界影响协同信任关系,协调环境协同治理过程中多元主体相互之间可能产生的冲突,实现不同主体之间的资源互补和功能整合。

制度具有稳定性、明确性、长期性和强制性,面对不断发展的社会和复杂变化的协同网络中的成员,在很大程度上保障了环境协同治理网络及政策行动的可持续性。在区域环境协同治理中,制度主要发挥了两个方面的作用。一方面,在中国政治体制主导的治理模式下,中央政府的政治指示和政策引领是有效推进地方政府协同治理行动、影响地方政府治理成效的关键因素;另一方面,地方政府在大气污染区域协同治理过程中,会受到"理性经济人"和集体行动困境的影响产生行动偏差,需要通过制度对协同的程度和持续性进行约束。

奥斯特罗姆(Ostrom)从语言视角对制度进行了定义,指出"制度是其所涉及群体的共同理解,它是对有关什么行动(或世界状态)被要求、禁止或允许的可实施规范的指称"。本书中"制度"指环境协同治理行动中权利、责任、资源调配、价值塑造以及利益分配等一系列内部管理和外部衔接的运行规范总和。制度协同是环境协同治理过程中机构设置及职责配置合理性、两个及以上主体间的协作顺畅性、社会组织及动员能力强弱等要点的关键所在。本书制度协同的内涵包括了主体结构与运行制度两部分,前者为"政府根据环境治理需求进行的职能安排,体现为机构设置及其职能配置",后者为"在制度结构共识下,对行政职能和权利如何运行有效的规范"。制度协同的目的在于实现环境治理的全面动员、组织协调和资源灵活调配三大核心能力。

环境协同治理是多元主体沟通协商、有效配合的动态过程。在这个过程中,不同主体在履行各自职责的基础上,充分发挥自身资源优势,在生态环境保护和治理制度的设计阶段、实施阶段和监督阶段形成协同力量。对政府主体来说,要做好政策制定、政策执行、事后监督问责等工作,推动环境保护与治理法律制度体系、法律实施体系和保障体系的建设。社会组织主体可以充分发挥自己在社会关系中的资源优势,发挥环境保护宣传教育、环境公益感化和社会监督的作用。企业主体应强化自身生态环境保护的理念,将环境保护行

动落实到生产活动中,改进生产技术,从源头上减少污染排放。公民等社会主
体则在强化生态环境保护、践行绿色生活方式上发挥着重要作用。综上所述,
中国环境协同治理可以从主体、政策、数据和制度四个维度进行深入研究,具
体整合理论分析框架见图3-2。

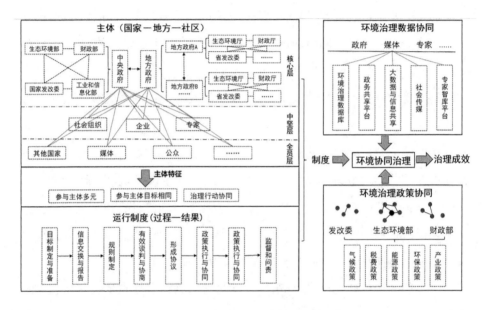

图3-2 环境协同治理整合理论分析框架

第四章　中国区域环境协同治理实践

　　面对越来越严峻的环境问题,我国积极实施可持续发展战略,推进生态文明建设。党的十八大以来,以习近平同志为核心的党中央高度重视生态文明建设,围绕"绿水青山就是金山银山""人与自然是生命共同体"的发展理念,开展了一系列保护环境、提高环境质量的根本性、开创性和长远性重大工作,体现国家加强环境保护与治理、大力推进生态文明建设的鲜明态度和坚定决心。在习近平生态文明思想指引下,我国加快建设美丽中国的步伐,对全球环境质量改善作出重要贡献。大气环境治理作为我国环境保护与生态建设的重要组成部分,在环境治理中取得突出成效。2013 年 9 月,国务院发布《大气污染防治行动计划》(简称"大气十条"),正式确立了以大气颗粒物浓度为核心控制目标的大气污染防治模式,通过多种污染源综合控制与多污染物协同减排,全面开展大气污染联防联控。这是 2013—2017 年间我国大气污染防治的纲领性文件,在动员多元主体积极参与环境保护、协调各方目标与行动、健全联防联控的协同治理机制等方面发挥重要作用。2018 年,国务院出台《打赢蓝天保卫战三年行动计划》(简称"行动计划"),进一步巩固了以 $PM_{2.5}$ 等典型复合大气污染物为核心的控制架构,推动全国和重点区域环境治理走向阶段性胜利,优化了跨层级、跨部门、跨区域的多主体环境协同治理机制。接下来,本书将深入阐述与分析中国大气污染治理的进程及成效,在此基础上考察京津冀、长三角及粤港澳大湾区环境协同治理实践。

第一节 大气环境污染治理成效

随着全球气候变化加剧与自然灾害频发,大气污染问题越来越受到国际社会重视,世界各国为降低大气污染程度、改善大气质量做出了不懈努力。大气环境治理作为我国环境保护与生态建设的重要组成部分,自 2013 年"大气十条"发布以来取得了突出治理成效。从大气污染物的治理类型和治理特征上看,我国大气污染治理经历了前期以烟粉尘、二氧化硫和酸雨为主的大气污染物治理阶段、大气污染物总量控制阶段和区域协同治理阶段三个发展过程。在不同治理阶段,以中央政府统筹指导的各级政府、社会组织、企业等社会主体共同努力,不断推动我国大气环境质量提高。但是从长期变化趋势来看,我国大气污染程度在几十年间不断加剧并在 2013 年达到最高峰,在此之后大气环境整体呈向好趋势。由此可见,2013 年是我国大气污染防治历史上的一个重要时间节点,开启了我国生态文明建设的新篇章。

自 2013 年实施国务院"大气十条"以来,我国的空气质量明显改善。数据显示,2013 年至 2019 年,中国 74 个重点城市大气中二氧化硫(SO_2)浓度下降 75%,二氧化氮(NO_2)浓度下降 23%,细颗粒物($PM_{2.5}$)浓度下降 47%,大气污染防治工作取得显著成效。2018 年国务院发布"行动计划",根据中国气象局发布的《2020 年大气环境气象公报》显示,《打赢蓝天保卫战三年行动计划》实施期间大气环境持续改善,霾日数继续下降,全国平均霾日数 24.2 天,比 2019 年和 2017 年分别减少 1.5 天、3.3 天,全国大气质量得到明显改善。经过不断努力,"十三五"规划和污染防治攻坚战确定的 9 项约束性指标,在 2019 年已经有 8 项提前完成。在大气环境方面,$PM_{2.5}$

未达标城市年均浓度累计下降 23.1%、二氧化硫（SO_2）累计下降 22.5%；碳排放强度方面，单位 GDP 二氧化碳（CO_2）排放累计下降 18.2%。2020 年以来生态环境质量继续改善，9 项生态环境约束性指标已经全面完成、超额完成、圆满完成。本章从大气环境的总体与分类趋势、主要区域趋势、空气质量等级、核密度演化、时空演化几个方面，对我国大气污染程度历年的变化进行深度统计分析，探索"大气十条"和"行动计划"等政策实施以来我国大气环境治理成效。

"十四五"时期，我国持续加强生态环境保护、推动高质量发展取得新进展，深入打好污染防治攻坚战，加快构建碳达峰碳中和"1+N"政策体系。2021 年 10 月 24 日，中共中央、国务院发布《关于完整准确全面贯彻新发展理念做好碳达峰碳中和工作的意见》（以下简称《意见》）；10 月 26 日，国务院发布《2030 年前碳达峰行动方案》，碳达峰碳中和工作顶层设计文件亮相。这幅跨度数十年、书写于历史进程上的高质量发展长卷，注定会对我国生态环境产生根本性影响。要实现这些目标，不仅需要政府出台循序渐进的节能减排措施，还需要全社会逐步形成绿色生产生活方式。唯有如此，中国才能真正达到人与自然和谐共生的目标。因此，梳理和把握我国大气环境治理历程与成效，对持续推进减污降碳、打赢蓝天保卫战具有重要意义。

一、空气质量指数（AQI）分析

（一）总体与分类趋势分析

2013 年 9 月出台的"大气十条"是中国影响力最大的环境政策之一，污染防治攻坚战（即《打赢蓝天保卫战三年行动计划 2018—2020》）则被普遍认为是"大气十条"二期。我们可以通过 AQI（Air Quality Index，空气质量指数）来评价"大气十条"和"行动计划"实施后的大气环境质量。

AQI 描述了空气清洁或者污染的程度，以及对健康的影响，监测的污染物包括六项：SO_2、NO_2、PM_{10}、$PM_{2.5}$、CO 和 O_3。在上述大气环境政策的影响下，164 个样本城市的 AQI 均值从 2014 年的 91.649 下降至 2017 年的 83.074；2020 年进一步下降至 67.711，空气质量得到显著改善（如图 4-1 所示）。

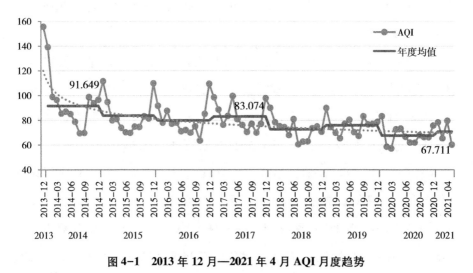

图 4-1　2013 年 12 月—2021 年 4 月 AQI 月度趋势

注：数据来源于中国环境监测总站的全国城市空气质量实时发布平台；为保持可比性，以 2013 年 12 月有数据记录的城市为样本，包括 164 个城市。

尽管如此，对不同大气污染物的治理效果也存在明显的异质性。对 SO_2、$PM_{2.5}$ 与 PM_{10} 的治理效果最明显，CO 在 2018 年之后也实现了较大幅度的下降，但 O_3 的排放反而呈现波动性上升。

分污染物类型来看，$PM_{2.5}$ 是主要控制的污染物，2014—2020 年对 $PM_{2.5}$ 控制的成效显著，整个期间下降接近一半（如图 4-2 所示）。在"大气十条"政策期间，$PM_{2.5}$ 均值从 2014 年的 61.08 下降至 2017 年的 44.844；污染防治攻坚战期间，$PM_{2.5}$ 均值从 2017 年的 44.844 下降至 2020 年的 31.794。

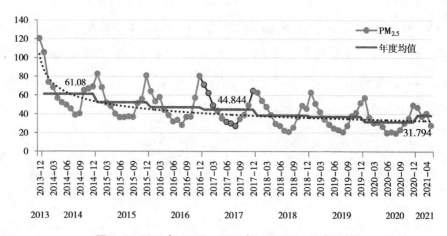

图 4-2　2013 年 12 月—2021 年 4 月PM₂.₅月度趋势

注:数据来源于中国环境监测总站的全国城市空气质量实时发布平台。

对 PM_{10} 的控制也取得了显著成效。在"大气十条"政策期间,PM_{10}均值从 2014 年的 96.88 下降至 2017 年的 74.14;污染防治攻坚战期间,PM_{10}均值从 2017 年的 74.14 下降至 2020 年的 53.488(如图 4-3 所示)。

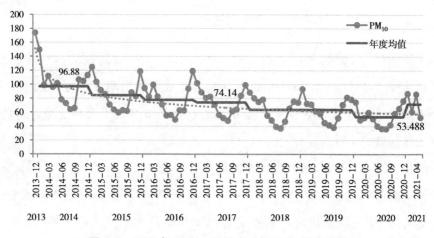

图 4-3　2013 年 12 月—2021 年 4 月 PM₁₀月度趋势

注:数据来源于中国环境监测总站的全国城市空气质量实时发布平台。

作为主要污染物，通过对工业污染的源头治理等协同治理措施，对大气中的 SO_2 控制取得了十分突出的成效，2014—2020 年下降幅度超过 70%。在"大气十条"政策期间，SO_2 均值从 2014 年的 28.22 下降至 2017 年的 15.444；污染防治攻坚战期间，SO_2 均值进一步下降至 2020 年的 8.375（如图 4-4 所示）。

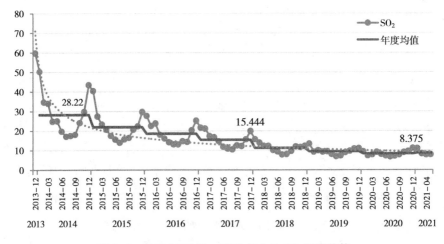

图 4-4　2013 年 12 月—2021 年 4 月 SO_2 月度趋势

注：数据来源于中国环境监测总站的全国城市空气质量实时发布平台。

我国对 CO 的控制也相当有效。在"大气十条"政策期间，CO 均值从 2014 年的 1.14 下降至 2017 年的 1；污染防治攻坚战期间，CO 均值进一步下降至 2020 年的 0.71（如图 4-5 所示）。其中，2018 年的下降幅度最大，可能与大气治理的滞后效应有关。

根据图 4-6 可以看出，我国对氮氧化物的控制相对不足。在"大气十条"政策期间，NO_2 均值从 2014 年的 36.41 上升至 2017 年的 36.935，NO_2 的浓度反而有所上升；污染防治攻坚战期间，NO_2 均值从 2017 年的 36.935 下降至 2020 年的 28.167，2018 年的下降可能与大气治理的滞后效应有关，2020 年下降则可能是疫情原因。

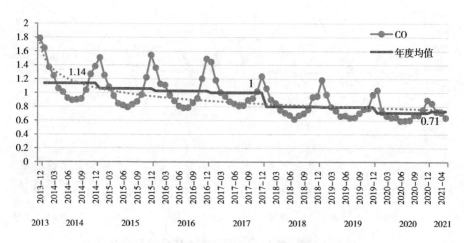

图 4-5　2013 年 12 月—2021 年 4 月 CO 月度趋势

注：数据来源于中国环境监测总站的全国城市空气质量实时发布平台。

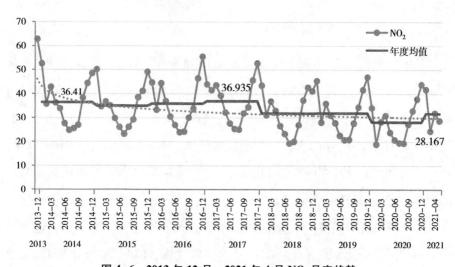

图 4-6　2013 年 12 月—2021 年 4 月 NO₂ 月度趋势

注：数据来源于中国环境监测总站的全国城市空气质量实时发布平台。

　　此外，在"大气十条"政策实施期间，O_3 有所上升，均值从 2014 年的 91.18 上升至 2017 年的 100.385；污染防治攻坚战期间，O_3 均值从 2017 年的 100.385 下降至 2020 年的 94.697（如图 4-7 所示）。

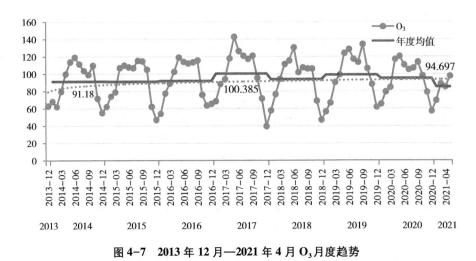

图4-7 2013年12月—2021年4月O₃月度趋势

注:数据来源于中国环境监测总站的全国城市空气质量实时发布平台。

(二)主要区域趋势分析

从统计数据可知,全国三个最大的城市群(京津冀、长三角、珠三角)全部超额完成了"大气十条"的目标,大部分污染物都实现了显著下降。在污染防治三年攻坚战期间,空气质量出现了一定波动。受前期政策滞后效应的影响,2018年相对于2017年的AQI指数有较大幅度下降;随后治理力度有所放松,导致AQI指数在2019年有所回升,2020年因为疫情原因以及考核截止时点的影响,空气质量进一步实现了改善。

受地理位置与经济活动双重影响,京津冀地区的空气质量相对更差,AQI指标明显高于全国平均水平。但同时也可以发现,2014—2020年期间,京津冀地区的空气质量改善幅度最大(如图4-8所示)。京津冀地区的空气质量改善主要体现在空气中颗粒物、SO₂等污染物的下降。其中,PM$_{2.5}$由2014年的91.37下降至2020年的44.58(如图4-9所示);PM$_{10}$由2014年的156.47下降至2020年的77.55(如图4-10所示);SO₂由2014年的51.45下降至2020年的11.70(如图4-11所示);CO由2014年的1.52下降至2020年的

0.84(如图 4-12 所示);NO$_2$ 由 2014 年的 48.25 下降至 2020 年的 34.39(如图 4-13 所示);O$_3$ 由 2014 年的 91.38 上升至 2020 年的 100.74(如图 4-14 所示)。其中,北京空气质量具有典型性,"大气十条"要求 PM$_{2.5}$年均浓度从 89.5 微克/立方米降至 60 微克/立方米。为此,北京关闭了所有的燃煤电站,禁止周边地区居民用散煤采暖。一系列措施使得 2017 年末北京的 PM$_{2.5}$均值降到 58 微克/立方米,降幅达 35%。最新发布的空气质量报告显示,2020 年北京地区全年空气质量优良天数为 276 天,优良率达到 75.4%。PM$_{2.5}$年均浓度为 38 微克/立方米,为 2013 年有监测记录以来的历史最低值,实现七连降。天津市 2020 年优良天数达 245 天,比 2019 年增加 26 天。河北全省优良天数平均达 234 天,比 2019 年增加 29 天。

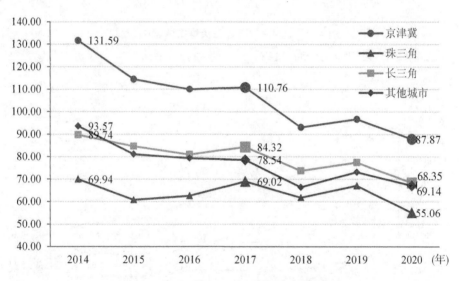

图 4-8　2014—2020 年三大城市圈 AQI 趋势

注:数据来源于中国环境监测总站的全国城市空气质量实时发布平台。

　　由于基期效应等原因,相对于京津冀地区,珠三角、长三角地区的大气污染物下降幅度要小一些,珠三角处于南部临海地区,空气质量在三个地区中最好。长三角地区的空气质量与整体持平。2020 年,长三角 41 个城市优良天数比例范围为 70.2%—99.7%,平均为 85.2%,比 2019 年上升 8.7 个百分点。

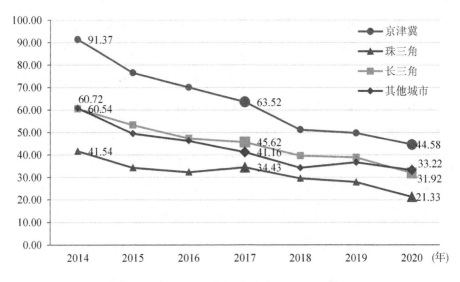

图4-9　2014—2020年三大城市圈PM$_{2.5}$趋势

注：数据来源于中国环境监测总站的全国城市空气质量实时发布平台。

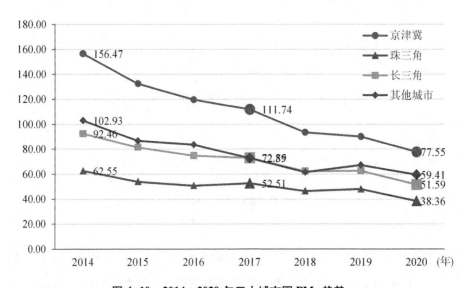

图4-10　2014—2020年三大城市圈PM$_{10}$趋势

注：数据来源于中国环境监测总站的全国城市空气质量实时发布平台。

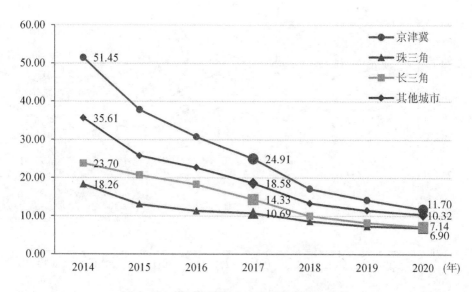

图 4-11 2014—2020 年三大城市圈 SO$_2$趋势

注：数据来源于中国环境监测总站的全国城市空气质量实时发布平台。

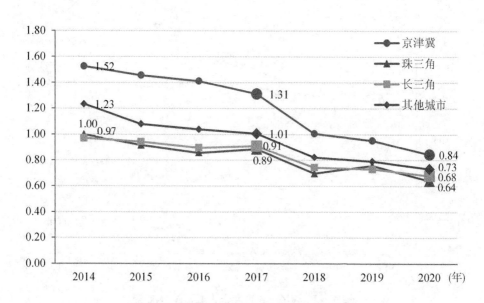

图 4-12 2014—2020 年三大城市圈 CO 趋势

注：数据来源于中国环境监测总站的全国城市空气质量实时发布平台。

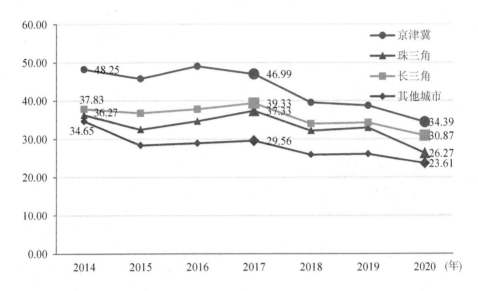

图 4-13   2014—2020 年三大城市圈 NO$_2$趋势

注:数据来源于中国环境监测总站的全国城市空气质量实时发布平台。

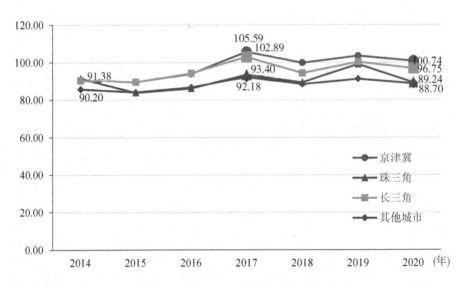

图 4-14   2014—2020 年三大城市圈 O$_3$趋势

注:数据来源于中国环境监测总站的全国城市空气质量实时发布平台。

其中,34 个城市优良天数比例在 80%—100% 之间,7 个城市优良天数比例在 50%—80% 之间。平均超标天数比例为 14.8%。其中,轻度污染为 12.3%,中度污染为 2.0%,重度污染为 0.5%,重度及以上污染天数比例比 2019 年下降 0.1 个百分点。以 O_3、$PM_{2.5}$、PM_{10} 和 NO_2 为首要污染物的超标天数分别占总超标天数的 50.7%、45.1%、2.9% 和 1.4%,未出现以 SO_2 和 CO 为首要污染物的超标。其中,上海优良天数比例为 87.2%,比 2019 年上升 2.5 个百分点。出现重度污染 1 天,无严重污染,重度及以上污染天数与 2019 年持平,比 2015 年减少 7 天。

为贯彻落实“大气十条”,切实加强大气污染源监管,依法查处环境违法行为,改善环境空气质量,2013 年 10 月至 2014 年 3 月,原环保部在大气污染防治的重点地区启动了大气污染防治专项检查。这次检查范围除了涉及我国大气污染防治的重点区域,即京津冀“2+26”城市、长三角、珠三角区域外,还有辽宁中部、武汉及其周边、长株潭、成渝、海峡西岸、陕西关中、甘宁、乌鲁木齐等重点地区。因此,加强区域大气污染协同治理、构建治理新格局,对打好污染防治攻坚战具有重要意义。

（三）空气质量等级分析

1.基于区域的空气质量等级分析

从空气质量等级可更为直观地观察到空气质量的改善情况。对于全国 300 多个城市而言,2014 年,空气质量优良月份占比只有 65.2%,至 2018 年上升至 91.6%,随着污染防治攻坚战进入决胜之年,2020 年空气质量优良的月份占比进一步提升至 92.1%。出现极端污染天气的情况显著改善,中度以上污染月份占比由 2014 年的 7.1% 下降至 2020 年的 1.6%(如图 4-15 所示)。

从分区域来看,京津冀地区的污染情况更为严重,改善也更为明显。空气质量优良月份占比从 2014 年的 24.4% 上升至 2020 年的 79.5%;中度以上污染月份占比则从 2014 年的 28.2% 下降至 2020 年的 3.2%(如图 4-16 所示)。

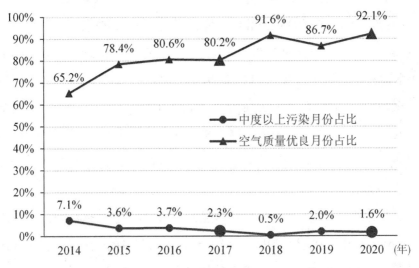

图 4-15　2014—2020 年城市空气质量等级占比趋势

注:数据来源于中国环境监测总站的全国城市空气质量实时发布平台。

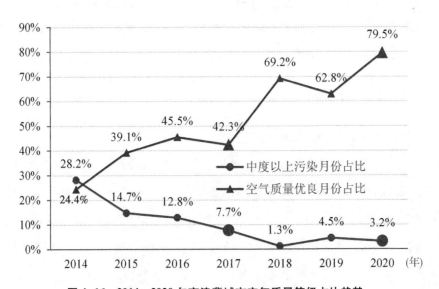

图 4-16　2014—2020 年京津冀城市空气质量等级占比趋势

注:数据来源于中国环境监测总站的全国城市空气质量实时发布平台。

另外,长三角的空气质量也实现了较为明显的改善,空气质量优良月份占比从 2014 年的 74.7% 上升至 2020 年的 98.1%;中度以上污染月份占比则从 2014 年的 2.2% 下降至 2020 年的 0%(如图 4-17 所示)。珠三角空气质量总体较好,但部分年份有所波动,2014 年、2019 年的空气质量相对较差(如图 4-18 所示)。

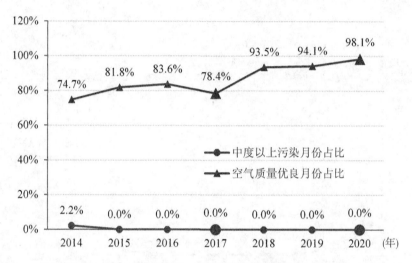

图 4-17　2014—2020 年长三角城市空气质量等级占比趋势

注:数据来源于中国环境监测总站的全国城市空气质量实时发布平台。

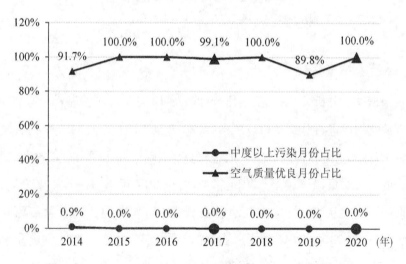

图 4-18　2014—2020 年珠三角城市空气质量等级占比趋势

注:数据来源于中国环境监测总站的全国城市空气质量实时发布平台。

2. 基于季节的空气质量等级分析

空气质量与季节密切相关,由于低气压导致空气不易流通、大气流减弱,秋冬季节的空气质量相对较差,尤其以 12 月、1 月两个月份的空气污染最为严重(如图 4-19 所示)。

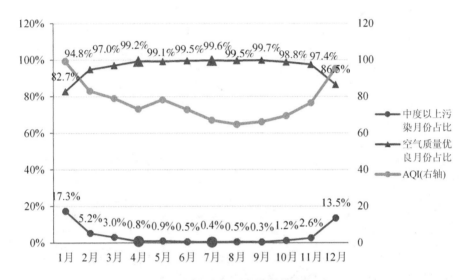

图 4-19 空气质量的季节效应

注:数据来源于中国环境监测总站的全国城市空气质量实时发布平台。

(四) 核密度演化分析

根据季节分析,以空气质量比较严峻的 12 月份样本为基础,对 AQI 的核密度演化情况进行分析。可以观察到:2013 年 12 月,AQI 的核密度曲线峰度值在 120 左右,分布曲线峰度较低、分布范围较宽,并呈现出一定的右偏形态。这表明空气质量整体较差。2014 年 12 月—2017 年 12 月(即"大气十条"政策期间),虽然从年度均值来看,AQI 有较大下降幅度,但核密度峰度值并没有左移,甚至较 2014—2016 年有所右移,表明大部分城市的空气质量并未明显改善;不过我们也能观察到右尾明显缩小,城市的重污染情况明显改善。这也是 2017 年空气质量整体改善的原因。

污染防治攻坚战期间,核密度曲线峰度明显更高(如图 4-20 所示),2018 年 12 月 AQI 的核密度曲线峰度值在 70 左右,与 2020 年 12 月基本相当,2019 年 12 月则更靠右;同时,右偏有所改善,并呈现出一定的左尾特征,更加符合正态分布曲线。这表明,污染防治攻坚战期间,城市整体的空气质量得到了较为明显改善,大气治理成效得到稳固。

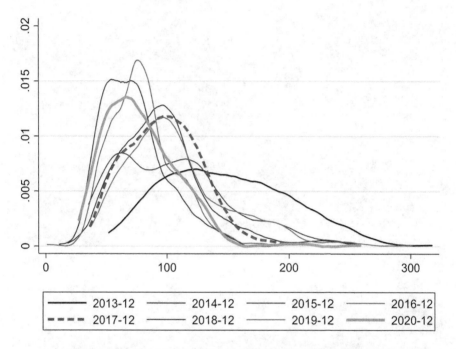

图 4-20　2013 年 12 月至 2020 年 12 月的 AQI 核密度演化趋势

注:原始数据来源于中国环境监测总站的全国城市空气质量实时发布平台。

（五）时空演化分析

为更加清晰直观展现整体变化趋势,本书节选具有代表性的 12 月对空气质量时空演化格局进行分析(如图 4-21、图 4-22 所示)。以 AQI 的时空演化格局为例,2013 年 12 月开始,约有 164 个城市开始发布空气质量指数。数据显示:2013 年 12 月,大部分地区的空气质量比较差,以环京津冀地区的空气污染问题尤为严重。2014 年 12 月的空气质量相对于上年有所改善,环京津冀地区、新疆部分地区以及成渝地区相对较差。2015 年 12 月、2016 年 12 月的空气污染问题反扑。2017 年 12 月开始,不同地区的空气质量呈现出比较明显的改善态势。一方面与"大气十条"的考核截止日期有关,另一方面也与污染防治三年攻坚战有密切关系。

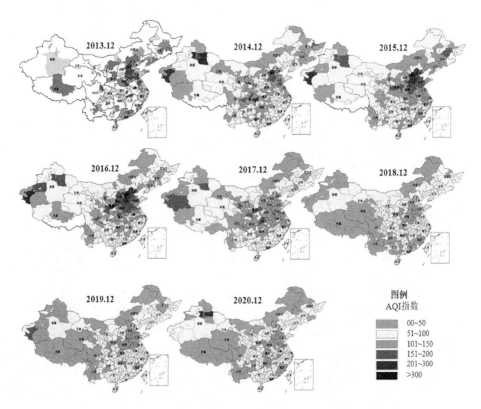

图 4-21　2013 年 12 月至 2020 年 12 月 AQI 指数空间格局

注:数据来源于中国环境监测总站的全国城市空气质量实时发布平台。

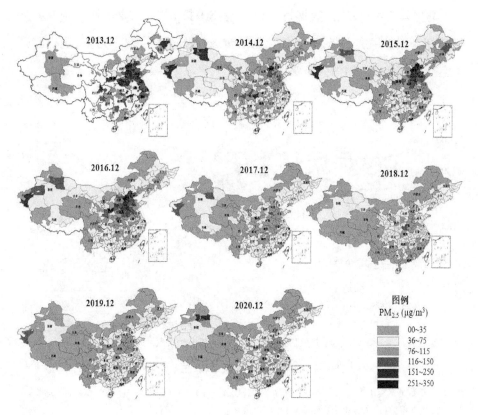

图 4-22　2013 年 12 月至 2020 年 12 月 PM$_{2.5}$空间格局

注:数据来源于中国环境监测总站的全国城市空气质量实时发布平台。

二、省级层面大气污染物排放分析

上述空气质量数据直接通过中国环境监测总站获取。在此基础上,我们可以从相关污染物排放的统计数据印证上述分析得到的主要结论。从国家统计局公布的 SO$_2$排放、氮氧化物排放等统计数据来看,"大气十条"政策颁布后并没有立即产生显著效果,2014 年之前,SO$_2$排放(包括工业 SO$_2$排放)呈现出缓慢的下降趋势。2015 年开始,随着大气环境政策规制的强化,污染物总量开始大幅度下降,结合除过剩产能等政策协同,大气污染治理取得了良好成效,2016—2017 年 SO$_2$等污染物排放才开始大幅度下降(如图 4-23 所示)。

总之，结合省级统计数据也可以发现：SO_2 排放量、工业烟粉尘排放量从 2015 年开始大幅度下降，而氮氧化物的排放量下降幅度要小得多，这也验证了空气质量指数中的污染物变化情况。

图 4-23　2008—2020 年 SO_2、氮氧化物、工业烟粉尘排放情况

注：2017 年数据来源于第二次全国污染源普查，国家统计局网站 2017 年与 2018 年数据相同；工业 SO_2 排放数据根据《中国城市统计年鉴》数据汇总得到。

第二节　京津冀环境协同治理实践

改革开放以来，中国经济蓬勃发展，城市化进程加快，逐步形成以京津冀、长三角和珠三角三大城市群为主要代表的十大城市群。随着城市群的快速发展和工业化程度的提高，区域城市间的跨界环境污染现象日益明显，包括大气污染、水污染在内的环境问题会造成局部污染与跨区域污染相叠加，进一步加剧城市群环境污染的严峻程度。在这些跨区域环境问题中，跨界大气污染问题存在扩散范围广、涉及主体多元和公众呼声较高的特征，因此成为环境治理领域的一个重要方面。可以说，大气污染在不同区域间的大规模扩散与蔓延，不仅影响人民生活质量,制约社会可持续发展,而且也打破了以往严格按照行政边界行使管辖权、以单一政府为主体的环境治理机制,催生出新的协同治理模式需求。

随着《关于推进大气污染联防联控工作改善区域空气质量的指导意见》《中华人民共和国大气污染防治法》的陆续出台,中国针对大气污染问题做出了一系列努力,并取得了一定的治理绩效。但是,由于跨区域大气污染协同治理需要有效协调包括政府、企业、社会组织、公民和媒体在内的不同主体间的目标与利益诉求,有些目标和利益甚至会存在相互冲突的情况,同时由于大气污染问题的跨区域性和污染治理的长期性,大气污染协同治理工作绩效难以突显,大气污染协同治理成为中国环境协同治理中最为紧急且复杂的协同问题。本节将以京津冀、长三角和珠三角三大城市群的区域大气污染协同治理为典型案例,立足本书研究框架,深入剖析不同城市群的区域间大气污染协同治理结构与过程,对中国的区域环境协同治理机制作进一步阐释。

一、京津冀大气污染协同治理过程

经过近十年的大气污染协同防治,京津冀空气质量整体上有所改善,跨区域大气污染协同治理取得一定成效。从京津冀大气污染协同治理的整体情况来看,京津冀跨区域协同治理行动呈现以重大事件或活动为导向的特征,大气污染在改善与回弹之间反复波动。在举办大型活动或承办会议的特殊时期,京津冀区域大气污染协同治理力度会显著增强,大气污染水平大幅度下降。但是在这些重大事件结束之后,大气污染会再次加重,甚至反弹至和之前同样的水平,使得这种在短期内取得较大成效的治理举措难以长期延续下去。这种由重大活动或任务驱动的"运动式治理"虽然能实现快速解决问题、集中力量办大事的目标,但从大气污染协同治理的协同成本、长期性和可持续性方面考虑,仍存在诸多需要继续改进的地方。

从2008年北京奥运会开始,京津冀及周边地区逐渐重视区域大气污染治理和生态环境保护工作，针对北京及周边地区的大气污染问题开展了一系列跨界联合治污行动。这些联合行动是京津冀三地政府对中央政府一系列强制性命令的遵守服从。在这期间，各地政府展开了广泛协作。这些协作行动主要包括制定专门协作机构、制定共同行动规范准则、建立北京及周边地区奥运大气污染环境监测和预警协同平台等。通过这些措施，京津冀地区在奥运会期间大气污染物浓度下降了50%，空气质量达到了近十年来最好水平。在奥运会结束一年后，京津冀地区空气质量仍然保持着良好记录。奥运期间的联合治理模式为后来京津冀大气污染协同治理奠定了初步基础。

奥运会模式这种短期突击式治理难以推动空气质量的持续改善。为了实现大气污染联合治理的长期持续性，从中央到京津冀地方采取了各种举措推进协同治理。中央出台了一系列相关政策促进协同治理行动，为区域间协同治理提供强制性驱动力量。从2010年中央九部委联合发布的《关于推进大气污染联防联控工作改善区域空气质量的指导意见》，到2013年国务院出台的《大气污染防治行动计划》，再到环保部等发布的《京津冀及周边地区落实大气污染防治行动计划实施细则》（环发〔2013〕104号），中央政府不断指示并引导京津冀大气污染协同治理行动。在地方层面，京津冀及周边地区地方政府根据中央命令和政策指示，共同对大气污染协同治理行为进行探索。京津冀地区在立足相关政策要求的基础上，建立了京津冀及周边地区大气污染防治协作小组，协同治理机制正式形成，地方间协作互动进一步加强。在这期间，京津冀大气污染治理进入平稳改善期。

2014年，京津冀空气质量又创历史新纪录。在北京召开的亚太经合组织（APEC）领导人非正式会议，是促进京津冀地区大气污染协同治理另一个重大事件。为给会议提供绿色舒适环境，打造良好国际形象，京津冀加强大气污染联合防治力度，集合北京、天津、河北、山西、内蒙古、山东六个省份召开大气污染防治协作会议，搭建京津冀及周边地区空气污染预报预警平台，建立区域数据信息共享机制，针对重点污染事件有限开展区域联动执法。在APEC会议期间,京津冀地区大气污染得到明显改善,主要污染物排放量同比大幅度下降,成功创造"APEC蓝"。同时,中央和京津冀三地在完善大气污染协同治理方面不断做出努力,2014年,国务院常务会议先后确定或通过了"大气十条"22项配套政策和《中华人民共和国大气污染防治法(修订草案)》,推动京津冀大气污染协同治理机制步入成熟运行期。

根据京津冀大气污染变化情况可以看出,自2013年协同治理机制建立以来,中央和地方形成合力,不断推动京津冀大气污染协同治理,大气污染情况从整体上看有所缓解。另一方面,京津冀大气污染协同治理情况受到重大事件或活动的影响,在这些活动开展的时间节点大气质量会得到明显改善,这种由重要活动驱动的"运动式治理"成为驱动区域协同治理行动的关键因素。

二、京津冀大气污染协同治理机制

(一)中央与地方间的纵向协同

京津冀是中国最早开始区域环境协同治理实践的地区之一。为促进京津冀地区大气污染联合防治工作的有效开展,自2010年以来中央出台了一系列政策推动京津冀、长三角等地区建立区域大气污染联合防控机制,为京津冀协同治理提供强有力的驱动力量,同时有利于对区域政府大气污染治理行为进行有效督促与约束。

2010年5月,环境保护部、国家发改委和工业信息化部等九部委联合发布《关于推进大气污染联防联控工作改善区域空气质量的指导意见的通知》(国办发〔2010〕33号),将京津冀作为开展大气污染联防联控工作的重点区域,明确提出尽快建立大气污染区域联防联控机制的协同治理目标。随后国家出台了一系列政策继续推进区域大气污染协同治理工作,包括2011年的《国家环境保护"十二五"规划》《国民经济和社会发展第十二个五年规划纲要》、2012 年的《重点区域大气污染防治"十二五"规划》等政策文件。国务院于 2013 年 9 月颁布的《关于大气污染防治行动计划的通知》(国发〔2013〕37号),标志着中央政府对京津冀区域大气污染协同治理的总体政治领导和政策引领,为京津冀地区建立大气污染协同机制奠定了坚实基础。在《关于大气污染防治行动计划的通知》出台一周后,环境保护部和发改委等六大部门联合发布《京津冀及周边地区落实大气污染防治行动计划实施细则》(环发〔2013〕104 号),明确指出建立京津冀及周边地区大气污染联合防治协作机制,同时还提出信息共享、建立环境预警机制和联合执法等具体举措。2014年 2 月,国务院常务会议通过了首批落实"大气十条"22 项配套政策,实现了区域协作制度的具体落实。同年 11 月,《中华人民共和国大气污染防治法(修订草案)》通过,进一步强调建立区域大气污染联防联控协同治理机制。中央政府通过不断颁布政策文件,逐步明确区域大气污染协同治理机制、协同主体和协同目标等具体细则,促使京津冀区域大气污染协同治理在中央政府的推动下打破行政界限,实现各区域政府联合解决大气污染协同治理问题的目标。

在中央政府的大力支持与指示下,京津冀区域政府积极回应中央指令,贯彻落实相关政策举措,为实现协同治理目标共同努力。在《京津冀及周边地区落实大气污染防治行动计划实施细则》等政策出台一个月之后,北京、河北等六个省市与国家发改委、环保部、工信部等七个中央机构部门召开工作会议,成立"京津冀及周边地区大气污染防治协作小组",并于 2015 年将河南省和交通部也纳入该小组。协作小组成员由七省份八部委相关负责人组成,相应的协同机制也开始建立并逐步完善。2018 年,协作小组重新进行结构调整,改为"京津冀及周边地区大气污染防治领导小组"。

经过不断探索与改进,协作小组发展成为应对京津冀及周边区域大气污染问题的协同治理组织。一般情况下,协作小组通过召开会议确定协同目标与任务,将任务横向划分给不同区域,该区域的参与者则会通过行政层级在本辖区纵向分配具体任务。总体来看，该协作组织作为下达中央指令与决策、统筹制定大气污染协同治理措施、向地方分配工作任务以及向上传达实践情况的平台，在很大程度上推动了区域政府间的有效协同。中央与地方政府间的纵向协同过程见表4-1。

表4-1　中央与地方政府间的纵向协同过程

主体	时间	举措	机构	作用
中央	2010年	《关于推进大气污染联防联控工作改善区域空气质量的指导意见》	环境保护部、国家发改委和工业信息化部等九部委	指出解决区域大气污染问题的具体措施和思路，明确提出尽快建立大气污染区域联合防控机制的协同治理目标
	2011年	《国家环境保护"十二五"规划》	国务院	提出主要污染物减排、生态环境保护、重点领域环境风险防范等原则性要求
	2012年	《重点区域大气污染防治"十二五"规划》	环境保护部	标志着我国大气污染防治工作逐步由以污染物总量控制为目标导向向以改善环境质量为目标导向转变
	2013年	《大气污染防治行动计划》	国务院	首次明确提出建立京津冀和长三角区域大气污染防治协作机制，协调解决区域突出的环境问题
	2013年	《京津冀及周边地区落实大气污染防治行动计划实施细则》	环境保护部、发改委六部委	明确指出建立京津冀及周边地区大气污染防治协作机制
	2014年	首批落实"大气十条"22项配套政策	国务院	实现区域协作制度的具体落实
	2014年	《中华人民共和国大气污染防治法（修订草案）》	国务院	加强重点区域大气污染联合防治，建立区域大气污染联防联控机制，规定重点区域应当制定联合防治行动计划

续表

主体	时间	举措	机构	作用
京津冀地区	2013年	成立"京津冀及周边地区大气污染防治协作小组"	北京、天津、河北、山东、山西、内蒙古六个省份与国家发改委、环保部、工信部、财政部、住建部、能源局、气象局七个中央机构部门	下达中央指令与决策、统筹制定大气污染协同治理措施、向地方分配工作任务以及向上传达实践情况
	2015年	将河南省和交通部纳入"京津冀及周边地区大气污染防治协作小组"	北京、天津、河北、山东、山西、内蒙古、河南七个省份与国家发改委、环保部、工信部、财政部、住建部、能源局、气象局七个中央机构部门	下达中央指令与决策、统筹制定大气污染协同治理措施、向地方分配工作任务以及向上传达实践情况
	2018年	协作小组重新进行结构调整，改为"京津冀及周边地区大气污染防治领导小组"	北京、天津、河北、山东、山西、内蒙古、河南七个省份与国家发改委、环保部、工信部、财政部、住建部、能源局、气象局七个中央机构部门	下达中央指令与决策、统筹制定大气污染协同治理措施、向地方分配工作任务以及向上传达实践情况

（二）不同职能部门间的横向协同

在环境协同治理过程中，政府不同职能部门间的横向协同能够有效整合协作资源，联合部署相关工作，提高协同工作的有效性。京津冀地区大气污染横向间协同治理是由中央政府领导，各省市地方官员牵头，省市政府为责任主体，各职能部门协同参与。从中央层面看，环境保护部负责工作的统筹协调，包括发改委、工信部等在内的其他有关部门共同负责对大气污染治理任务完成情况进行考核，指导督促各地大气污染治理有效推进。

京津冀在地方层面上形成了不同职能部门明确具体职责、细化工作分工、协同配合工作、共同执行决策的协同机制。在2014年北京召开亚太经合组织会议期间,京津冀地区为有效落实《亚太经合组织会议空气质量保障措施》相关协同任务,为会议顺利召开提供良好环境保障,在北京市、天津市、河北省三地建立了不同政府职能部门间的横向协同机制。其中,河北省在省、市、县三个层面的部门之间进行了明确分工,使不同层级的政府部门能够共同协作。河北省为做好相关协同工作,在副省长的总指导下成立了亚太经合组织会议空气质量保障工作指挥部,分指挥长由省政府分管副秘书长、省环境保护厅和省公安厅主要负责人担任,不同的指挥长负责处理各自职责范围内的协同工作,成员则包括河北省各区市和省政府有关部门。在这个指挥部下面还设置了办公室,负责处理组织日常任务,或在重大事件期间召集相关成员集体合作办公。市县级不同职能部门间的横向协同跟省级层面的协同模式一样,也采用同样的"指挥长—分指挥长—成员"的横向协同治理机制。

在协同过程中,河北在省、市、县三个层面采用的协同行动模式是地方领导人统筹领导、一个或多个部门牵头,该部门相关负责人具体展开并安排相关工作,在此基础上其他职能部门进行协同配合。在政府内部协同机制中,在处理行政辖区内复杂公共问题时,需要进行跨职能部门协作。这种由主要领导负责、责任部门牵头、各个职能部门分工配合的协同模式在全国范围内得到了比较广泛地应用,成为政府内部部门之间最常采用的合作方式。

(三) 不同区域政府间的跨界协同

京津冀大气污染防治协作小组是区域政府打破行政边界壁垒、推进协同治理的重要协同组织,日常工作由协作小组下设的办公室具体负责。其中,办公室副主任由七省市环境保护厅(局)长担任,包括环境保护部部长、北京市市长、天津市市长、河北省省长。协作小组办公室还设立了联络员,由各省市环保厅(局)和各部委相关司局的负责同志担任。因此,该协作小组实际上是省部级协同小组,从总体上保证不同区域大气污染治理行动落到实处,达到空气质量改善的最终治理目标。

整体上看，京津冀地区大气污染协同治理主体之间形成了积极的互动合作关系，其中一个重要表现就是跨区域政策协同。京津冀区域政府共同讨论商定相关政策决定，并根据其规定完成相关治理行动任务。2015年5月，京津冀大气污染防治协作小组发布《京津冀及周边地区大气污染联防联控2015年重点工作》，将北京、天津等六个城市划定为京津冀地区大气污染防治核心区域，开展核心城市与周边城市的结对合作。北京和天津对河北周边城市加大治理扶持力度，其中北京在两年间对河北的资金支持分别是4.6亿元和5.02亿元。随后，京津冀地区环保厅（局）联合签署《京津冀区域环境保护率先突破合作框架协议》，针对大气污染、水污染等环境问题开展联合整治。在协同治理过程中，各区域应该贯彻联合立法、统一规划、统一标准、统一检测、信息共享、协同治污、联动执法、应急联动、环评会商、联合宣传的标准，推动区域环境协同治理。同年12月，国家发改委发布《京津冀协同发展生态环境保护规划》，进一步明确了大气污染防治的具体要求。2016年6月，环境保护部联合京津冀三地政府发布《京津冀大气污染防治强化措施（2016—2017）》。北京、天津等市开始搭建区域大气污染防治信息共享平台，进一步推进区域大气环境污染协同治理。

在这些政策基础之上，京津冀地方政府间的协作日益加强。在2016年举办的推进大气污染治理和水环境建设新闻发布会上，北京市环保局表示，北京与周边省市共同编制京津冀和周边地区大气污染防治的中长期规划，明确区域大气污染治理的时间表和路线图，推进京津冀三地统一相关排放标准。同年3月，北京市、天津市和河北省三地领导针对京津冀雾霾治理问题提出具体举措。

（四）多元社会主体的广泛参与

1. 企业

企业作为协同治理的主体之一，在改善环境质量、提供公共服务和履行社会责任等方面发挥着十分重要的作用。随着社会主义市场经济的快速发展，市场在资源配置中发挥决定性作用，企业作为市场经济的主体，需要利用自身资源并发挥优势,通过生产经营活动协助政府推进环境协同治理行为,促使公共服务尽可能实现效益最大化。京津冀城市群企业积极配合政府部门相关政策举措的执行与落实,根据政策标准不断调整生产行为,为大气环境质量的改善做出了重要贡献。

2.社会组织

随着我国经济社会的快速发展,公共事务呈现出日益复杂的特征,依靠传统的单一政府治理和企业行动已经无法满足公共治理的需要,因此需要有社会组织这样的第三方主体参与公共事务。一般来说,社会组织包括非政府组织、公共事业组织和公益组织这三类,工作职责涉及社会公共事务的各个方面。因此,社会组织作为协同治理的主体,可以使治理的范围和效果得到很大提升。目前,京津冀地区社会组织数量还比较少,力量较弱,参与大气污染协同治理能力不足,尤其是河北和天津。京津冀地区意识到了这个问题,逐渐重视社会组织在京津冀区域环境协同治理中的重要作用,注意扶持并引导社会组织的发展。2016年7月,京津冀地区社会组织登记管理机关在北京举行京津冀社会组织协同发展合作框架意向书签订仪式,标志着京津冀社会组织协同行动正式启动,使社会组织在参与京津冀协同发展、城市管理等方面发挥重要作用。

3.公众

京津冀及周边地区大气污染联合防治工作的有效开展需要公众、媒体等社会主体的广泛参与。对于社会公众来说,他们是空气污染的直接受害者和空气质量改善的直接受益者,也是受大气污染影响最广的群体,因此是大气污染协同治理不可缺少的力量。公众参与环境协同治理的方式多样:一是政府、社会组织等通过教育宣传方式,动员社会公众践行环保理念,引导公众绿色低碳生活;二是政府等协同治理主导者要积极对公众实行信息公开,保障公众知情权,同时拓宽公众参与治理决策的渠道;三是对政府、企业等协同主体行为进行强有力的监督。到目前为止,公众对京津冀大气污染协同治理的知情权已得到基本保障,但是决策权和监督权仍需进一步加强。

（五）数据协同机制

除上述提到的不同社会主体间的协同结构与行动机制,京津冀区域政府为进一步提高大气污染协同治理成效、有效推进协同行动,在协同治理过程中还建立了一系列相应配套机制。其中数据协同机制就是最为重要的机制之一。为了实现京津冀三地在大气污染或相关环境治理方面的信息数据共享,京津冀地区建立了大气污染防治联防联控信息共享平台,在很大程度上推动京津冀地区在大气协同防治情况、政策、法律法规等方面的数据信息共享与协同。为了更好保证京津冀地区大气污染协同治理成效,京津冀地区通过利用数据共享机制,实现对各行动主体协同行为的有效监督与约束。2014年,京津冀地区在整个城市群范围内建立了大气质量预报预警会商平台。通过这个平台,京津冀地区在空气质量监测和重大空气污染预警方面可以及时进行会商沟通,不同地区能够快速获取相关数据和信息,有利于京津冀地区就大气污染协同治理问题进行有效协商交流,并对突发事件做出统一预警。

三、京津冀大气污染协同治理的制度机制

面对日益严重且复杂的大气污染问题,我国陆续出台了一系列政策和法律法规推动联合治理,不断加强环境协同治理制度体系。2010年,我国出台了《关于推进大气污染联防联控工作改善区域空气质量的指导意见》,为开展大气污染区域协同治理指引了方向。在此基础上,国家于2012年和2013年分别颁布《重点区域大气污染防治"十二五"规划》和《大气污染防治行动计划》等政策文件,进一步明确区域协同的具体要求,为后来的法律法规制度体系建设奠定了坚实基础。2014年修订的《环境保护法》,设立一系列原则性规定来规范区域联防联控。2015年,《大气污染防治法》集中针对大气污染问题,明确规定国家建立重点区域大气污染联防联控机制,推进重点区域大气污染协同治理行动。这些相关法律法规为中央及京津冀地区大气污染协同治理

提供了根本制度保证。

　　京津冀地区作为大气污染治理重点区域,在相关法律法规的基础上,结合本区域大气污染联合防控的实际情况,建立健全区域大气污染协作治理政策,并对现有政策条例进行补充修改。为落实《大气污染防治行动计划》的有关要求,京津冀在 2013 年成立了"京津冀及周边地区大气污染防治协作小组",建立了区域大气污染防治协作机制,推动了区域大气污染协同治理相关工作。京津冀及周边地区针对各自区域内大气污染及治理实践,发布了一系列政策制度安排,在这些制度指导之下区域协同制度取得了一定的成绩。同时,京津冀地区为保证区域协同治理长期有效的进行,在数据信息共享、央地或区域间联合执法、区域重点污染天气应急联动等方面做出一系列具体政策制度安排。这些制度根据其规定的内容和约束的主体可以分为两类:一类是针对政府、企业等其他不同利益主体具体治理行为做出的规范,另一类则是对这些主体治理行为进行监督、约束和问责的相关制度。具体制度见表 4-2。

表 4-2　京津冀大气污染协同治理制度

制度类别	制度名称	时间	主体
行动规范制度	《第 29 届奥运会北京空气质量保障措施》	2007 年	北京市、国家环保总局牵头,会同天津、河北、山西、内蒙古、山东和北京奥组委、总后勤部基建营房部等相关省市和部门
	《北京奥运会残奥会期间极端不利气象条件下空气污染控制应急措施》	2008 年	环境保护部与北京市、天津市、河北省政府
	《关于推进大气污染联防联控工作,改善区域空气质量的指导意见》	2010 年	国务院办公厅
	《重点区域大气污染防治的"十二五"规划》	2012 年	环保部、国家发改委、财政部印发并获国务院批复
	《京津冀及周边地区落实大气污染防治行动计划实施细则》	2013 年	环境保护部、国家发展和改革委员会、工业和信息化部、财政部、住房和城乡建设部、国家能源局

续表

制度类别	制度名称	时间	主体
行动规范制度	《大气污染防治行动计划》	2013 年	国务院
	《京津冀及周边地区重污染天气监测预警方案》	2013 年	中国气象局和环境保护部
	《京津冀地区生态环境保护整体方案》	2014 年	环保部、水利部、国土资源部、住建部、农业部、国家林业局、国家海洋局
	《京津冀及周边地区大气污染联防联控 2014 年重点工作》	2014 年	京津冀及周边地区大气污染防治协作小组办公室
	《京津冀及周边地区重点行业大气污染限期治理方案》	2014 年	环境保护部
	《京津冀及周边地区 2014 年亚太经济合作组织会议空气质量保障监测预报预警方案》	2014 年	京津冀及周边地区大气污染防治协作小组办公室
	《京津冀区域环境污染防治条例》	2015 年	环境保护部
	《京津冀核心区域空气重污染预报会商及应急联动工作方案(试行)》	2015 年	京津冀及周边地区大气污染防治协作小组
	《京津冀环境执法联动工作机制》	2015 年	北京市生态环境局、天津市生态环境局、河北省生态环境厅
	《京津冀及周边地区大气污染联防联控 2015 年重点工作》	2015 年	北京、天津、唐山、廊坊、保定、沧州六地环保部门
	《京津冀及周边地区机动车排放污染控制协同工作实施方案》	2015 年	京津冀及周边地区大气污染防治协作小组
	《京津冀大气污染防治强化措施(2016—2017 年)》	2016 年	环境保护部、北京市人政府、天津市人民政府、河北省人民政府
	《京津冀及周边地区大气污染联防联控 2016 年重点工作》	2016 年	京津冀及周边地区大气污染防治协作小组
	《京津冀及周边地区 2017—2018 年秋冬季大气污染综合治理攻坚行动方案》	2017 年	环境保护部、国家发展和改革委员会、工业和信息化部、公安部、财政部、住房城乡建设部、交通运输部、工商总局、质检总局、能源局，北京市人民政府、天津市人民政府、河北省人民政府、山西省人民政府、山东省人民政府、河南省人民政府
	《京津冀突发环境事件应急联动指挥平台数据共享协议》	2018 年	北京市环境应急与事故调查中心、天津市环境应急与事故调查中心、河北省环境应急与空气重污染预警中心

续表

制度类别	制度名称	时间	主体
	《京津冀及周边地区 2018—2019 年秋冬季大气污染综合治理攻坚行动方案》	2018 年	生态环境部、国家发展和改革委员会、工业和信息化部等部门,北京市人民政府、天津市人民政府、河北省人民政府、山西省人民政府、山东省人民政府、河南省人民政府
	《京津冀及周边地区 2019—2020 年秋冬季大气污染综合治理攻坚行动方案》	2019 年	生态环境部、国家发展和改革委员会、工业和信息化部等部门,北京市人民政府、天津市人民政府、河北省人民政府、山西省人民政府、山东省人民政府、河南省人民政府
	《京津冀及周边地区、汾渭平原 2020—2021 年秋冬季大气污染综合治理攻坚行动方案》	2020 年	生态环境部、国家发展和改革委员会、工业和信息化部等部门,北京市人民政府、天津市人民政府、河北省人民政府、山西省人民政府、山东省人民政府、河南省人民政府
监督制度	《京津冀今冬明春大气污染防治督导检查工作方案》	2016 年	京津冀及周边地区大气污染防治协作小组
	《2017—2018 年京津冀及周边地区大气污染防治强化督查方案》	2017 年	环境监察局
	《京津冀及周边地区 2017—2018 年秋冬季大气污染综合治理攻坚行动强化督查方案》	2017 年	环境保护部
	《京津冀及周边地区 2017—2018 年秋冬季大气污染综合治理攻坚行动量化问责规定》	2017 年	环境保护部,北京市人民政府、天津市人民政府、河北省人民政府、山西省人民政府、山东省人民政府、河南省人民政府
	《京津冀及周边地区 2017—2018 年秋冬季大气污染综合治理攻坚行动强化督查信息公开方案》	2017 年	环境保护部,北京市人民政府、天津市人民政府、河北省人民政府、山西省人民政府、山东省人民政府、河南省人民政府
	《京津冀及周边地区 2018—2019 年秋冬季大气污染综合治理攻坚行动强化监督方案》	2018 年	生态环境部
	《关于在京津冀及周边地区、汾渭平原强化监督工作中加强排污许可执法监管的通知》	2019 年	生态环境部

四、成效与不足

（一）协作小组权威性缺失

在大气污染协同治理方面，一个正式稳定、具有权威性的协作组织能够起到协调与驱动的重要作用。京津冀地区已经建立了协同治理的组织结构，即京津冀及周边地区大区污染防治协作小组。该协作小组由北京市、天津市、河北省等七个省市和环保部、发改委等八个部委相关负责人组成。小组下设办公室，隶属于北京环境保护局下面的大气污染综合治理协调处，负责京津冀及周边地区大气污染协同治理的日常文书、会议等相关工作。总的来看，协作小组组织化程度较低，运作结构缺乏权威性与规范性。首先，协作小组结构简单，不是一个常设机构，而是一个主要进行集体会议的组织，通过开会来决定具体行动，具有较强的临时性。其次，该小组的成员虽然都是领导干部，但大多都是兼职，缺乏权威性。最后，协作小组在组织结构上是一个处级机构，在实际运行过程中存在协调能力和权威性不足的缺陷。

（二）协同治理社会主体参与不充分

从整体上看，京津冀及周边地区大气污染协同治理仍然以政府为主要行动者，包括政府不同层级、跨区域、跨部门之间的联合行动，却没有调动政府之外其他不同社会主体的参与积极性。也就是说，尽管京津冀地区在一定程度上实现了政府间协同，但没有形成真正意义上的多元主体间的协同治理机制，社会组织、公众及媒体在协作中发挥的作用具有很大局限性。面对复杂的大气污染问题，我们不仅要强调政府的主导作用，同时也需要将大气污染涉及的多元利益主体充分纳入到协同治理中来。不同利益主体具备一定优势资源，能够与政府资源形成互补，有效提高资源的配置效率。如果协同治理中缺少多元主体的参与，那么政府协同行动无法受到有效监督，同时政府职责范围过大也会造成治理失灵,难以保证大气污染协同治理长期可持续性。在这种政府失灵的情况下,这些公共问题可以用市场机制进行调节,采用市场协作形式。在市场形式下,政府也是市场中一个单独个体,具有与企业、公众等相同的市场地位,需要相互之间协作才能有效解决问题。此外,社会组织也是协同治理的重要力量,在调节政府与市场失灵方面发挥越来越大的作用。

(三)协同治理制度体系不健全

目前,我国大气污染协同治理在制度体系建设方面取得了一定成绩,保障了协同治理机制良好运行。但是我国环境协同治理制度化水平不高,仍处于初级建设阶段,存在较多问题。一方面,我国包括京津冀在内的大部分大气污染法律制度主要集中于传统大气污染物治理措施,却没有深入探讨与说明如何对大气污染进行源头控制、大气污染的扩散规律是怎样的以及具体防控技术应该如何改进;另一方面,我国缺乏对主体进行权力约束、行为监督与问责的强有力制度体系,没有设立大气质量监测与评价制度,难以形成一个统一监测、统一监管的制约机制。京津冀大气污染协同治理工作还主要处于由中央发布命令指示、地方政府执行的阶段,跨区域地方政府之间、不同职能部门之间和不同利益主体之间的协同制度仍需进一步完善,例如政府或部门的责任机制与激励机制。

第三节 长三角环境协同治理实践

环境问题具有典型的外部性和公共物品特征,想妥善处理环境问题,跨行政区的环境协同治理是必然选择。环境治理是国家治理能力的一个重要表现,从竞争走向合作的城市间发展格局正成为环境治理的新态势。① 当下,环

---

① 马捷、锁利铭:《城市间环境治理合作:行动、网络及其演变——基于长三角30个城市的府际协议数据分析》,《中国行政管理》2019年第9期。

境污染的跨域性特征逐渐凸显,由于不同地区间的法律法规、管控手段和标准不一致,靠单一政府主体应对环境问题已然不可能,只有各地方积极磋商、落实区域联防联控的基本要求,才能携手共治,还百姓蓝天白云。

长三角地区作为我国区域一体化改革的重点区域之一,因其经济发达、人口密集、合作经验丰富,在环境协同治理方面一直走在全国前列。①《中国城市群发展报告(2016)》显示,长三角地区是我国综合社会经济发展最好的经济区域,近几年环境协同治理取得的成绩也非常突出,所以长三角区域的治理机制和治理结构,一定程度上揭示了区域环境协同治理的普适性规律,可以为其他区域带来可供借鉴的经验。接下来以长三角联防联控机制为例,从其环境协同治理历史沿革、环境协同治理主体、环境协同治理机制、环境协同治理成果以及目前存在的一些不足五大方面,梳理长三角区域的环境协同治理实践过程。

一、环境协同治理历史沿革

长三角区域是我国经济最为发达、发展最为活跃的城市化地区,是分析区域协同治理的重要对象。随着工业化水平不断提高,长三角区域的大气污染问题也逐渐暴露出来,比如2011年的沙尘暴污染、2012—2013年的雾霾天气等等,这些重大污染事件表明长三角城市群面临着严重环境污染挑战。为了应对环境污染问题,增长绿色经济,长三角积极推动跨域环境协同治理。且长三角区域一体化发展于2018年已经上升为国家战略,长三角区域一体化为建成联防联控的协同治理机制提供了战略基础。同时长三角更高层次的区域一体化离不开生态治理领域的协同与合作,区域生态一体化是未来长三角区域

---

① 王雁红:《政府协同治理大气污染政策工具的运用——基于长三角地区三省一市的政策文本分析》,《江汉论坛》2020年第4期。

一体化进程中的重要维度与内容。① 让我们来简单梳理一下长三角环境协同治理的历史沿革。

2013 年 9 月,国务院印发了"大气十条",要求到 2017 年,京津冀、长三角、珠三角三区域细颗粒物浓度应当分别下降 25%、20%、15% 左右,且"大气十条"第八条要求建立长三角区域大气污染防治协作机制,由区域内省级人民政府和国务院有关部门牵头参加,共同协商处理区域内突出的环境问题。据此要求和相关精神,为促进长三角区域联防联控以应对大气污染问题,经国务院同意,正式建立长三角区域联防联控机制,长三角区域大气污染协同治理历史进程如表 4-3 所示。

表 4-3　长三角区域大气污染协同治理历史进程

时间	事　件	意　义
2002 年	沪浙苏两省一市就生态环境保护问题签订合作协议,进行协商合作	标志着长三角区域环境协同治理的开始
2003 年	长江三角洲地区环境安全与生态修复研究中心成立	拉开了区域环境协同治理的帷幕
2004 年	沪浙苏两省一市签订《长江三角洲区域环境合作倡议书》	建立长期有效的环境协同治理对话机制,打破行政边界,促进信息交流与合作
2008 年	沪浙苏两省一市签署了《长江三角洲地区环境保护合作协议(2009—2010 年)》	促进区域环境治理紧密合作,推进长三角环境保护一体化进程
2012 年	南京市与周边七市签署《"绿色青奥"区域大气环境保障合作协议》	通过大气污染区域联防联控机制,保证青奥期间南京市良好空气质量
2013 年	江苏省南京、常州、镇江、扬州、淮安、泰州以及安徽省马鞍山、滁州两省八市在南京市召开大气联防联控工作座谈会	确定了联合推动区域大气污染协同治理

① 席恺媛、朱虹:《长三角区域生态一体化的实践探索与困境摆脱》,《改革》2019 年第 3 期。

续表

时间	事　件	意　义
2014 年	长三角区域大气污染防治协作小组第一次工作会议在上海召开,会议审议并一致通过了《长三角区域大气污染防治协作小组工作章程》	长三角三省一市联防联控机制正式建立。按照章程,长三角区域大气污染防治协作小组由上海市、江苏省、浙江省、安徽省三省一市,以及环境保护部、国家发展改革委、工业和信息化部、财政部、交通运输部、中国气象局、国家能源局等八部委组成。会议将"协商统筹、责任共担、信息共享、联防联控"确定为长三角区域的协作原则,将"会议协商、分工协作、共享联动、科技协作、跟踪评估"定位为长三角协同治理的工作机制

　　在大气污染联防联控协同治理取得一定成效之后,2016 年四省市又在水污染协同治理领域开启了新篇章。长三角区域大气污染防治协作小组第四次会议暨长三角区域水污染防治协作小组第一次工作会议在杭州市召开,会上审议并通过了《长三角区域水污染防治协作小组工作章程》,组建了由沪苏浙皖三省一市,生态环境部、国家发展改革委、科技部、国家海洋局等 12 个部委组成的长三角区域水污染防治协作小组,水污染联防联治的大幕拉开。2019年,中共中央、国务院印发《长江三角洲区域一体化发展规划纲要》,提出针对区域内固废危废领域,要加强污染联防联治。根据纲要精神,三省一市着力发挥各地资源优势,促进城市发展循环经济和提高资源利用效率,建设无废城市群。

　　至此,长三角沪苏浙皖三省一市大气污染、水污染、固废危废联防联控机制正式得以建立,共同聚焦区域难点痛点问题,共谋区域发展。

二、环境协同治理主体

　　长三角三省一市的协同治理模式是典型的府际合作模式,府际合作即政府间的合作,主要是指地方政府间的横向、纵向合作关系,以及政府内部各部门间的权力分工关系。① 沪苏浙皖三省一市在区域大气污染、区域水污染、区

---

① 王超奕:《跨区域绿色治理府际合作动力机制研究》,《山东社会科学》2020 年第 6 期。

域固体废弃物污染等方面开展了一系列富有成效的综合防治协同治理工作,三省一市也因此使得环境协同治理绩效彰显。府际合作的主要目的是通过地方政府间的合作来减少协同治理的交易成本并扩大其所带来的治理收益。但是值得注意的是,府际合作的根本目的是针对跨域环境协同治理达成共识并通过协商交流减少分歧与障碍,进而使得各政府主体实现共享共治共赢。

从三省一市各大政府官方网站可以发现,从发文主体来看,有关环境保护的政府文件联合发文主体一般是三省一市的省或市政府、人大常委会、生态环境等政府机构。从发文数量来看,以 2013 年为时间节点,2013 年之前三省一市尚未形成协作机制,故联合发文数量少;2013 年之后长三角区域大气污染协作小组成立,长三角联防联控协同治理机制正式成立,联合发文数量稳步增多,三省一市的环境协同治理步入稳定发展期①。这也表明了长三角府际合作不断深入。

从协同治理主体来看,长三角区域联防联控协同治理机制主要是三省一市地方政府依托行政权力开展协同治理实践。长三角区域大气污染防治协作小组的办公地点设在上海市生态环境局,从侧面反映出上海市在环境协同治理实践中的重要领导地位。从区域协同治理的现实实践来看,当面临跨行政区生态问题时,往往由上海市牵头领导,与其他三省协商并做好分工。② 上海市之所以成为联防联控的中心城市,主要有两方面原因。其一是上海在长三角发展中处于中心地位,加之上海市作为国际经济中心,具有不可比拟的资源禀赋优势和更强的风险抵御能力,有足够能力承受环境协同治理所带来的风险和交易成本,所以上海市自然在长三角联防联控治理实践中成为信息传递、制定政策等的重要领导者和协调者。例如在长三角区域高污染机动车联防联控的治理实践中,上海市牵头建设区域机动车环保信息服务平台,其他各省则

---

① 王雁红:《政府协同治理大气污染政策工具的运用——基于长三角地区三省一市的政策文本分析》,《江汉论坛》2020 年第 4 期。

② 司林波、张锦超:《跨行政区生态环境协同治理的动力机制、治理模式与实践情境——基于国家生态治理重点区域典型案例的比较分析》,《青海社会科学》2021 年第 4 期。

根据自身情况自行建设环保信息服务平台,2016 年年底区域内已实现数据互联互通和网络共享。其二是上海作为国际大都市,随着其步入高质量发展阶段,其对环境的要求相对于其他各省市而言更高,在大气、水等环境的不同方面和领域有极强的环境协同治理诉求。在水的治理方面,特别是针对一些沿海环境形势严峻的区域,各沿海城市更应当通力合作;在大气治理方面,因为空气污染有极强的外部性,联防联控是必行之策。据《2019 中国环境年鉴》,2018年上海市环保资金投入约 989.19 亿元,约占上海市生产总值的 3%,可见上海市相较于浙江省、安徽省和江苏省有更强的环境协同治理需求,在构建协同治理机制方面的积极性也更高,更愿意投入成本治理环境污染。但是近几年来,随着合作过程的不断推进以及地方政府间的信任不断加强,其他城市在环境协同治理中逐渐扮演更为重要的角色。[①] 其中南京市因经济发展形势一直向好,而且在合作的过程中作用逐渐与上海市比肩,双中心领导趋势渐渐呈现。

三、环境协同治理机制

在协同治理机制相关文献中,经济合作与发展组织所提出的“结构—过程”模型在协同治理机制的分析框架中频繁被应用。经济合作与发展组织将协同治理机制归纳为“结构性机制”和“过程性机制”两大类。[②] 结构性机制指的是环境协同治理的组织载体和承载场域,如协作小组、联席会议等等。过程性机制指的是实现环境协同治理机制的一系列程序和议程设定。长三角环境协同治理机制同样可以用结构—过程机制来解释。

（一）结构机制

以长三角大气污染协同治理为例,长三角区域大气污染联防联控合作运

---

① 马捷、锁利铭:《城市间环境治理合作:行动、网络及其演变——基于长三角 30 个城市的府际协议数据分析》,《中国行政管理》2019 年第 9 期。

② OECD, *Government Coherence : The Role of the Centre of Government*, Budapest, 2000.

行机制,是由决策层、执行层和保障层三个分工和作用不同、相互支撑的层级构成。

长三角区域大气污染防治协作小组是长三角区域联防联控合作的决策机构。协作小组成员主要是三省一市的主要领导人,协作小组下设长三角区域大气污染防治协作小组办公室作为协作小组常设办公机构。小组办公室和专项工作小组是长三角联防联控合作的执行机构,执行机构最主要的工作内容是将协作小组的决策具体落实。调研交流、会议协商、工作联络、研究评估、信息发送、协调推进、情况报告和通报、文件和档案管理是其八大运行机制。

长三角区域空气质量预测预报中心、长三角区域大气污染防治协作专家小组和大气复合污染成因与防治重点实验室等是长三角大气污染联防联控的保障机构,其中空气质量预测预报中心承担预报区域内七天空气质量、对重大活动开展大气污染联防联控保障等职能;专家小组是依托高校和专门组织成立的,专家小组作为保障层可以使得民主化、科学化程度得以提高;大气实验室旨在建设国内一流水平的重点实验室和开放性交流服务平台,为城市群大气污染联防联控提供科技支撑。各个机构的发展侧重点虽然有所差异,但是最终目的都是为协作机制保驾护航,为协同治理提供强大的技术支持,助推联防联控高质量运行。各层级主要工作内容见表4-4。

表4-4　各层级主要工作内容

结构名称	工作内容
决策层(协作小组)	主要负责长三角区域大气污染防治工作的总体安排和协商工作
执行层(小组办公室)	组织落实协作小组议定的各项重点工作和重要决策的贯彻实施、及时发现和协调解决工作过程中的具体问题、组织筹备协作小组会议和协作小组办公室各类会议,以及组织开展协作效果评估和滚动深化协作重点及工作机制的调研等等
保障层(空气预报中心)	为环境协同治理提供技术上的支撑和服务

（二）过程机制

长三角大气污染联防联控的过程可描述为"政策制定—政策执行—政策评估—政策终结"四个环节。因为当政策目标得以达成时，顺理成章会进入政策终结阶段，故本案例不对长三角协同治理机制过程中的政策终结作详细阐述。接下来，笔者以三省一市的黄标车和老旧车辆的异地协同监管为例，阐述三省一市协同治理机制的具体过程，以此进一步厘清联防联控决策层、执行层以及保障层的具体工作职责和流程安排。

1. 政策制定

长三角区域三省一市的政策制定是基于充分协商讨论以及科学研判而成的。针对一些重难点问题，协作小组首先会在专题会议上进行研讨，在协作小组达成共识后会确定初步工作安排。随后由常设机构小组办公室制定具体的工作方案落实小组会议确定的工作安排。在协作小组对方案进行审议之后，协作小组通过协作小组会议在长三角区域层面出台政策方案，并最终交执行机构执行。由此，可将政策制定过程归为"协作小组商议工作安排—协作小组办公室制定工作方案—协作小组正式出台政策方案"三大步骤。

2013 年 9 月 10 日，国务院印发《大气污染防治行动计划》。长三角区域工业集聚、人口密度高，车辆多且流动性大，是长三角区域重要的污染源之一。为贯彻落实国务院《大气污染防治行动计划》相关指导和精神，2014 年下半年长三角区域三省一市着手研究讨论启动黄标车和老旧车辆的异地协同监管问题。在决策层小组成员充分协商讨论且达成一致的基础上，2015 年 8 月长三角区域大气污染防治协作小组办公室印发《长三角区域协同推进高污染车辆环保治理的行动计划》，明确了强化数据共享、实施异地协同治理执法等重点举措，以此解决黄标车乱象问题。至此，三省一市有关整治黄标车和老旧车辆的政策制定正式完成。

2.政策执行

一般而言,三省一市的政策执行包括"政策启动实施—中心城市牵头—各地响应落实"三大环节。在决策启动实施环节,协作小组办公室一般会根据各区域的具体实施方案的要求召开启动实施会,并成立相关专项工作机制。中心城市牵头指的是中心城市会带头实施方案,中心城市一般指的是上海市或南京市。各地落实主要指的是各地会根据本地的具体情况制定本地的计划方案并予以落实,值得注意的是,因为长三角四省市各方面现实环境具备一定的差异,所以各地在落实区域方案时灵活性较大。

《长三角区域协同推进高污染车辆环保治理的行动计划》文件发布以来,上海市积极牵头,浙江省、江苏省、安徽省三省和相关部门配合支持,力求完成上级下达的黄标车淘汰任务。安徽省认真贯彻落实国务院关于黄标车淘汰工作的一系列决策部署,推进力度大,坚持分类指导、强化部门协作、强化多措并举、强化环保标志管理、加强调度督查,确保淘汰持续推进。浙江省落实行动计划的具体举措带有本省色彩。一是加强组织协调,将责任层层压实,促进各个层级政府间的协调合作;二是实施综合管理;三是突出工作重点,将不同类别的公务车交由不同部门处理;四是强化督促检查,对淘汰进度落后的地区进行通报。

3.政策评估

对三省一市的联防联控的政策评估主要包括工作评估以及结果评估两大方面。其中,工作评估主要是协作小组办公室为对政策方案的任务要求以及方案的具体实施和落实情况进行评估。结果评估则主要指的是政策方案对目标的实现程度进行判断,即《行动计划》对空气质量的改善情况进行评估,目前主要有六项空气质量指标,六项指标是否达标是环境评估的重要标准。通过政策评估,可以进一步明确政策制定和政策执行过程中的不足,针对这些不足对政策进一步优化。

众所周知,黄标车尾气排放污染量大、浓度高、排放稳定性差,若不对其进行整治,它将成为环境污染的重大黑手。长三角三省一市对机动车污染防治采取联防联控的措施,使得三省一市环境治理由各扫门前雪迈向区域协同监管,三省一市对《行动计划》的任务要求层层落实,淘汰大量黄标车和老旧车辆,超额完成国家下达的 2005 年前注册运营黄标车淘汰任务。对黄标车整治的成功实践,消灭了道路交通当中的重要污染源,极大程度上推动了空气质量的改善。

四、环境协同治理成果

长三角区域作为我国东大门,是我国经济发展最有活力、发展潜力最大的区域之一,也是拉动我国经济社会发展的重要一极。得益于联防联控协同治理机制,伴随着不断向好的经济发展态势,长三角区域的环境协同治理也取得了较好的成绩。笔者以三省一市中的上海市和南京市为代表,例证近段时间长三角区域的环境治理成果。

大气污染治理方面,根据上海市生态环境局门户网站上公布的《2020 年上海市生态环境状况公报》,2020 年上海市环境空气质量指数(AQI)优良天数为 319 天,AQI 优良率为 87.2%。六项指标实测浓度首次全面达到国家环境空气质量二级标准(其中 SO_2、CO 持续达到一级标准,NO_2 首次达到二级标准)。并且 2020 年上海市细颗粒物($PM_{2.5}$)、二氧化硫(SO_2)、可吸入颗粒物(PM_{10})、二氧化氮(NO_2)均为有监测记录以来最低值。六项指标的具体情况如表 4-5 所示。

表 4-5　上海市主要污染物指标数值

地区	指标	浓度单位	浓度
上海市	细颗粒物($PM_{2.5}$)	微克/立方米	32
	二氧化硫(SO_2)	微克/立方米	6
	可吸入颗粒物(PM_{10})	微克/立方米	41
	二氧化氮(NO_2)	微克/立方米	37
	臭氧(O_3)	微克/立方米	152
	一氧化碳(CO)	微克/立方米	1.1

资料来源:《2020 年上海市生态环境状况公报》。

水污染治理方面(如图4-24所示),2016年至2020年上海市主要河流(黄浦江、苏州河、长江、全市主要河流)氨氮平均浓度持续降低,目前已到低点,河流水质得到极大改善。

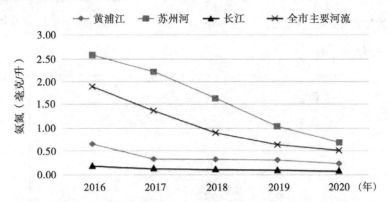

图4-24　2016—2020年上海市主要河流氨氮平均浓度变化趋势图

资料来源:《2020年上海市生态环境状况公报》。

根据南京市生态环境局发布的《2020南京市环境状况公报》,过去一年,环境空气质量达到二级标准的天数有304天,同比增加49天,达标率为83%,同比上升13.2%。目前来看,南京市环境主要污染物为臭氧和细颗粒物。各项污染物指标监测结果都已达标,且细颗粒物($PM_{2.5}$)、可吸入颗粒物(PM_{10})、二氧化氮(NO_2)、二氧化硫(SO_2)、一氧化碳(CO)、臭氧(O_3)分别同比下降22.5%、18.8%、14.3%、30.0%、15.4%、6.9%。六项指标的具体情况如表4-6所示。

表4-6　南京市主要污染物指标数值

地区	指标	浓度单位	浓度	同比
南京市	细颗粒物($PM_{2.5}$)	微克/立方米	31	22.5%
	可吸入颗粒物(PM_{10})	微克/立方米	56	18.8%
	二氧化氮(NO_2)	微克/立方米	36	14.3%
	二氧化硫(SO_2)	微克/立方米	7	30.0%
	一氧化碳(CO)	微克/立方米	1.1	15.4%
	臭氧(O_3)	微克/立方米	/	6.9%

资料来源:《2020南京市环境状况公报》。

水污染治理方面,南京市全市水环境质量持续优良。纳入《江苏省"十三五"水环境质量考核目标》的 22 个地表水断面水质量全部达标,水质优良比例高达 100%,无丧失使用功能断面。值得注意的是,南京市主要集中式饮用水水源地水质继续保持优良,达标率为 100%,图 4-25 是全市主要饮用水水源地监测点位图。

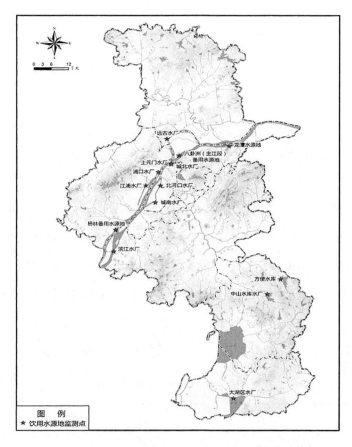

图 4-25 南京市全市主要饮用水水源地监测点位图

资料来源:《2020 南京市环境状况公报》。

五、环境协同治理现存不足

目前,长三角区域形成了以决策层(协作小组)、执行层(小组办公室)以及保障层(空气预报中心)为主的三级运作机制,为三省一市的区域大气污染防治工作提供了结构性支撑。长三角区域大气污染联防联控机制打破了行政区域间的界限,各地方政府共同规划和实施大气污染控制方案,实现了区域间自上而下和自下而上的联动以及资源整合,降低了沟通协调、分工博弈、执行监管的交易成本以及协调不足、分配不公的合作风险,提高了协作效率。但是不可否认的是,长三角在区域协同治理方面仍然存在一些不足,主要可以归纳三省一市环境治理能力不平衡、三省一市环境治理意愿不一致、相关法律机制不健全三大类。

（一）三省一市环境治理能力不平衡

三省一市环境治理能力不平衡的主要根源是地区间经济发展程度不一致。上海市是我国经济中心,在带动全国经济发展方面起龙头作用,浙江省和江苏省近几年发展势头强劲,是我国经济发达省份。根据中国统计年鉴官网上公布的数据,2020年上海市、江苏省、浙江省、安徽省人均地区生产总值分别是155768元、121231元、100620元、63426元。由此可见,安徽省的社会经济发展程度远远落后于沪浙苏,而一个地区的环境治理能力主要与其综合实力相关,经济实力强的地区拥有更优越的资源禀赋。在为协同治理提供经济支持方面,沪浙苏三地因经济较为发达,有更充足的财政预算为协同治理提供财政支持。在技术和人才方面,沪浙苏三地除了可以依托本地经济发展程度高、技术水平更为先进以及高科技人才更多之外,还可以依托本地一流高校为协同治理提供强大的智库支持,而安徽省在这方面则显得十分弱势。

（二）三省一市环境治理意愿不一致

众所周知,沪浙苏三省一市工业起步早市场化程度高,目前工业发展较为成熟,其中上海市是我国的高新技术产业集聚地,融合性数值产业、战略型新兴产业以及现代服务业是其发展的三大重点产业,浙江省以及安徽省两省服务业等第三产业发展迅速,第二产业比重有所降低。而安徽省的产业结构是以工业和消费品零售业为主,目前正处于工业化发展中期,因为三省一市的产业结构各有不同,相对落后的安徽省因工业仍然是其重点发展行业,所以对自然资源尤其是能源的依赖性较大,产生的环境污染相对严重。以第三产业为主的沪苏浙则对自然资源煤炭、石油等资源的依赖性较弱,四省市出现了发展诉求和资源诉求不一致的情况。众所周知,政府间的关系有利益关系、权力关系、财政关系、公共行政关系等等,但是利益关系是根本。三省一市实行大气污染的联防联控意味着相对落后的地区需要加大大气污染治理过程中的投入,并且需要对产业结构进行调整,这些举措有可能会让相对落后地区进入一段时间的发展瓶颈期。① 出于发展与保护之间的权衡,三省一市的环境治理意愿不一致。

(三) 相关法律机制不健全

环境协同治理离不开良好的法治环境,四省市环境协同治理相关法律机制的不健全制约着其高质量一体化进程的推进。虽然 2018 年四省市通过了《关于深化长三角地区人大常委会地方立法工作协同的协议》,但在环境协同治理立法方面,长三角地区仍然缺乏制度化、系统化立法框架协议②。目前,长三角相当一部分针对区域环境协同治理的法律法规是原则性的规定,这些规定在实践上缺乏可操作性,所以在协同治理的问责机制以及监督方式等方面还有待进一步细化。例如在大气污染联防联控方面,新《环境保护法》虽然被称为史上最严环保法,打破了传统的以行政区划为背景的属地治理模式,提出要构建重点区域大气污染联合防治协调机制。但是新《环境保护法》对区

---

① 毛春梅、曹新富:《大气污染的跨域协同治理研究——以长三角区域为例》,《河海大学学报(哲学社会科学版)》2016 年第 5 期。
② 光峰涛、杨树旺、易扬:《长三角地区生态环境治理一体化的创新路径探索》,《环境保护》2020 年第 20 期。

域联防联控也缺乏相应的体制和机制安排,相关规定存在基本原则缺失、可实施性不强、地方利益失衡、法律责任模糊等问题。[①] 由此可见,构建健全的、可操作性强的法律体系,是长三角协同治理实践亟须解决的问题之一。

任何新的尝试都不是一蹴而就的,长三角环境协同治理亦是如此。实践证明,联防联控机制是解决区域环境问题的最佳选择,虽然现下长三角区域协同治理机制目前尚有不足,但是我们坚信,不足中也暗藏新机遇,若能攻克这些不足,环境协同治理必然能获得新突破。

第四节　粤港澳大湾区环境协同治理实践

一、粤港澳大湾区形成

粤港澳大湾区由香港特别行政区、澳门特别行政区和广东省广州市、深圳市、珠海市、佛山市、惠州市、东莞市、中山市、江门市、肇庆市(以下称珠三角九市)组成,总面积 5. 65 万平方公里,2020 年末总人口超过 8600 万,地区经济总量达 11. 5 万亿元,是中国开放程度最高、经济活力最强的区域之一,具有重要战略地位。[②] 为推动粤港澳大湾区的进一步发展,中国进行了从顶层设计到基础设施建设等各个方面的努力。2009 年,港珠澳大桥工程开工建设,并于 2018 年 9 月正式开始运营。2009 年,粤港澳三地政府共同发布《大珠江三角洲城镇群协调发展规划研究》,明确提出大珠江三角空间布局与区域协调的策略性建议,推动粤港澳加深区域合作与跨界交流,建设世界级湾区。为跟进落实环境协同治理相关工作,《环珠江口宜居湾区建设重点行动计划》由粤港澳三地政府联合发布,为澳门、香港,以及环珠江口城市打造宜居环境提

---

① 高桂林、陈云俊:《评析新〈大气污染防治法〉中的联防联控制度》,《环境保护》2015 年第 18 期。

② 杨昆、许乃中、龙颖贤、张世喜、张玉环:《保障粤港澳大湾区绿色发展的环境综合治理路径研究》,《环境保护》2019 年第 23 期。

供清晰而具体的政策指引。

2016 年 3 月，国家"十三五"规划明确提出，支持香港和澳门在泛珠三角合作中发挥重要作用，进一步推动粤港澳大湾区重大合作平台建设。同月，《关于深化泛珠三角区域合作的指导意见》出台，明确广州、深圳、香港、澳门四个核心城市共同引领粤港澳大湾区建设，打造世界级先进城市群。2017 年 7 月，《深化粤港澳合作推进大湾区建设框架协议》正式发布，粤港澳大湾区全面规划与建设步入快车道。同年 10 月，中国共产党第十九次全国代表大会上，习近平总书记指出"要支持香港、澳门融入国家发展大局，以粤港澳大湾区建设、粤港澳合作、泛珠三角区域合作等为重点，全面推进内地同香港、澳门互利合作，制定完善便利香港、澳门居民在内地发展的政策措施"，粤港澳大湾区建设正式上升为国家战略。

2019 年 2 月，中共中央、国务院印发《粤港澳大湾区发展规划纲要》，标志着粤港澳大湾区建设正式全面启动。粤港澳大湾区凭借沿海地带的优越地理位置，改革开放与经济发展的良好政策环境，不断发展，深化合作，已成为具有重要影响力和战略地位的世界级城市群，在全球竞争关系中占据优势地位。除美国纽约湾区、旧金山湾区和日本东京湾区，粤港澳大湾区已成为世界第四大湾区，不断推动区域协同发展，辐射带动区域政治、经济、文化、社会和生态文明的发展新格局。

二、粤港澳大湾区协同机制

随着经济社会的快速发展和公共事务的日益复杂化，不同区域间联结互动更为紧密，以京津冀、长三角、珠三角和粤港澳大湾区为代表的城市群在区域协同上迈向更高水平的发展阶段。粤港澳大湾区作为改革开放最前沿、市场化程度最高、经济发展最具活力的地区之一，在发展过程中形成了"一个国家、两种制度、三个关税区、四个核心城市"治理格局，这种区域和制度上的差异在一定程度上增加了大湾区城市协同治理所面临的挑战。过往泛珠三角区域的协作建设经验和"一国两制"的成功实践,为粤港澳大湾区开展有效的协同治理提供坚实基础。同时,大湾区地方政府间的"两两协作""多中心协作"机制,例如广佛同城化、深港澳、珠港澳协作机制等,为粤港澳大湾区构建整体协同治理体系提供经验借鉴。

(一)粤港澳大湾区协同阶段

粤港澳大湾区区域间关系经历了从独立到合作、单向流动到双向互动的发展历程。粤港澳大湾区政府间协作可以分为初期萌芽、中期推进、后期深化三个阶段。[①] 在改革开放初期,珠三角地区凭借优越的地理位置和政策支持,走在经济发展的最前沿。在这期间,广东省与世界金融中心香港联系日渐密切,但是这种联系只局限于市场经济下的贸易往来,是以企业为主体进行的自主合作,内地及香港特区政府没有出台相应政策鼓励与支持。因此,改革开放前期,以粤港为代表的区域间协作缺乏制度支持,难以实现长期发展目标。

20世纪90年代,随着改革开放持续深化、香港澳门相继回归,中央政府、广东省、各级地方政府,以及香港、澳门特别行政区间的关系更加紧密。2009年《珠江三角洲改革发展规划纲要》颁发后,珠江三角洲区域政府之间签署一系列环境协作治理协议。在"一国两制"的制度体系下,广东省与香港、澳门的合作不再局限于市场经济下的商品贸易,而是由三地政府主导下的制度性协同。在香港回归后的第一年,广东与香港就共同举办了首次联席会议,并于2003年与澳门建立正式的联席会议制度,充分发挥政府在区域协作中的指挥领导作用。

《粤港合作框架协议》和《粤澳合作框架协议》的发布与实施将粤港澳大湾区区域协作推向深化发展阶段,环境协同治理趋势加强。两部《协议》进一步打破粤港澳区域的制度壁垒,改善协作机制。粤港澳大湾区可以通过召开

---

① 方木欢:《分类对接与跨层协调:粤港澳大湾区区域治理的新模式》,《中国行政管理》2021年第3期。

联席会议、组建专责小组或合作小组、举办合作研讨会等,实现区域间有效协同。可以看出,粤港澳大湾区环境协同治理通常是以政府间会议或政策发布的形式进行,双方或多方政府就工作事项或问题进行探讨,提出协作计划。例如,珠三角环境保护联席会议、港澳环境保护合作会议等会根据区域内环境协同治理情况制定相关协作方案、共同签署行动协议。但是,这种以会议会谈为主的协同模式缺乏实践行动,协议或规划存在制度体系保障缺失、可操作性不强、效力等级弱等缺陷,难以产生实际的执行效果。相比之下,环境联合执法、环境治理联合演习等实践行动较为欠缺。

（二）粤港澳大湾区协同结构

1. 纵向层级间的协调统一

粤港澳大湾区的协同治理是一种由国家主导、在泛珠三角特定区域空间内进行集体行动的多层级治理模式①。在自上而下的纵向层级框架下,中央政府是主导者,制度体系下的集体行动是达成有效治理的关键。粤港澳纵向层级间的行动主体涵盖从中央到地方的各层级政府,主要包括中央政府、广东省政府、香港特别行政区政府、澳门特别行政区政府和广东省九个地级市政府。同时,大湾区各城市的企业、社会组织、专家、公众以及媒体等利益主体也参与到粤港澳大湾区协同治理中来,并发挥重要社会力量。不同行动主体之间通过组建合作平台等方式进行沟通、交流与协商,共同制定并审议行动方案,对治理行为进行监督与约束,相互影响,相互促进。

从整体上看,粤港澳大湾区政府纵向层级间的协调统一可以概括成"从中央到省、省到市"的协同行动路径。在国家层面上,中央政府通过发布相关政策制度,为粤港澳大湾区的建设发展指引方向,例如中共中央、国务院印发的《粤港澳大湾区发展规划纲要》,明确粤港澳大湾区建设要求和发展目标的

---

① 张福磊:《多层级治理框架下的区域空间与制度建构:粤港澳大湾区治理体系研究》,《行政论坛》2019 年第 3 期。

同时,也为该区域的创新协同提供了制度保障。此外,国家成立"粤港澳大湾区建设领导小组",在发改委设立"澳门特别行政区建设粤港澳大湾区工作委员会",分别负责指挥和执行工作。在中央政府的统筹指挥下,省级政府和香港、澳门特区政府积极展开相关工作,形成从中央到省级的纵向协同机制。在协同机制推动下,国家发改委、广东省政府、香港特区政府和澳门特区政府共同签署《深化粤港澳合作推进大湾区建设框架协议》,提出完善协作机制,由发改委征求粤港澳三地政府意见、协商解决该地区发展中的重大问题。

广东省政府与省内九个地级市政府进行平等协商、有效协作,打破行政级别限制,构建了从省级到市级的协同机制。① 广东省政府组建"广东省推进粤港澳大湾区建设领导小组"后,九个地级市也共同行动,在各自区域内设立"市推进粤港澳大湾区建设领导小组",将工作内容和要求细化,完成具体建设目标。香港和澳门为参与建设工作,分别成立了"香港特别行政区粤港澳大湾区建设督导委员会"和"澳门特别行政区建设粤港澳大湾区工作委员会",与中央和广东省协调工作。

目前,国内大部分有关粤港澳大湾区的研究重点探索自上而下纵向层级间的协同,即中央到地方各级政府的权力主体之间的关系。在协同治理、多中心治理、跨界治理等理论的影响下,政府间的协同研究更加重视跨行政界限的协同机制与府际合作。也有学者在此基础上继续探索,将研究视角从"府际合作"进一步转向"制度性行动"。② 区域协同治理多维度研究不断增多,加深了对跨界、跨部门协同治理的理解,为解决粤港澳大湾区相关治理问题提供可行路径。

2. 横向区域间的对接协作

粤港澳大湾区建设不仅需要政府纵向层级间的协调统一,也需要政府横

---

① 李应博、周斌彦:《后疫情时代湾区治理:粤港澳大湾区创新生态系统》,《中国软科学》2020 年第 S1 期。

② 锁利铭、阚艳秋、涂易梅:《从"府际合作"走向"制度性集体行动":协作性区域治理的研究述评》,《公共管理与政策评论》2018 年第 3 期。

向的跨区域、跨部门协作。粤港澳三地政府在区域公共问题的处理上，贯彻协同行动原则，经过共同协商、审议后做出决定，划分各地政府及其行政部门具体工作职责，在协同框架下共同执行有关任务。粤港澳区域间的横向协作主体是广东省、广东省九市和港澳两个特别行政区。一方面，广东省政府作为省级行动主体，与香港、澳门特区政府之间进行对接协作，负责统筹协调粤港澳大湾区整体行动规划。广东省与港澳政府在中央政府与各级地方政府之间发挥桥梁作用，对上接收中央命令，对下指导并督促各地级市政府有效执行相关政策。协作方式主要包括联席会议、工作小组、专责小组等机制。在粤港澳区域协同框架下，三地政府可以选择不同的协同治理模式展开工作，包括设置协作机构负责统筹协调、召开联席会议共同商定工作计划，针对重点事项组建专责小组或工作小组，不同职能部门参与并承担相关事务。粤港澳在不同公共事务领域中都采用了组建专责小组的机制，包括保护知识产权合作专责小组、针对大气污染和水污染治理的粤港澳持续发展与环保合作小组等。在专责小组中，各行动主体权力资源得到重新优化配置，更有利于协同行动目标的实现。

另一方面，广东省内的九个地级市之间、地级市与港澳之间积极进行着协作互动。其中，九个地级市政府和香港基于自身发展状况与资源优势，与不同区域展开协作对接，拓宽粤港澳区域协同合作领域，拓展协同深度。2018年广州与佛山共同签署《深化广佛同城化战略合作框架协议》，提出组建广佛同城化党政联席会议，推动广佛地区产业科技协同发展（推动落实深珠合作示范区联手深圳打造产业生态圈）。珠海与深圳强强联手，谋划深珠合作示范区建设，共同打造良好的产业技术发展区。

2019年，中共中央、国务院发布的《粤港澳大湾区发展规划纲要》对粤港澳大湾区协同机制提出了新的要求。《粤港澳大湾区发展规划纲要》作为指引粤港澳大湾区建设发展的政策纲领，明确城市群空间布局、科技创新投入、基础设施完善、现代产业发展以及生态文明建设的具体行动目标。在政策文件的指示下,粤港澳大湾区进一步推进协同合作,尤其在大气污染治理、水污染治理、生态系统修复等环境治理方面,通过召开联席会议、组建环境专责小组的方式优化环境协同治理机制。

(三)粤港澳大湾区具体协同领域

1.大湾区数据协同体系建设

在大数据时代,数据成为推动经济社会发展、提高综合竞争力重要引擎。作为世界级超大城市群,粤港澳大湾区大数据协同体系建设成为推动区域发展的关键路径。粤港澳大湾区不同领域的协同行动规划,最初都是来自中央政府的纵向指挥。中央最早提出构建粤港澳大湾区大数据中心的设想,并颁布一系列制度推进数据体系建设。2019年,中共中央、国务院共同发布《粤港澳大湾区发展规划纲要》,明确提出建设粤港澳大湾区大数据中心和国际化创新平台,实现资源的跨界流动与融合。

2019年,粤港澳大湾区大数据中心被深圳市政府正式列入《深圳建设先行示范区行动方案(2019—2025年)》。随后,《深圳市推进粤港澳大湾区建设2021年工作要点》再次将粤港澳大湾区大数据中心纳入建设规划,大湾区数据协同能够依托深圳技术平台,得到更好的建设和发展。2020年,国家发改委、中央网信办、工业和信息化部、国家能源局联合发布《关于加快构建全国一体化大数据中心协同创新体系的指导意见》,提出数据中心要在全国范围内形成布局合力,在京津冀、长三角、珠三角以及粤港澳大湾区等重点区域建设全国性的大数据中心。在中央到地方各层级政府的政策推动下,粤港澳大湾区大数据中心协同体系得到不断建设与完善,逐渐发展成为融合生产创新资源、基础设施、公共治理实况、政策信息的区域性综合性的大数据中心协同体系,有利于推动粤港澳大湾区经济、科技创新与社会治理能力协同发展。

尽管拥有充分的外部助力条件,粤港澳大湾区大数据中心在建设过程中仍会面临一系列问题。面对世界级超大城市群的发展需求,大数据中心难以负荷高强度、高增长的数据计算,容易遭受技术壁垒。为解决有关问题,粤港澳大湾区应加强区域协同,打造多中心数据协同体系。在产业协同联动基础上,建立统一数据对接标准,促进不同区域不同领域大数据融合。

2.大湾区创新发展协同

粤港澳大湾区处于泛珠三角区域的核心发展地带,在经济、教育、环境、医疗等重要领域成绩突出,粤港澳大湾区的创新发展对珠三角区域城市的协调发展具有较强的辐射带动作用。一直以来,粤港澳大湾区通过协同创新,促进各种生产要素及技术在湾区城市之间快速便捷流通。2018年12月,深圳与汕头成立的"深汕特别合作区"正式挂牌,合作区突破行政界限,形成以电子设备及电子产品制造业、大数据、新材料、新能源为代表的几大集群。2020年5月,广州和清远借鉴深汕特别合作区的"飞地"治理模式,正式启动广州清远经济特别合作区。

粤港澳三地还大胆创新合作模式,实现粤港澳大湾区的融合与创新发展。为解决澳门发展空间不足的问题,珠海将粤澳合作产业园余下的两万多平方公里的土地,按"澳门特区政府牵头、珠澳双方共同参与"的方式进行招商,重点发展高新技术产业和人工智能、生物医药、数字经济等战略性新兴产业。在粤港澳三地的共同努力下,粤港澳大湾区的人流、物流、资金流等生产要素的流动越来越便利,成为带动华南地区经济发展的核心引擎。此外,粤港澳大湾区在区域协同过程中不断推动文化融合,其中,具有更多资源、更强领导力量的行动主体间的合作,对粤港澳大湾区文化协同发展具有明显的促进作用。

三、粤港澳环境协同治理

(一)粤港澳大湾区环境现状

粤港澳大湾区所处的珠三角地区是中国经济发展最迅速的地区之一,占地面积共5.6万平方公里,仅为全国土地面积的0.5%,但是它2018年的经济总量却超 10 万亿元,是中国开放程度最高、经济活力最强的区域之一,进入世界级城市群之列。粤港澳作为珠三角经济发展腹地和"一带一路"前沿地带,环境问题日益呈现复杂化、多元化、区域化的特征,寻找有效的方式治理和改善环境污染成为粤港澳大湾区亟须完成的重要战略任务,其中最主要的是水环境治理、大气污染治理和生态保护。

粤港澳大湾区地处中国东南沿海、珠江三角洲经济腹地,降水量大,河道众多,水网稠密,水资源丰富。随着珠江三角洲经济飞速发展、工业化程度提高,污水排放量大幅度提升,污染物种类增加,落后的排污处理技术和管理制度难以应对大湾区污水排放处理的需求,导致城市废水排放不合理。在大量支流交叉融合的情况下,水体污染物进一步扩散,使流域内水资源环境遭到破坏。此外,大湾区城市不断扩张,导致城市人口日益增多,生活污水排放量持续上升,城市污水负荷加重,造成优质水资源紧缺的同时,加重大湾区水污染,打破水生态系统平衡。

在大气污染治理方面,粤港澳大湾区大气污染持续改善,二氧化硫、二氧化氮、臭氧和可吸入颗粒物污染物浓度均有所降低,区域空气质量整体提高。但是,大湾区冬季污染物浓度仍时有超标,不同区域间大气污染治理步伐难以协调一致。广东省各城市的二氧化硫、二氧化氮和可吸入颗粒物浓度均高于港澳地区,特别是位于珠三角中部的佛山、广州、东莞等高度工业化城市属于大气污染高浓度区,污染降低速度更为缓慢。因此,粤港澳三地亟须进行更全面的大气污染治理协作,促使广东地区大气污染治理水平和港澳地区达成一致。此外,大湾区臭氧污染浓度呈缓慢上升趋势,缺乏对臭氧排放量的控制监管制度体系。

在生态保护问题上,珠江三角洲河口生态系统和滨海区域生态环境都是粤港澳大湾区生态环境保护的重点。粤港澳大湾区生态系统整体呈现破碎化的特征,城镇生态系统所占的比例较大,而农村村落和农田等半自然生态系统、林地等自然生态系统逐渐减少,导致人工生态系统逐渐替代了自然半自然生态系统,自然岸线不断减少。粤港澳处于经济发展需要,工业区和城市面积不断扩大,对矿产、植被和地貌等自然资源造成了严重破坏,导致生态退化和水土流失。

因此,构建绿色生态体系、防控防治大气污染、优化固体废弃物处理、提高整体生态环境质量,不仅有利于粤港澳大湾区打造绿色可持续发展环境,同时在助力优化全国生态环境体系、推动人类命运共同体建设方面具有重要意义。

(二)粤港澳大湾区环境协同治理实践

构建生态环境治理体系是各地区环境保护的重点工作。作为世界级城市群,粤港澳大湾区处于珠江入海口,河海陆相互连接,且经济发展联系紧密,形成了一个完整的、相互联结的生态系统。在这个生态系统中,大气污染、水污染等环境污染会在邻近城市之间扩散和叠加,具有较强的负外部性。为有效开展环境治理行动,解决环境治理中"搭便车"等集体行动困境,粤港澳大湾区应该加强跨区域协同行动,构建多元主体参与的环境协同治理机制,共同应对复杂多变的治理难题。

协同网络是有效进行环境协同治理的关键载体。粤港澳大湾区的环境协同治理网络逐渐由核心城市主导指挥演变成多中心、多辐射、多元主体参与的扁平化网络结构。[①] 2018 年,《粤港澳大湾区绿色发展环境策略研究报告》在广州发布,报告对粤港澳大湾区的环境状况、资源环境压力及应对策略、环境保护合作机制作出了阐述。粤港澳大湾区应寻找环境利益共同点,进一步完善"横向、纵向、斜向"的粤港澳大湾区环保合作制度,构建"多中心合作治理"模式,鼓励非官方组织或个人参与合作,尽快建立关键领域的专项合作机制。此外,广东和港澳地区进行环境保护和治理协同可以产生大规模生态治理效应,在本区域生态环境保护的基础上,分享管理经验,进行科学有效的合作,建设以治理体系和治理能力为双重保障的生态文明治理系统。

---

① 吴月、冯静芹:《超大城市群环境治理合作网络:结构、特征与演进——以粤港澳大湾区为例》,《经济体制改革》2021 年第 4 期。

1. 水污染协同治理

水污染治理是粤港澳大湾区环境协同治理的重点工作之一。近十年来，粤港澳大湾区三地政府不断推进区域环境协同治理，联合开展珠江流域水环境综合治理，逐步形成系统的跨界河流治理协作机制。[①] 党的十九大报告将粤港澳大湾区建设上升为国家战略，进一步明确生态环境保护的重要性。2019年中共中央、国务院发布的《粤港澳大湾区发展规划纲要》，提出开展珠江河口区域水资源、水环境及涉水项目管理合作，强化重点污染河流系统治理。

从协作模式上看，广东省内水资源管理采用的是"纵向层级"和"横向部门"相结合的跨界治理模式，自上而下各层级政府及其职能部门都是行动主体。这种治理模式能够保障政策得到有效实施，协调同级政府及其部门之间的矛盾，但也存在下级政府沟通反馈机制不畅通的弊端。[②] 香港和澳门两个特别行政区由于与大陆的制度差异，实行的是垂直化协同治理模式，由特区行政长官和环保局局长共同管理与协调相关工作。此外，粤港澳三地积极推进跨界水环境治理协作，成立专题或专项小组，进行跨区域水环境联合治理，包括粤港间的东江水质保护专题小组、粤澳间的水葫芦治理专项小组等，形成多层级、重点突出的协同治理机制。

粤港澳大湾区在水环境协同治理中发挥大数据平台作用，构建起大湾区水环境治理的数据协同机制。一方面，治理信息在不同部门间的相互流动有利于政府间沟通协作，降低集体行动成本，提高协同效率和决策科学性。另一方面，数据的开放共享为企业、社会组织、公众和媒体等社会主体的广泛参与提供了更多机会，有利于监督约束政府水环境治理行动。此外，粤港澳三地的非政府组织、专家智库之间交流密切，共同推动大湾区水污染治理朝着官方与

---

① 潘泽强、宁超乔、袁媛：《协作式环境管理在粤港澳大湾区中的应用——以跨界河治理为例》，《热带地理》2019年第5期。

② 王玉明：《粤港澳大湾区环境治理合作的回顾与展望》，《哈尔滨工业大学学报（社会科学版）》2018年第1期。

民间相结合、关键问题集体协商的长效协同模式迈进。

2.大气污染协同治理

除水环境外,大气环境的保护和治理也是粤港澳大湾区环境协同治理的主要任务。粤港澳在大气污染治理上的协同以"双边合作"为主,借助珠三角环境保护合作平台,在区域开展大气污染联合防治行动。2014年,粤港澳三地政府首次共同签署了《粤港澳区域大气污染联防联治合作协议书》,共同走向多边协作。粤港澳大湾区围绕区域大气污染问题和治理情况,不断探索有效协同治理路径,积累了具有推广价值的协同治理经验。

在制度安排上,粤港澳联合制定并实施具有约束性的区域大气污染协同治理规划。2002年,粤港政府共同发布了《关于改善珠江三角洲空气质素的联合声明(2002—2010年)》,明确提出了大气污染物排放总量的下降目标。为保证该目标顺利实现,粤港进一步联合制定了《珠江三角洲地区空气质素管理计划(2002—2010年)》具体环境治理策略,通过了以《珠江三角洲地区空气污染物排放清单编制手册》为代表的大气污染测算和治理的技术文件,成立珠三角空气质量管理和监察专责小组,对大湾区大气环境治理的协同行动机制进行指导与监督。在完成计划要求后,粤港政府会联合启动下一阶段的治理协同,出台相应政策文件,推进治理。

在数据信息方面,粤港澳大湾区积极建设开放、共享的空气监测数据网络,形成了综合高效的数据协同机制。在珠江三角洲区域整体空气监测网络中,粤港两地联合建设的监测网络在发布空气质量指数、实时监测重大天气事件方面发挥了重要作用。随着澳门特别行政区的加入,该网络正式建设成"粤港澳区域空气监测网络"。目前,粤港澳区域空气监测网络的各地监测网点一共23个,负责实时发布大气污染物种类及浓度相关信息和分析报告,监测并公开统计数据。空气监测网络为粤港澳三地以及泛珠三角区域制定科学的大气治理策略提供坚实数据基础,同时也增加了社会组织、公众等社会主体了解大气质量状况的机会和渠道,促进多元主体的广泛参与。

（三）粤港澳大湾区未来环境协同治理的机遇

粤港澳大湾区的发展目标是建设成为具有国际竞争力的世界级城市群，打造与美国纽约湾区和日本东京湾区一样的世界级湾区。从横向对比来看，美国纽约湾区的各城市虽然处在同一个国家和制度体系之下，但是受到双重联邦制的约束，不同州之间的法律制度存在差异，这一点符合粤港澳大湾区"一国两制"体制下的实际发展情况。因此，在湾区整体发展和环境保护问题上，区域整体性治理和区域融合发展相结合不失为一种选择。① 除此之外，美国旧金山湾区和日本东京湾区都曾存在严重的环境污染问题，污染程度甚至远远超过粤港澳大湾区，且两地经历了"先污染后治理"的阶段。因此，在城市群环境治理方面，粤港澳大湾区可以借鉴其他湾区环境协同治理的方法，总结经验教训，结合粤港澳建设发展的实际情况不断完善大湾区环境协同治理机制。

纵向对比来看，从珠三角的概念提出以来，粤港澳三地一直比较重视在生态环境保护工作上的协同治理。在粤港澳大湾区建设发展过程中，三地政府之间已经签署了多项合作协议和联合行动政策，同时框架协议、合作小组、联席会议等共同组成的粤港澳环境治理网络也逐渐形成。在未来，凭借地理位置的优越性、国家政策的大力扶持以及粤港澳地区本身发展实力的助力，在《粤港澳大湾区发展规划纲要》的指引下，粤港澳三地政府应继续积极合作，推进粤港澳大湾区实现绿色可持续发展，构建协作共赢的粤港澳大湾区协同环境治理网络。

四、粤港澳大湾区环境协同治理实证研究

（一）研究设计

1.研究方法

本书使用的研究方法是社会网络分析法（Social Network Analysis，SNA）。

---

① A. Bavelas，"Communication Patterns in Task-Oriented Groups"，*The Journal of the Acoustical Society of America*，Vol.22，No.6（June 2005），pp.725-730.

社会网络分析是由社会学家根据数学方法、图论等发展起来的分析方法。[①] 社会网络包含行动者和行动者间关系数据的集合,近年来在公共政策过程、教育、自然资源管理、国际贸易、心理学和国际反恐等领域被广泛应用,在治理领域适用于多元行动者或多部门参与下的合作行动现象。[②] 本书采用基于内容分析的社会网络分析方法,2000—2020年期间,对粤港澳大湾区环境协同治理事件所涉及的政策行动者进行网络构建和网络特征分析。本文将定性和定量资料整理为矩阵数据,运用社会网络分析软件 Gephi 0.9.2,对治理主体之间的关系网络进行可视化呈现,环境协同治理网络的结构特征则使用 Ucinet 6 软件进行计算,以期达到两个研究目标。第一,对粤港澳大湾区环境协同治理网络进行可视化呈现。通过对2000年以来粤港澳区域环境协同治理事件进行内容分析,识别不同时期相关治理主体之间的相互关系,可视化呈现政策行动者1-mode网络,并计算相关网络特征指标,这将作为本书的基本分析单元。第二,呈现不同治理主体之间的网络连接和结构关系。根据可视化结果和网络结构相关特征,识别和分析粤港澳大湾区环境协同治理整体网络中关键政策行动者、权力连接关系、合作互动特征以及集体行动的方式等,以廓清粤港澳大湾区环境协同治理的现状,为后续整体网络结构优化和演进提供参考。

2. 数据来源与处理

本书以互联网搜索为主,文件资料查阅为辅作为数据收集方式。为基本保证数据来源的可靠性和准确性,明确样本数据主要来源于两方面。第一,以广东省政府及政府各组成部门和直属机构门户网站、珠三角九个市级政府门户网站(广州、深圳、珠海、佛山、惠州、江门、东莞、肇庆、中山)、香港特别行政

---

① G.Robins, P. Pattison, Y. Kalish, D. Lusher, "An Introduction to Exponential Random Graph (P＊)Models for Social Networks", *Social Networks*, Vol.29, No.2(May 2007), pp.173-191; S.P.Borgatti, P.C.Foster, "The Network Paradigm in Organizational Research a Review and Typology", *Journal of Management*, Vol.29, No.6(December 2003), pp.991-1013.

② J.D.Lecy, I.A.Mergel, H.P.Schmitz, "Networks in Public Administration: Current Scholarship in Review", *Public Management Review*, Vol.16, No.5(January 2013), pp.643-665.

区和澳门特别行政区政府官方网站上发布的关于"环境治理"方面的法律法规、政府发布的官方政策以及政府新闻动态为对象,进行搜索和筛选。第二,利用国内尤其是粤港澳地区的权威新闻媒体网站,如新华网、《中国环境报》《南方日报》《香港大公报》《澳门日报》等,提取有关政府环境协同治理的新闻报道,进行筛选和整理,数字资料和信息有缺漏的,则通过在图书馆和档案馆查阅文献资料获得。为保证原始数据的准确性和完备性,数据的收集、整理、录入和核对由两位硕士研究生合作完成。最后,收集和整理政府联合发文、联席会议和合作行动等信息共213条,通过内容分析对文本内重复信息进行合并处理,对无效信息进行删除,最终得到了172条符合测度的信息。由于合作行动的双向性,所得到的样本数据均为无向关系数据。根据收集数据进行汇总整理,在关系的赋值上,各治理主体不同时间段有联合发文、签署协议、联合行动等协同行为,一次记一分,从而得到粤港澳大湾区各治理主体环境协同治理关系矩阵。

3.研究主体的界定

在研究主体的确定上,将广东省、香港特别行政区、澳门特别行政区政府及其直属部门视为单独的治理主体,广东省内城市之间的环境协同治理行动均视为城市与城市之间的协同行为。根据所收集的关系数据,粤港澳大湾区跨部门、跨区域的环境协同治理关系主要包括广东省政府和港澳政府省级层面协同关系、广东省政府直属机构与港澳政府组成机构层面协同关系、区域内各城市(包括港澳政府及其组成机构)之间的协同关系。经过数据的收集、筛选与整理,最终确定本书实证研究主体主要包括:广东省政府及其直属机构(主要包括广东省发展和改革委员会、广东省水利厅、广东省生态环境厅、广东省自然资源厅、广东省水利厅、广东省工业和信息化厅、广东省气象局和广东省人民港澳事务办公室等)、香港特别行政区政府及其组成机构(主要包括环境局、发展局、政制及内地事务局、食物及卫生局等)、澳门特别行政区政府及其组成机构(主要包括环境保护局、港务局、建设发展办公室、澳门运输工务司等)以及粤港澳大湾区9个市级政府(分别是广州、深圳、珠海、佛山、惠州、江门、东莞、肇庆、中山）。为便于呈现实证结果，本书将粤港澳大湾区环境协同治理研究主体进行编码，编码如表4-7所示。

表4-7 粤港澳大湾区环境协同治理研究主体编码表

地区	序号	编码	治理主体	地区	序号	编码	治理主体
广东省	1	GD	广东省政府	澳门	28	HKYF	香港运输及房屋局
	2	GDSW	广东省委		29	HKSJ	香港商务及经济发展局
	3	GDST	广东省生态环境厅		30	HKSW	香港食物及卫生局
	4	GDFG	广东省发展和改革委员会		31	HKBA	香港保安局
	5	GDSL	广东省水利厅		32	HKCK	香港创新及科技局
	6	GDGX	广东省工业和信息化厅		33	MO	澳门特别行政区政府
	7	GDZR	广东省自然资源厅		34	MOHJ	澳门环境保护局
	8	GDDZ	广东省地质局		35	MODQ	澳门地球物理暨气象局
	9	GDQX	广东省气象局		36	MOMZ	澳门民政总署
	10	GDZC	广东省住房和城乡建设厅		37	MOHS	澳门海事及水务局
	11	GDGA	广东省港澳事务办公室		38	MOJF	澳门建设发展办公室
	12	GDZJ	广东省质量技术监督局		39	MOGW	澳门港务局
	13	GDGA	广东省公安厅	广东省内城市	40	GZ	广州市
	14	GDWJ	广东省卫生健康委员会		41	SZ	深圳市
	15	GDNY	广东省农业农村厅		42	FS	佛山市
	16	GDJT	广东省交通运输厅		43	DG	东莞市
	17	GDKJ	广东省科学技术厅		44	ZH	珠海市
	18	GDCZ	广东省财政厅		45	JM	江门市
	19	GDHS	广东省民用核设施核事故预防和应急管理委员会办公室		46	ZQ	肇庆市
香港	20	HK	香港特别行政区政府		47	HZ	惠州市
	21	HKHJ	香港环境局		48	ZS	中山市
	22	HKFZ	香港发展局		49	HY	河源市
	23	HKJY	香港教育局		50	QY	清远市
	24	HKMS	香港民政及事务局		51	YF	云浮市
	25	HKCK	香港财经事务及库务局		52	SG	韶关市
	26	HKLF	香港劳工及福利局		53	SW	汕尾市
	27	HKZN	香港政制及内地事务局				

（二）实证检验结果与讨论

1. 粤港澳大湾区环境协同治理网络演化分析

进入新世纪,尤其是 2000 年粤港持续发展与环保合作小组会议开启以来,粤港澳区域环境协同治理进入新阶段,合作愈加紧密和频繁。将符合测度的环境协同治理事件大致按照"五年规划"进行阶段划分,分为 2000—2005年(2000 年纳入"十五"时期),2006—2010 年("十一五"时期),2011—2015年("十二五"时期),2016—2020 年("十三五"时期),将四个阶段治理主体之间的协同关系分别形成不同时期环境协同治理网络。通过考察不同时期之间网络结构的演化,可以分析哪些网络因素或者属性因素带来了区域环境协同治理关系的变化。经过统计,2000—2005 年、2006—2010 年、2011—2015 年和 2016—2020 年四个时期,粤港澳大湾区发生环境协同治理事件量分别为18、35、50 和 69,通过将收集、筛选所得的质性资料转化为编码数据,并进一步整理为治理主体之间的协同关系矩阵,导入 Gephi 0.9.2 软件,利用网络图谱生成工具对数据矩阵进行画图处理,从而能够得到四个时期粤港澳大湾区环境协同治理网络的可视化图像(如图 4-26 所示)。通过对四个时期粤港澳大湾区环境协同治理网络的纵向比较,可以明确不同治理主体间协同关系、协同强度、协同范围和协同方式等特征的演变逻辑,为粤港澳大湾区环境协同治理机制分析提供基础。

社会网络分析关注的是行动者的集合及行动者之间的关系,行动者被表示为一个"节点(Node)","连线(Line)"即表示行动者之间存在关系,社会网络图表达了节点与节点之间关系的定性模式。具体而言,每一个节点即代表一个行动者,在本书代表一个环境协同治理主体(治理主体编码如表 4-11 所示),图中节点大小与治理主体的关联度大小有关(Degree of Connection),表达的信息是与该节点有直接连线关系的"相邻"节点数量越大,即关联度越大,该节点越大(社会网络图中,相邻的概念并非是空间上的邻近,而是两节

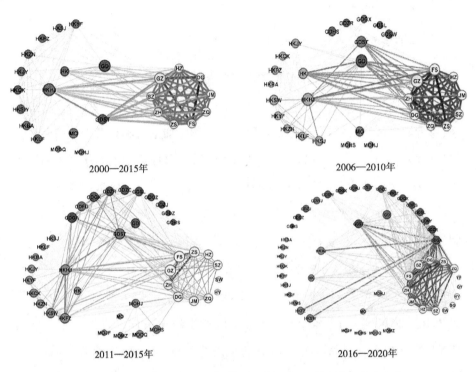

2000—2015年　　　　　　　　　　　2006—2010年

2011—2015年　　　　　　　　　　　2016—2020年

图 4-26　2000—2020 年粤港澳大湾区环境协同治理区域合作网络演化

点间是否具有连线,即直接的合作关系);节点与节点之间的连线表示行动者
之间存在关系,在此具体意义是治理主体之间存在环境协同治理关系,连线颜
色的深浅进一步表示了治理主体之间发生环境协同治理关系的次数,即多重
度(Multiplicity)。合作的次数越多,治理主体之间的关系强度越强。

　　为促进内地和香港之间的合作,1998 年粤港合作联席会议制度正式成
立,每年一次,全面加强了粤港多方面合作,其中一个重要协调内容是完善生
态建设和环境保护机制,共建优质生活圈。由此,粤港澳三地政府开始逐步建
立起区域环境协同治理的格局,初步形成了多中心、多线合作的网络结构。通
过纵向对比四个阶段的社会网络图,能够直观地感知治理主体数量上呈现明
显的递增趋势,协同治理关系也更为复杂和多样化。随着环境突发事件的增
加、影响范围的扩大和治理程序的复杂性增大,治理主体的扩大化成为必然趋

势。另外一个显著趋势是,具体职能部门逐渐取代上级部门成为协同治理的主要成员,推动粤港澳区域环境治理的进程。跨区域和跨部门合作构建了频繁和结构化的交流途径,改变过往政府"自上而下"解决问题的传统结构,更好地契合了环境治理问题跨规模的性质和解决方案更具专业性的特征。

在可视化网络图的基础上,将2000—2005年、2006—2010年、2011—2015年和2016—2020年四个时间段的治理主体合作关系矩阵导入 Ucinet 6 软件,对四个时间段的网络结构指标进行测量,分析不同阶段协同治理网络的特征,进一步探究粤港澳区域环境协同治理网络的演变,Ucinet 6 软件计算所得的网络结构指标如表4-8所示。表中"事件数量(Case)"是指在一定时间段内治理主体之间针对环境协同治理领域,进行联合发文、签署协议、联合行动等合作事件的数量。"网络规模(Size)"是特定时间段内参与环境协同治理的合作网络的行动者的数量。默认共同参与同一个环境治理事件的行动者之间存在合作关系,"关系数量(Ties)"表示治理主体两两之间发生合作关系的次数的总和。"网络密度(Density)"表示社会网络中各行动者之间的总体关联程度,具体是指网络中各行动者之间实际存在的关系数(l)与各行动者之间最多可能拥有的关系数量(L)之比,因本书涉及的所有关系数据均为无向关系,其计算公式为 l/L = 2 l/[n(n-1)],n 为网络中的行动者数量,密度的计算已对多值无向网进行二值化处理(连线数量 ≥1,处理为1;不存在合作关系处理为0),即不论两个治理主体合作几次,只要合作都认定为两者存在双向合作关系。

表4-8　2000—2020年粤港澳大湾区环境协同治理区域合作网络结构指标演变

	2000—2005 年	2006—2010 年	2011—2015 年	2016—2020 年
事件数量(Case)	18	35	50	69
网络规模(Size)	25	32	43	52
关系数量(Ties)	1266	1862	2928	8052
网络密度(Density)	0.49	0.40	0.45	0.46

结合社会网络图和网络结构特征,可以看出,2000—2005 年粤港澳大湾区环境协同治理关系已初步建立,呈现省级与特区政府主导,职能部门和地级市积极参与的特征。随着粤港澳大湾区环境协同治理事件的增加,网络的规模逐渐扩大,省级与特区政府逐渐退出了环境协同治理的主导地位,环境部门作为主管部门逐渐占据协同治理的核心地位,与此同时,非环境管理部门越来越多地参与到环境事件的协同治理的过程中,例如,广东省工业和信息化厅、广东省自然资源厅、香港发展局、香港商务及经济发展局,澳门海事及水务局等。网络规模的扩大也一定程度意味着治理主体之间的关系数量的增加,2016—2020 年期间,两两治理主体之间的网络关系数量分别是 2011—2015 年 2.75 倍,2006—2010 年的 4.32 倍,并超过 2000—2005 年的 6 倍。关系数量的增加意味着网络结构的复杂性增大,治理主体的多样化现象更为普遍,新治理主体的加入丰富了环境治理的协同形式,同时也增加了协同治理创新的可能性。网络密度能够反映网络内行动者的联络程度,网络的密度越大,网络成员的态度、行为等相互影响程度越大。一方面紧密的社会网络更容易给身处其中的社会成员提供多样的资源和合作渠道,但另一方面过于紧密的网络也会成为限制成员向外发展的制度环境。①一般而言,社会网络理论认为网络密度介于 0.25 至 0.5 是适中的。纵向上看,2000—2020 年间,粤港澳大湾区环境协同治理区域合作的网络密度较为稳定,四个时间段的网络密度范围保持在 0.40 至 0.49 之间,协同治理网络呈现一个良好的疏密关系,网络中的成员广泛并积极地参与环境协同治理进程中,在协同上具有优良的活跃性,适中且较大的网络密度表明治理主体之间联系紧密,保证了协同行动的能力、信息传递的畅通以及社会资源的支持。

---

① 孙涛、温雪梅:《动态演化视角下区域环境治理的府际合作网络研究——以京津冀大气治理为例》,《中国行政管理》2018 年第 5 期。

2.粤港澳大湾区环境协同治理整体网络结构分析

（1）整体网络结构概述

在构建 2000—2020 年粤港澳大湾区环境协同治理"事件—治理主体"的 2-模网络（2-mode Network）的基础上，通过使用 Ucinet 6 软件将同属于一个治理事件的主体之间建立联系，转化为"治理主体—治理主体"的 1-模网络（1-mode Network），形成粤港澳大湾区环境协同治理整体网络。在上文阶段演变网络所获得的结论的基础上，整体网络能够探索更高层次的网络结构特征、整体关系状况、各主体协同治理形式（协同关系是否存在、协同强度如何）、各主体在协同治理整体网络中的地位以及中心主体对其他治理主体的影响等总体性特征。整体网络分析关注总体结构层面的治理主体网络特征。本书关于粤港澳大湾区环境协同治理整体网络的结构特征主要分如下几个方面进行分析。首先，使用整体网络可视化图谱直观呈现粤港澳大湾区环境协同治理合作概况；其次，使用网络密度来衡量整体网络的联系情况；再次，计算网络的聚类系数（Clustering Coefficient）明确网络的集成程度，即测量一个网络内全部成员通过社会关系聚集的程度来获得网络的凝聚力情况，具体是指网络内所有治理主体聚类系数的平均值；最后，测量整体网络的特征路径长度（Characteristic Path Length），特征路径长度是网络整体性的一种测度，通过计算网络所有成员两两之间最短途径的平均长度考察网络内的信息传递效率，一般而言，网络的特征路径长度越小，意味着信息传递必须经过的"中间人"越少，能更大程度上减少信息失真，信息传递的效率越高。

图 4-27 展示了粤港澳大湾区环境协同治理"事件—治理主体"隶属网络。如图所示，紫色节点代表 53 个环境治理主体，蓝色节点代表 172 项环境协同治理事件，图中连线的数量一共是 1438 条。节点大小由治理主体关联度的大小决定。紫色节点发出的连线指向蓝色节点，代表治理主体参与某个治理事件。广东省政府、广东省生态环境厅、香港特区政府、香港环境局、澳门特区政府、澳门环境保护局以及珠江三角洲九市的关联度较大且位于图谱的中

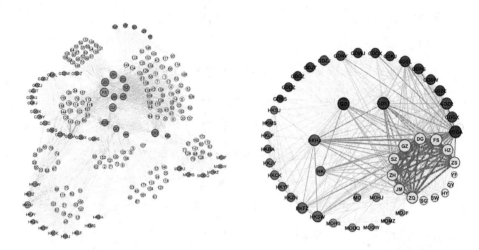

图 4-27　粤港澳大湾区环境协同治理隶属网络　图 4-28　2000—2020 年期间粤港澳大湾区
环境协同治理整体网络

心位置,围绕它们排布了大量环境协同治理事件,表明这些治理主体参与环境
协同治理事件的频次较高,是环境协同治理合作网络的主要成员。图 4-28
展示了 2000—2020 年期间粤港澳 53 个治理主体之间的协同关系,他们因参
与同一个环境治理事件而产生联系,从而构成了粤港澳大湾区环境协同治理
整体网络。通过可视化的网络图谱,可直观感受整体网络相较于 2016—2020
年的阶段网络信息更加完备,主体和主体之间合作关系经过整合之后,愈加呈
现出多样性和复杂化的特点。

　　处于中心地位的广东省政府和广东省生态环境厅、香港特区政府和香港
环境局、澳门特区政府和澳门环境保护局、珠三角九市(尤其是广州、深圳、珠
海)与其他主体间产生的合作行动较多。广东省人民政府港澳事务办公室作
为专责协调机构,在香港特区政府和香港环境局与珠三角九市环境合作之间
发挥了重要的作用,形成了紧密的网络联系。广东省工业和信息化厅、广东省
自然资源厅、广东省发展和改革委员会、香港食物及卫生局、香港发展局、香港
政制及内地事务局、澳门地球物理暨气象局、澳门海事及水务局也具有较多连
线数量,说明这些主体也深度地参与了粤港澳三地的环境治理中。

　　从主体特点来看，香港特别行政区作为粤港澳大湾区的重要经济主体之一，在协同治理政策制定、合作对象选取策略上占有一定优势，因此其处于中心地位。广州市是广东省省会城市，它作为珠三角另外八个城市的标杆，大部分国家级、省级重大环境治理行动、政策由广州牵头展开，而深圳市和珠海市作为珠三角九市中发展较为迅速的城市，毗邻香港和澳门，很多联合会议均选择在这三个城市举行，因此，广州市、深圳市和珠海市具有较大的关联度。广东省生态环境厅是广东省环境治理的重要决策者、领头者以及组织者，因此它一方面与广东省内九市政府有平行的条块关系，负责制定和颁布全省重大环境治理政策以及监管检查各市政府的完成情况；另一方面它又与香港和澳门两个行政区的环保部门有密切的交流合作关系，粤港澳三地的各项环境治理联合行动均需要由三个环境部门协商后再予以具体施行。

　　从主体协同关系来看，除广州市、深圳市和珠海市之外，佛山因与广州地理位置接近，有地铁直接连接，城市交流非常方便，更是有"广佛同城"的政策推动，使得佛山也处于比较中心的位置。同理的还有东莞市，它位于广州和深圳之间，对两城市之间的合作有重要联结作用，关于环境治理行动协商的重要会议也多次在东莞召开。由于同属一个省份，并有珠三角合作的基础，广东九市之间有很多联合行动，例如全省河长制建设和建立珠三角森林城市群等计划，使得各市政府也处于比较中心的位置。对于其他广东省政府的组成部门和直属机构来说，它们与九个市级政府和两个特别行政区环保部门的合作仅仅涉及特定的方面，比如大气污染监测、森林保护和河流海洋治理等方面，因此它们作为治理主体所参与的协同治理行动较少，与其他治理主体的关联度不高。澳门特别行政区是一个比较特殊的主体，它与和它地理位置最接近的珠海市合作较多，包括鸭涌河合作整治工作、减少大气污染的公益宣传活动以及珠海淇澳—担杆岛省级自然保护区的合作治理工作；除此之外，澳门还多次参与了粤港澳三地的联合行动，其中很多是在粤港已经开始合作的基础上加入的，比如粤港澳珠江三角洲区域空气监测网络、粤港澳大湾区水鸟生态廊道建设和粤港澳大湾区生态环境高端论坛等联合行动。

为进一步认识粤港澳大湾区环境协同治理整体网络,需要通过测量网络的相关特征辅助理解和明确社会网络图表达的具体信息。表 4-9 是粤港澳大湾区环境协同治理区域合作整体网络结构特征指标,包括二值化处理后的网络密度、网络聚类系数和特征路径长度等整体网络特征。

表 4-9 粤港澳大湾区环境协同治理区域合作整体网络结构指标

网络指标	整体网络
网络规模(Size)	53
关系数量(Size)	14110
网络密度(Density)	0.50
聚类系数(Clustering Coefficient)	0.83
特征路径长度(Characteristic Path Length)	1.49

粤港澳大湾区环境协同治理整体网络中,治理主体共有 53 个,治理主体两两之间发生协同关系的次数一共有一万四千余次,频繁的合作为粤港澳三地建立了更加紧密的互动信任关系,为获得更优环境治理结果奠定了协作行动基础。通过 Ucinet 6 计算,粤港澳大湾区环境协同治理整体网络的网络密度为 0.50,是一个在适当范围内较大的密度结果,这说明粤港澳三地在环境协同治理上的合作很紧密,各个治理主体受环境协同治理网络的影响也较大。从协同目标上来看,由于环境污染具有明显的溢出效应,地理上邻近区域为治理同一污染问题进行合作成为必然;协同条件方面,密切的地理位置关系和港珠澳大桥的修建与成功通车都为各主体进行环境治理合作提供了绝佳的条件。各地区政府十分乐于接受国家政策的扶持,积极参与配合有益于粤港澳大湾区发展的一切政策。由于我国对于生态文明建设的重视,粤港澳大湾区的绿色发展和环境治理问题是抓住机遇、实现经济健康发展的核心问题。因此,粤港澳大湾区环境协同治理网络的较高密度是先天和后天条件共同构筑的优势。

对治理主体的关系矩阵进行聚类分析,整体网络的聚类系数(Overall Graph Clustering Coefficient)为 0.83,较高的聚类系数说明粤港澳大湾区环境协同治理整体网络具有较强凝聚力,资源和信息治理主体之间能进行较为充分的流动。通过计算,在粤港澳大湾区环境协同治理整体网络中,治理主体之间的特征途径长度为 1.49,说明网络中任意两个治理主体平均通过 1.49 个行动主体能够取得联络,进一步查看各个治理主体之间的具体距离情况,发现粤港澳大湾区环境协同治理整体网络中,最大的距离不过是 3,且距离为 3 的情况极少,两个治理主体之间的距离等于 1 的占比为 52.2%,等于 2 的占比为 46.7%,小于等于 2 的占比接近 99%,则意味着网络中任意主体间仅仅通过至多一个"中间人"就可以联络上网络中任意他人,"中间人"较少,治理主体之间的距离短,意味着信息和资源的流动在网络中顺畅,减少了信息传递的成本,同时也意味着信息失真的情况能得到消除。

综上,本书已经对粤港澳大湾区环境协同治理区域合作网络整体性进行了充分的讨论,然而,除了分析网络的整体上的结构性指标,还需要关注中观层面上网络成员的位置特征、网络成员之间直接或者间接协同的模式以及凝聚性网络的小群体的存在。

(2)核心—边缘结构分析

核心—边缘(Core-Periphery)分析以测量行动者联系的紧密程度为目标,将网络中的行动者分为不同区域——核心区和边缘区。核心—边缘结构是指一种特殊的集中式网络,其中核心行动者之间的联系非常紧密,而边缘行动者只与核心参与者相连,而不直接与边缘其他行动者相连。[①] 处于核心区的行动者在网络中占据重要位置,边缘区的行动者之间联系。社会网络分析方法中的核心—边缘结构分析可以对网络"位置"结构进行量化分析,区分出网络的核心区与边缘区的行动者。对粤港澳大湾区环境协同

---

① S.P.Borgatti, M.G.Everett, "Models of Core/Periphery Structures", *Social Networks*, Vol.21, No.4(October 2000), pp.375-395.

治理主体核心—边缘结构进行分析,各治理主体的核心度结果如图 4-29
所示。

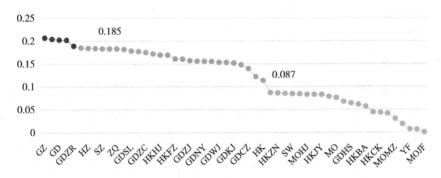

图 4-29　粤港澳大湾区环境协同治理主体核心—边缘结构核心度

　　如图 4-29 所示,粤港澳大湾区环境协同治理整体网络存在明显的核
心—半边缘—边缘结构,治理主体的核心度存在三个差异较大的区间,根据各
主体的核心度进行分类,核心度大于 0.185(中山市)的主体处于核心区域,核
心度小于等于 0.185 但大于 0.087 的主体(香港财经事务及库务局)处于半边
缘区域,其余核心度小于 0.087 的主体处于边缘区域。经过分类,核心区、半
边缘区和边缘区内的治理主体如表 4-10 所示,广州市、佛山市、广东省政府、
广东省环境保护厅和广东省自然资源厅处于网络的核心位置;除广州市、佛山
市外的珠三角七市,广东省相关直属部门,香港环境局、香港特区政府和部分
相关直属部门处于半边缘位置;澳门特区政府及其环境保护局等直属部门,部
分香港相关直属部门,广东部分非珠三角城市处于边缘位置。核心—边缘结
构网络不仅影响信息和资源本身,还会影响其获取和传播以及集体行动。[①]
粤港澳大湾区环境协同治理网络的核心—边缘结构说明广东省政府及其直属
部门作为省级政府层级主导了粤港澳环境协同治理的进程,珠三角作为广东

　　[①]　H.Ernstson,S.Sorlin,T.Elmqvist,"Social Movements and Ecosystem Services-the Role of So-
cial Network Structure in Protecting and Managing Urban Green Areas in Stockholm",*Ecology & Socie-
ty*,Vol.13,No.2(December 2008),pp.1-27.

省核心城市群深度参与环境合作治理,相比于澳门,给香港特区政府及其相关直属部门更为积极地参与粤港澳环境协同治理之中。

表4-10　粤港澳大湾区环境协同治理整体网络核心—边缘结构分析结果

区域	治理主体
核心	GZ,FS,GD,GDST,GDZR
半边缘	ZS,HZ,DG,SZ,ZH,ZQ,JM,GDSL,GDGA,GDZC,GDGX,HKHJ,GDFG,HKFZ,HKSW,GDZJ,GDQX,GDNY,GDSW,GDWJ,GDJT,GDKJ,GDGA,GDCZ,GD-DZ,HK
边缘	HKCK,HKZN,HKYF,SW,HY,MOHJ,SG,HKJY,MOHS,MO,MODQ,GDHS,HKSJ,HKBA,HKLF,HKCK,HKMS,MOMZ,MOGW,YF,QY,MOJF

(3)中心性分析

中心性是测量网络微观结构的重要内容,能够通过量化的方式测量网络中的行动者"权力"的大小。社会网络分析者认为孤立的个人或者组织不具有"权力",个人或组织之所以拥有权力是因为其与他者存在"关系",他者对其有资源的依赖性。[①] 具有高中心性的治理主体说明其参与区域环境协同治理的积极性高,协同范围广,因而在区域环境治理方面拥有更多的社会资本和信息等资源,从而获得了更强的网络影响力。通过测量粤港澳大湾区环境协同治理网络中治理主体的度数中心度、中间中心度和接近中心度,可以更全面地理解粤港澳大湾区环境协同治理网络微观结构的中心性。

度数中心度(Point Centrality)概念实际上来自社会计量学的"明星"概念[②],可以简单理解为"行动者与其周围行动者的联系程度",在一个关系网络中,与其他行动者产生最多直接联系的行动者被称为核心点,行动者度数中心度越高,说明该行动者越接近合作网络核心位置。各点的关联度就是对该主体度数中心度的最简单和直接的测量。中间中心度(Betweenness Centrality)是

---

① 刘军:《整体网分析讲义:UCINET软件实用指南》,上海人民出版社2014年版。

② A. Bavelas, "Communication Patterns in Task-Oriented Groups", *The Journal of the Acoustical Society of America*, Vol.22, No.6(June 2005), pp.725-730.

由 Freeman 增加的一个新的点中心度概念①，该指标是测量一个行动者在多大程度上处于其他行动者的"中间"，即一个行动者的中介作用。在网络中，即使主体的度数中心度可能较低，但其可以凭借"中介"角色控制着网络内资源和信息的流动，对其他主体产生了较强的干预作用，因此也有可能处于网络的中心。接近中心度（Closeness Centrality）是 Freeman 根据各个点之间的"接近性"提出的另一类测度②，即整体中心度，它的测量依据是不同点之间的相对距离。在合作网络中，如果一个点与其他点之间的距离都很短，则称该点是整体中心点。这一指标可以用来衡量治理关系网络各行动者的依赖性，即行动者在多大程度上不受其他行动者的控制，若接近中心度越高，这一主体与其他组织的联系越密切，在网络中的权力和影响力也越强。表4-11 报告了粤港澳大湾区环境协同治理整体网络中前十五位的治理主体中心性指标。

表4-11　粤港澳大湾区环境协同治理整体网络中前十五位的治理主体中心性指标

治理主体	度数中心度（Point Centrality）	治理主体	中间中心度（Betweenness Centrality）	治理主体	接近中心度（Closeness Centrality）
GZ	50	GZ	103.96	GZ	0.96
GD	46	DG	53.98	FS	0.91
GDST	46	GDST	51.71	GD	0.90
DG	41	FS	51.65	GDST	0.89
FS	41	GD	46.94	DG	0.83
GDZR	40	SZ	35.50	GDZR	0.81
SZ	40	ZQ	35.49	SZ	0.81
ZQ	40	HZ	26.18	ZQ	0.81
HZ	40	GDGA	26.17	HZ	0.81
ZS	39	HKHJ	26.08	ZS	0.80

---

①　L.C. Freeman，"Centrality in Social Networks Conceptual Clarification"，*Social Networks*，Vol.1，No3（1978），pp.215-239.

②　L.C. Freeman，"The Gatekeeper，Pair-Dependency and Structure Centrality"，*Quality and Quantity*，Vol.14（August 1980），pp.585-592.

续表

治理 主体	度数中心度 （Point Centrality）	治理 主体	中间中心度 （Betweenness Centrality）	治理 主体	接近中心度 （Closeness Centrality）
GDGA	38	GDZR	23.42	GDGA	0.79
HKHJ	38	ZS	17.31	HKHJ	0.79
ZH	38	HKFZ	16.59	ZH	0.79
JM	38	HKSW	16.58	JM	0.79

　　如表4-11所示，广州市和广东省政府、广东省生态环境保护厅的点度中心度是最高的，这说明广州市、广东省政府和生态环境厅三个主体与环境协同治理网络中的其他主体产生了最多的协同关系，在粤港澳大湾区环境协同治理的行动中占主动地位，起着领头羊和组织者的作用。广东省自然资源厅、广东省港澳事务办公室、香港环境局和珠三角其他八个城市的中心度也较高，它们都是积极主动的参与者，并且有组织大型环保行动的能力。澳门特区政府的组织部门和直属机构的点度中心度较低，原因是其与珠海市合作具有一定的封闭性，环境协同治理的范围有明显的局限。广东省部分直属机构和部分非珠三角城市的点度中心度也较低，说明它们与其他主体的直接联系较少，在粤港澳大湾区环境治理中处于被动和配合者的位置，参与度有限。

　　中间中心度最高的主体是广州市，且远远大于其他主体。这说明广州市在粤港澳大湾区环境治理网络中对网络组织和其他主体的控制能力最强，成为多数关系的桥梁，是网络中的关键"中间人"。广东省政府和生态环境厅、港澳事务办公室、自然资源厅，香港环境局、发展局和水务局，珠三角部分城市的中间中心度次之。除了度数中心度和中间中心度都高的主体，有些治理主体呈现了比较重要的特征。珠海和江门的度数中心度较高，但中间中心度较低，说明与这两市存在环境治理合作的主体绕过他们也和其他主体发生了合作关系，因而珠海市和江门市对资源的控制力度较小。与之相反，香港发展局和水务局度数中心度较低，中间中心度较高，则说明这两个部门的少数关系对网络资源的流动起到至关重要的作用。

广州市、佛山市和广东省政府的接近中心度是最高的,超过了 0.90,这说明三者最接近网络中心的位置,对网络的任意位置的可达性较高,因而拥有较大的网络控制力和影响力。其次是广东省政府和生态环境厅、港澳事务办公室、自然资源厅,香港环境局和广东省珠三角其他七市,但澳门特区政府及其组成部门和直属机构接近中心度相对较低,它们与其他治理主体的距离相对较远,能直接到达的网络成员数有限,处在网络边缘。总的来说,从网络结构来看,粤港澳三地区域环境协同治理整体网络体现出"核心政府部门和核心城市领头,边缘政府部门和边缘城市积极参与协同治理"的特点,其中治理主体本身经济状况和主体间地理位置关系对协同关系和主体地位有较大的影响作用。

(4)凝聚子群分析

凝聚子群是整体网络中的行动者子集合,其行动者之间具有相对较强、紧密或者积极的关系。[1] 网络凝聚子群分析的目的是揭示和刻画群体内部子集合状态。整体网络中子集合内的成员具有更强的凝聚力,他们共享同一个目标和同一套规则,互动和交流频繁,成为网络内联系紧密的小群体。[2] 本书所使用的凝聚子群分析是基于"子群内外关系"的凝聚子群分析,在 Ucinet 6 软件中通过 Network-Role & Position-Structure-CONCOR 指令路径实施。CONCOR 指的是迭代相关的收敛(Convergence of Iterated Correlations),它用相关系数作为相似性测度,经过多次相关系数的迭代计算之后,最终得到表达各个位置之间的结构对等性程度的树形图,从而确定处于同一凝聚子群内的主体,确定它们之间的关联强度和亲疏关系。粤港澳大湾区环境治理各主体间的凝聚子群分析结构如表4-12所示。

---

① S. Wasserman, K. Faust, *Social Network Analysis: Methods and Applications*, Cambridge: Cambridge University Press, 1994.

② 孙涛、温雪梅:《动态演化视角下区域环境治理的府际合作网络研究——以京津冀大气治理为例》,《中国行政管理》2018 年第 5 期。

表 4-12　粤港澳大湾区环境协同治理网络凝聚子群分析结果

凝聚 子群	治理主体
1	广东省政府、广东省生态环境厅、香港环境局、香港食物及卫生局、香港发展局、广州市、深圳市
2	香港特别行政区政府、香港保安局、香港创新及科技局、香港劳工及福利局、香港民政及事务局
3	香港政制及内地事务局、香港财经事务及库务局、香港教育局、香港运输及房屋局、香港商务及经济发展局
4	佛山市、珠海市、东莞市、江门市、肇庆市、中山市、惠州市、河源市、汕尾市
5	广东省人民政府港澳事务办公室、广东省发展和改革委员会、广东省自然资源厅、广东省委、广东省水利厅、广东省工业和信息化厅、广东省地质局、广东省气象局、广东省住房和城乡建设厅、广东省质量技术监督局、广东省公安厅、广东省卫生健康委员会、广东省农业农村厅、广东省交通运输厅、广东省科学技术厅、广东省财政厅
6	澳门环境保护局、澳门特别行政区政府、澳门地球物理暨气象局、澳门港务局、清远、广东省民用核设施核事故预防和应急管理委员会办公室、云浮、韶关、澳门民政总署、澳门海事及水务局、澳门建设发展办公室

通过凝聚子群分析发现,53 个治理主体被聚类分成了六个凝聚子群,如表 4-12 所示,广东省政府、广东省生态环境厅、香港环境局、香港食物及卫生局、香港发展局、广州市、深圳市处于同一个凝聚子群,这些治理主体是粤港环境协同治理网络的核心成员,他们主持或参与了大量的联合行动和联合会议,例如涉及到香港与广东省在大鹏湾和深圳湾水环境的共同治理、东江水质问题、广东核电站/岭澳核电站的共同管理问题以及粤港持续发展与环保合作小组会议、粤港环保合作小组专家会议的组织问题等,都需要这些治理主体积极参与协调和行动。凝聚子群 2 和 3 分别是由香港特别行政区政府和香港政制及内地事务局为代表的香港特区政府机构组成,它们是粤港联席会议或者粤港持续发展与环保合作小组会议的主要列席成员,积极对环境协同治理提供相应支持。佛山市、珠海市、东莞市、江门市、肇庆市、中山市、惠州市、河源市、汕尾市构成了凝聚子群 4,除了联系紧密的珠三角城市外,还有河源市以及汕尾市。原因是 2015 年起,参照深莞惠经济圈领导班子联席会议模式,河源、汕

尾按照"3+2"（深莞惠+河源、汕尾）模式参与深莞惠经济圈环保合作，因而河源市、汕尾市也被纳入凝聚子群4。凝聚子群5是以广东省人民政府港澳事务办公室、发展和改革委员会、自然资源厅为代表的广东省政府机构，这些政府部门作为省级职能部门积极参与了粤港澳环境协同治理的进程，体现了广东省级政府层面对环境治理的高度关注。澳门环境保护局、澳门特区政府和其部分职能部门，以及云浮、韶关等组成了一个凝聚子群，凝聚子群6与凝聚子群4联系紧密，除了云浮、韶关参与广东省内泛珠三角合作、河长制治水专项活动与广东省内城市产生大量联系之外，澳门环境保护局、澳门特区政府和其部分职能部门也和凝聚子群4的主体有广泛联系，尤其是与珠海市联合成立了珠澳环保合作工作小组，形成了常规化合作机制。通过考察粤港澳大湾区环境协同治理网络的凝聚子群，可发现粤港澳三地政府呈现出"核心主体联动，核心凝聚子群辐射，其他主体有序参与"的特征。

▞ 小　结

协同治理注重打破部门主义隔阂，最大限度调动参与者的积极性和各种资源，通过充分合作解决日益复杂的公共问题。本书基于实证研究分析，利用社会网络分析法探究粤港澳大湾区内政府主体在环境治理方面的网络协同关系，通过对粤港澳大湾区环境协同治理领域的173个事件中所涉及的53个治理主体进行网络分析，考察了2000—2020年粤港澳大湾区环境协同治理网络结构的演化，明确不同治理主体间协同关系和强度、协同范围和方式等特征的演变过程，并进一步构建环境协同治理整体网络，从中观和微观视角考察整体网络特征，进行了整体网络结构分析、核心—边缘结构分析、中心性分析和凝聚子群分析，最终得出以下结论。

（一）粤港澳大湾区环境协同治理已基本形成网络式治理格局

经过二十余年区域环境协同治理的发展和演变，粤港澳三地政府之间的合作愈加频繁,环境合作治理事件数量不断递增,环境协同治理网络内存在关系数量不断增加,说明粤港澳三地治理主体之间的联系愈加紧密,合作强度不断增强。递增性的网络密度表明网络内合作趋势稳定,协同治理网络的性能进一步加强,同时也说明了处于网络中心的治理主体对网络的控制能力趋于下降,网络内的治理资源和信息流动进一步畅通,各治理主体之间因此拥有了更为平等的话语权进行交流、协商与合作,正在逐步形成真正意义上的网络式治理格局。但是,由于经济或者政治地位上的不对等,依附性关系在网络内仍然存在,为破除这种"不平等"关系带来的网络资源不均衡配置,需要进一步构建网络内共同行动的规范和秩序,为不同治理主体制定差异化责任约束机制。

(二)粤港澳大湾区环境协同治理网络演变趋于专业化、技术化

粤港澳大湾区环境协同治理网络演变的重要特征是专业性逐步增强,多样化的职能部门参与逐渐深入。广东省政府和省委、香港特别行政区政府和澳门特别行政区政府逐步退出了协同治理网络中心位置,环境职能部门——广东省生态环境厅、香港环境局、澳门环境保护署逐渐替代综合部门成为环境协同治理网络的重要成员,综合部门则更多地承担了协调者的角色,这是政府机构合理调整和职能明确的重要表现。府际权力的部分让渡和移交,是区域环境协同治理的重要特征之一。随着环境事件的增加和影响范围的扩大,"粤港环境保护联络小组""粤港持续发展与环保合作小组"以及"粤澳环保专责小组"等协同治理组织中出现了越来越多涉及财政、民生、自然资源、科技创新等职能的部门,多样化和技术性部门的支持能提高环境治理的效率,为治理创新提供更多途径,减少环境外部性的进一步扩大。

(三)粤港澳大湾区环境协同治理网络呈现多中心化、复杂化

多中心化是粤港澳大湾区环境协同治理网络的关键特征,意味着在环境

协同治理网络中,没有任何一个单一治理主体能够完全主导环境协同治理进程,跨部门治理成为粤港澳区域环境治理的主要路径。多中心的治理网络也意味着网络更富有包容性,更容易采纳新的治理方式和工具,有利于治理创新的发生。通过社会网络分析,能够发现网络内的不同凝聚子群都有核心度较高的治理主体协调小群体内部成员参与环境治理,小群体内的资源和信任产生叠加效应,拓宽了协同方式和合作渠道。由于地域、经济、政治等多样化原因,许多治理主体尤其是中心城市在已有的网络基础上,向外寻求新的合作伙伴,突破原有合作框架,产生了新的合作关系和联合行动,使得环境协同治理整体网络进一步扩大化,复杂性增加。例如,广佛、广深之间原有联系紧密,但随后广州、佛山与肇庆形成"广佛肇"环境治理小群体,深圳也向外形成"深莞惠"合作组合。多中心,双向互动,小圈子协作治理模式和小圈子成员互有重叠是粤港澳大湾区环境协同治理网络的明显发展趋势,整个协同治理网络最终呈现开放、动态和平衡的状态。

(四)粤港澳大湾区环境协同治理网络存在混合式治理模式

粤港澳大湾区环境协同治理网络同时存在多种治理机制。由于治理主体的多样性、网络结构的复杂性和小群体成员的重合性,不同的治理主体和治理关系催生多种甚至部分重合的治理机制。例如,在总体环境治理统筹下,粤港澳三地签订多种形式的合作协议,包括《粤港合作框架协议》《粤澳合作框架协议》和《深化粤港澳合作推进大湾区建设框架协议》等。同时,涉及到粤港澳大湾区的主要环境协同治理问题,例如水污染、空气污染和生态保护等,政府一方面组织了以合作小组为基础的小组会议和专家会议,包括"粤港环境保护联络小组""粤港持续发展与环保合作小组""粤澳环保合作专责小组"和"珠澳环保合作小组"等。另一方面,广东省内有河长制和珠三角森林城市群的环境保护计划等。正是由于多中心和网络趋于复杂化,不同治理主体的利益诉求不同,城市在同一问题上有多种机制并存的现象。不同机制处理同一

问题,能够从不同侧面对问题的解决提出新路径,也是粤港澳大湾区环境协同
治理网络的优势所在,但也存在同一问题反复多次研讨,处理方式互有重叠或
冲突的现象。

第五章　环境协同治理实证研究

　　中国区域环境协同治理对环境绩效改进的提升作用不仅体现在京津冀、长三角、珠三角和粤港澳大湾区的案例之中,定量研究也显示了环境协同改善环境结果的有力证据。本章将依托大气污染协同防治的经验证据,阐述协同治理对提升区域空气质量不可忽视的重要作用,本章还将围绕当下国内外较为关注的气候变化问题,说明协同治理如何实现"碳排放"(Carbon Emission)和"大气污染排放"(Air Pollution Emission)的"双减"。

　　我国区域环境协同治理(Regional Environmental Collaborative Governance)的实践源于 1996 年,当年国务院提出《国家环境保护"九五"计划和 2010 年远景目标》,明确要求对二氧化硫和酸雨实施分区域式的联合控制。[①] 21 世纪初,我国对大气污染协同防控的认识进一步加深,2002 年,粤港两地政府颁布《改善珠江三角洲空气质素的联合声明(2002—2010)》,广东省与香港特别行政区政府就大气污染防控问题开展紧密合作。列入管控的主要大气污染物包括:二氧化硫、氮氧化物、可吸入悬浮粒子和挥发性有机化合物,双方提出以 1997 年为基期,在 2010 年之前将上述四类大气污染物分别降低 40%、20%、55%、55%。为贯彻落实该目标,粤港两地政府成立粤港合作联席会议,由其

---

　　① 燕丽、雷宇、张伟:《我国区域大气污染防治协作历程与展望》,《中国环境管理》2021年第 5 期。

领导并监督协同计划的实施,两地还联合参与大气污染研究,形成从研究、领导、计划、实施、监管一条线的协同工作机制。2006 年,《国家环境保护"十一五"规划》在长三角、珠三角、京津冀等城市群进一步推行大气污染联防联控。2008 年北京奥运会期间,华北六省市实施省际联动式的大气污染治理模式,北京市空气质量取得明显好转,为奥运会的举办营造了良好的环境条件。在大气污染协同治理尝试取得明显成效的情况下,国务院办公厅于 2010 年颁布《关于推进大气污染联防联控工作改善区域空气质量的指导意见》,对大气污染较为严重的京津冀、长三角、珠三角、辽宁中部、山东半岛、武汉都市圈、长株潭、成渝和台湾海峡西岸城市群确定为大气污染联防联控区域,并对大气污染协同治理提出了更高要求,要求建立规划、监测、监管、评估、协调一体化的大气污染联防联控工作机制。到 2012 年,《重点区域大气污染防治"十二五"规划》正式提出建立统一的区域联防联控工作机制,并划定大气污染协同控制的"三区十群"。而后修订的《环境保护法》和《大气污染防治法》正式确立了大气污染联防联控机制的法律地位。2019 年,十九届四中全会将环境协同治理放在突出位置,提出完善污染防治区域联动机制。

可见,近几十年来中国越来越多地采用政府间协同的方式来应对空气污染加剧带来的威胁,我国大气污染联防联控机制于 2010 年后在更大范围内推广,然而鲜有证据表明政府间协同对改善环境质量的有效性。本章基于中国的大气污染联合防治改善空气质量(Joint Prevention and Control of Atmospheric Pollution to Improve Air Quality,JPCAP)项目,使用 2014—2019 年 168 个地级市的面板数据,评估了协同治理对环境结果改善的影响及其动态效应。本章还进一步分析了协同过程中的三个关键要素,即沟通强度(Communication Intensity)、领导力(Leadership)和信息共享程度(Information Sharing Degree)对环境治理(Environmental Governance)的影响。结果表明,由于 JPCAP 项目设计的局限性,大气污染联防联控可以在短期内提升整体空气质量,但不具长效性,仅能在 $PM_{2.5}$ 浓度的管控上发挥持续性影响。在协同治理过程中,承担领导责任的城市在环境治理中有更为突出的表现,信息共享是其关键因素,但沟通机制不完善制约着环境质量的进一步提升。本章为探究环境协同治理效应(Environmental Collaborative Governance Effect)提供了有益启示,并为中国 JP-CAP 项目的完善提供了政策参考。

　　除了大气污染的协同治理,我国在"减污降碳(Pollution Reduction and Carbon Reduction)"上的协同同样引人注目。"减污降碳"顾名思义,指同时降低大气主要污染物排放和二氧化碳排放,是环境政策与气候政策协同的典型举措。工业生产、农业生产、交通运输等过程往往伴随着大气污染与温室气体排放,限制大气污染物的排放与降低碳排放本质上是对同一过程的管制,两者紧密相关。依据生态环境部数据,我国能源消费结构以高碳化石能源为主,其中非化石能源占比 15.2%,化石能源占比近 85%。化石能源消费既是空气污染的主要原因,也是温室气体排放的重要源头,两者具有同根、同源、同过程的特点。减污降碳可以在节约能源、淘汰"两高"企业、鼓励非化石能源发展等方面共振发力。[1] 在实践过程中,我国减污降碳协同治理也取得了一定成就,比如在淘汰落后产能上,经过 2013—2017 年间的努力,我国压缩了钢铁、水泥等行业的过剩产能,不仅大幅降低了大气污染物排放,还减少了 7.37 亿吨二氧化碳排放。[2] 在政策导向上,近年来我国也在大力推动减污降碳间的协同。2015 年修订的《大气污染防治法》增加了要求实施大气污染物和温室气体协同控制的条款,为减污降碳协同提供了法律基础。2018 年党和国家机构改革,应对气候变化职能由发改委转移到生态环境部,减污降碳间的协同也由于部门职能的重新规划,有了实施的制度基础。2021 年 1 月,生态环境部发布《关于统筹和加强应对气候变化与生态环境保护相关工作的指导意见》,提出

---

　　① 骆倩雯:《生态环境部:减污降碳要协同治理、同向发力》,2021 年 2 月 25 日,见 https://baijiahao.baidu.com/s? id=1692651203906558741&wfr=spider&for=pc。
　　② 高敬:《推动生态环境质量持续改善——生态环境部部长黄润秋谈"十四五"环境保护发力点》,2021 年 1 月 2 日,见 http://www.tanpaifang.com/tanguwen/2021/0102/76092_3.html。

减污降碳协同增效的要求,并认为我国今后秉持绿色、低碳、循环发展理念,将应对气候变化与生态环境保护统筹起来,探索出一条应对气候变化与污染防治的双赢发展道路。2021 年 4 月 30 日,习近平总书记强调:"我国生态文明建设进入了以降碳为重点战略方向、推动减污降碳协同增效、促进经济社会发展全面绿色转型、实现生态环境质量改善由量变到质变的关键时期。"①

由此,减污降碳的协同控制逐渐成为我国应对气候变化、加强污染防治的重要抓手。本章将基于碳排放交易试点政策(Pilot Policy on Carbon Emissions Trading),利用 DID 模型评估试点政策的减污降碳效应,助力我国减污降碳增效。本章研究发现:一是试点政策不仅显著降低了碳排放,而且能显著减少 $PM_{2.5}$ 污染,说明试点政策具有"减污降碳"双重效应。二是试点政策可通过"由污及碳"的协同控制效应降低碳排放,"减污"有利于强化碳交易试点政策的激励与约束效应,"由污及碳"的协同控制效应主要由东部地区产生;但试点政策"由碳及污"的协同控制效应不显著,"降碳"导向下"降碳"投入可能会对"减污"投入形成替代效应。三是试点城市的减污降碳协同水平对试点政策"减污""降碳"效应的发挥起到了十分显著的促进作用。试点城市减污降碳协同水平越高,试点政策越能够有效地发挥激励或约束作用,进而产生"减污降碳"效应。

实现区域环境协同治理是我国走向治理现代化的必由之路,协同治理对中央政府的统筹能力与地方政府间的协调能力有较高要求,协同治理能否发挥出 1+1>2 的正向溢出效应,很大程度上取决于政府的现代化治理能力。本章以"大气污染联防联控"(Air Pollution Joint Prevention and Control)和"减污降碳协同"(Synergy of Pollution Reduction and Carbon Reduction)为例,一方面聚焦于我国两类典型的环境协同治理举措,前者是同一政策在不同地区间的协同,后者则是不同政策间的协同,对两者的研究有助于揭示我国环境协同治理机制并评估政策效果,为我国区域环境协同治理的改进提供有益参考;另一

① 《习近平著作选读》第二卷,人民出版社 2023 年版,第 462 页。

方面，"大气污染联防联控""减污降碳协同"均为新时代背景下我国环境协同治理的重要举措，大气污染防控与应对气候变化是新时期我国生态环境领域的热点问题，本章基于"大气污染联防联控"与"减污降碳协同"的分析对我国解决当前突出的环境问题有重要现实价值。

第一节　中国大气污染联防联控的治理效果评估

一、空气质量恶化与大气污染联防联控

在过去的几十年里，中国快速的工业化和城市化导致了空气质量的急剧恶化，严重且持续的雾霾事件频发，使得空气污染治理成为中国民众关注的主要问题之一。[1] 2019 年，在世界卫生组织（World Health Organization，WHO）公布的全球健康十大威胁中，空气污染（Air Pollution）赫然在列，并被视为人类健康的最大威胁。WHO 指出："全世界十个人里有九个每天在呼吸受污染的空气"。人体吸入大气污染物会导致肺部、心脏和大脑受损，由空气污染引致的癌症、中风、心脏、大脑等疾病导致每年近 700 万人死亡，而且 90% 的死亡发生在工业、交通、农业等领域排放尤甚的中低收入国家。我国大气污染治理虽取得一定的进展，但部分地区的污染问题依旧突出。比如 2021 年 3 月以来，重度雾霾与沙尘暴天气侵袭了包括北京市在内的 12 个省市，我国也多次发布重度雾霾预警。同期，IQAir 实时统计的城市空气质量排名显示，北京和沈阳的空气污染程度位居世界第一、第二，空气污染十分严重，被认定为"非常不健康"，仅距"危险"等级（最严重的程度等级）一步之遥。可见我国大气污染

---

[1]　S. Li，K. Lu，X. Ma，et al.，"The Air Qualityof Beijing – Tianjin – Hebei Regions around the Asia–Pacific Economic Cooperation（APEC）Meetings"，*Atmospheric Pollution Research*，Vol. 6，No. 6（November 2015），pp. 1066–1072.

治理依旧任务艰巨,任重而道远。

跨界治理(Cross-Border Governance)难题是我国大气污染难以根除的重要原因,空气污染的跨界溢出效应加剧了治理过程的复杂性,因为任何一个政府都不可能独立解决跨界的环境问题。[①] 因此,在中国许多地区,越来越多的政府间合作方式被用于解决空气污染问题。例如,为了保证良好的空气质量,2014 年 11 月 6 日至 11 日,亚太经济合作组织(APEC)发起的 APEC 峰会,促使北京市政府与天津、河北及周边地区政府密切合作,采取最严格的减排措施,包括以天然气替代煤炭、限制机动车隔日行驶、减少一些污染工厂的活动、加强道路清洁。[②] 区域协同为改善当时北京的空气质量做出了重大贡献。[③] 2008 年北京奥运会和 2010 年上海世博会说明了中国地方政府的减排合作是如何在特定时间内显著改善空气质量的,APEC 会议与上海世博会的例子证明了政府间环境协同治理的可行性和有效性。这种短期合作确实解决了中国的空气污染问题,协同治理成为中国应对空气污染加剧威胁的重要手段[④],但在合作活动结束后,空气质量经常大幅下降[⑤]。短暂的环境改善高度依赖于强制措施的实施,以及对重大事件的高度重视引致的低执行阻力,如果缺乏特殊事件,严格的管制措施将难以为继。[⑥] 因此,以往的空气污染协同控

---

① 李永亮:《"新常态"视阈下府际协同治理雾霾的困境与出路》,《中国行政管理》2015 年第 9 期。

② H.Wang, L. Zhao, Y. Xie, et al., "'APEC Blue' - The Effects and Implications of Joint Pollution Prevention and Control Program", *Science of the Total Environment*, Vol.553, (May 2016), pp.429-438.

③ 徐骏:《雾霾跨域治理法治化的困境及其出路——以 G20 峰会空气质量保障协作为例》,《理论与改革》2017 年第 1 期。

④ J.Zeng, T.Liu, R.Feiock, et al., "The Impacts of China's Provincial Energy Policies on Major Air Pollutants: A Spatial Econometric Analysis", *Energy Policy*, Vol.132(September 2019), pp.392-403.

⑤ K.Huang, X. Zhang, Y. Lin, "The 'APEC Blue' Phenomenon: Regional Emission Control Effects Observed from Space", *Atmospheric Research*, Vol.164(November 2015), pp.65-75.

⑥ X.Zhou, M. Elder, "Regional Air Quality Management in China: the 2010 Guideline on Strengthening Joint Prevention and Control of Atmospheric Pollution", *International Journal of Sustainable Society*, Vol.5, No.3(June2013), pp.232-249.

制经验在日常污染控制管理中的适用性是值得怀疑的。

由此，本书提出以下问题：区域协同能否改善区域空气质量，成为解决空气污染问题的持久性方案？为了回答该问题，需要提供协同治理改善环境的相关证据，以及协同治理（Collaborative Governance）优于传统层级管理控制（Hierarchical Management Control）或市场运作的佐证。尽管协同已被证明可以增加政策和项目的执行成功率[1]，因为协同可以为执行提供支持和资金[2]，但很少有人知道协同治理与环境绩效之间的关系[3]。学界对协同的形成、过程、影响因素与机制的了解很多[4][5]，但对"协同能在多大程度上改善环境"却知之甚少。此外，大多数成果研究的重点是流域协同治理[6]，地方间协同改善大气质量的有效性还缺乏检验。许多学者和政府官员也认为协同治理是更好的选择，明确呼吁公共环境机构之间形成合作，共同解决大气污染问题[7]。因此，探索有效评价环境协同治理效应的路径正当其时。

---

[1]　R.Agranoff, M.Mcguire, "Inside the Matrix: Integrating the Paradigms of Intergovernmental and Network Management", *International Journal of Public Administration*, Vol.26, No.12 (February 2007), pp.1401–1422.

[2]　R.Duncan, "Beyond Consensus: Improving Collaborative Planning and Management", *New Zealand Geographer*, Vol.70, No.1 (2014), pp.85–86.

[3]　P.J.Ferraro, S.K.Pattanayak, "Money for Nothing? A Call for Empirical Evaluation of Biodiversity Conservation Investments", *Plos Biology*, Vol.4, No.4 (April 2006), pp.482–488.

[4]　D.Cristofoli, S.Douglas, J.Torfing, et al., "Having it All: Can Collaborative Governance be Both Legitimate and Accountable", *Public Management Review*, Vol.24, No.5 (August 2021), pp.704–208.

[5]　M.C.Spitzmueller, T.F.Jackson, L.A.Warner, "Collaborative Governance in the Age of Managed Behavioral Health Care", *Journal of the Society for Social Work and Research*, Vol.11, No.4 (2020), pp.615–642.

[6]　J.C.Biddle, T.M.Koontz, "Goal Specificity: A Proxy Measure for Improvements in Environmental Outcomes in Collaborative Governance", *Journal of Environmental Management*, Vol.145, (December 2014), pp.268–276.

[7]　孙丹、杜吴鹏、高庆先、师华定、轩春怡：《2001年至2010年中国三大城市群中几个典型城市的 API 变化特征》，《资源科学》2012年第8期。

二、协同治理与环境结果的关系

(一) 协同治理与效应

不同于层级化的指令管理、基于市场的管理或基于信息的监管,协同治理是一种包容、互动的公共政策工具,涉及三个或三个以上的组织或个人,他们共同解决环境和资源管理方面的复杂纠纷。[①] 关于协同的大量文献,其理论视角来自不同学科,产生了对协同不同的定义和理解。笔者认为协同治理安排可以视为一个有时间限制的过程,在这个过程中,自治或半自治的组织在共享的规范、规则和结构的基础上,为共同的目标而互动,这些规范、规则和结构是它们共同创建的,以管理它们之间的关系。该定义强调了协同的几个特征,首先,协同治理安排关注的是组织而不是个人。因此,协同可以被描述为一个组织间的过程,它可以在组织间相互作用,以创建新的组织和社会结构。其次,与存在持续时间性的社会网络相比,协同治理在时间上是有限的。临时合作联盟的建立是为了解决争端或实现共同利益,但当目标实现时,协同过程将停止。此外,合作行为体有共同目标,目标由参与方共同决定,包括推进共同愿景、解决冲突、获得自身利益或共同利益。也就是说,当产生了任何组织都无法单独产生的产品,并且每个参与者相比于单独生产能够更好地实现自己的目标时,协同优势就会实现。因而我们有理由认为,环境协同治理可以有效提升环境质量,大气污染联防联控机制对提升空气质量有明显的促进作用:假设 1(H1):政府间的大气污染协同治理能够改善环境结果。

(二) 协同治理中的沟通、领导及信息共享

事实证明,在协同治理和改善环境绩效之间建立因果关系是困难的,因为

---

① 　C.Ansell, A.Gash, "Collaborative Governance in Theory and Practice", *Journal of Public Administration Research and Theory*, Vol.18, No.4(October 2008), pp.543–571.

很难获得关于长期环境变化的监测数据，很难控制混杂的影响，也很难实施"协同治理"。因此，由于缺乏直接环境结果的数据，现有的研究评估了协同产出的变化。作为协同产出的绩效衡量标准，协议和计划是行动的先导，但不一定会导致有助于更好的环境结果的成功项目。地方政府决策者不仅面临是否发起或支持协同的一般选择，还需要考虑采取什么具体的协同方式，因此，我们需要打开协同过程的"黑箱"，并将协同活动与环境绩效联系起来。协同治理过程是由合作伙伴执行的各种活动。现有文献提出了协同过程的三个关键要素：沟通、领导、信息共享。

1. 沟通

沟通是协同过程中的关键因素，可能影响参与者间的相互关系及最终的治理结果。与传统的等级制和基于市场的管理相比，多边性是协同的重要属性。在网络中，沟通充当了不同利益相关者之间的桥梁，可以通过言语、文字或符号传递或交换思想、观点或信息[1]。反复的交流将影响组织的协作意愿，频繁的沟通可以增加各主体间的信息交换并产生更高质量的决策[2]。沟通是建立信任、发展共同理解和促进成员承诺的重要过程[3]。麦奎尔（Mcguire）认为，协作成员之间的接触点越多，越能增强相互间的信任[4]。相互信任则会进一步促进心理契约、非正式理解和承诺的建立[5]，促进参与者之间更开放的讨

① D.Mishra, A.Mishra, "Effective Communication, Collaboration, and Coordination in Extreme Programming: Human-Centric Perspective in a Small Organization", *Human Factors and Ergonomics in Manufacturing*, Vol.19, No.5(2009), pp.438-456.

② T.C.Beierle, "The Quality of Stakeholder-Based Decisions", *Risk Analysis: An Official Publication of the Society for Risk Analysis*, Vol.22, No.4(2002), pp.739-749.

③ R.Plummer, J.Fitzgibbon, "Co-Management of Natural Resources: A Proposed Framework", *Environmental Management*, Vol.33, No.6(2004), pp.876-885.

④ M.Mcguire, "Collaborative Public Management: Assessing What We Know and How We Know it", *Public Administration Review*, Vol.6, (2006), pp.33-43.

⑤ A.M.Thomson, J.L.Perry, T.K.Miller, "Conceptualizing and Measuring Collaboration", *Journal of Public Administration Research and Theory*, Vol.19, No.1(2009), pp.23-56.

论和沟通,产生凝聚力和共识。① 此外,沟通培养对使命、问题、目标和规范的共同理解②,反复的沟通和互动也促进了成员对过程的承诺。通过频繁的沟通,成员间打破了刻板印象和其他障碍③,并增进了共同利益,有助于强化成员的承诺,而利益相关者的合作承诺水平是解释行动成功或失败的关键因素。④ 因此,沟通可能是跨部门协同治理的重要组成部分,我们提出假设2(H2):协作成员之间沟通的加强会改善环境结果。

2. 领导

正如单个组织需要一定程度的领导才能正常运作一样,跨界、协同网络也需要领导才能引导和促进沟通与合作,以做出富有成效的决策和解决方案。⑤领导关注的是在协同过程中从事管理活动的组织,例如联合会议中负有牵头责任的组织。在协同过程中承担管理责任的组织通常扮演领导角色,并更有可能与其他成员进行密集的互动。因此,网络领导组织可能比其他参与机构有更多的信息和资源来完成分配的任务,并取得更好的改善环境结果。网络领导者专注于保持协作的进行,帮助实现共同的协同目标,但责任的增加往往意味着更多的投入,协同型领导可能是时间、资源和技能密集型的,更多的管理责任带来了更多的关于信息共享、计划、任务分配、联合执行等方面的密集性互动,这需要更多的参与和投资,以及更多的时间和努力。⑥ 随着交易成本

---

① B.Koehler,T.M.Koontz,"Citizen Participation in Collaborative Watershed Partnerships",*Environmental Management*,Vol.41,No.2(2008),pp.143-154.

② L.Tett,J.Crowther,P.O'hara,"Collaborative Partnerships in Community Education",*Journal of Education Policy*,Vol.18,No.1(2003),pp.37-51.

③ G.Bentrup,"Evaluation of a Collaborative Model:A Case Study Analysis of Watershed Planning in the Intermountain West",*Environmental Management*,Vol.27,No.5(2001),pp.739-748.

④ R.D.Margerum,"A Typology of Collaboration Efforts in Environmental Management",*Environmental Management*,Vol.41,No.4(2008),pp.487-500.

⑤ C.Silvia,M.Mcguire,"Leading Public Sector Networks:An Empirical Examination of Integrative Leadership Behaviors",*Leadership Quarterly*,Vol.21,No.2(2010),pp.264-277.

⑥ P.Sabatier,W.Leach,M.Lubell,et al.,*Theoretical Frameworks Explaining Partnership Success*.Cambridge,Ma:Mit Press,2005,pp.173-200.

（Transaction Cost）的增加，名义合作更有可能发生，实际合作被名义合作所取代。① 因此，如果团体或组织不能完全承担责任，那么协同带来的正向影响难以进一步扩大。据此本书提出假设3（H3）：如果领导者组织在协同中承担更多的管理责任，则可以实现更好的环境结果。

3.信息共享

正如布列逊（Bryson）所定义："跨部门协同是两个或多个部门的组织共享信息、资源、活动和能力，共同实现一个部门单独无法实现的结果"。② 本研究中的信息共享是指信息和资源的交换，如空气质量相关数据、工作人员的技术知识和专业知识等。为共同利益而分享信息是协同的显著特征。③ 信息和专业知识的交流被认为有助于共享学习，形成共享知识，提高利益相关者的理解和技能，这对解决复杂的环境问题尤其必要。西尔维娅（Silvia）和麦奎尔（Mcguire）发现，在许多管理和领导行为中，在协作成员之间共享信息是管理者十分重要的行为。同样，阿格拉诺夫（Agranoff）和麦奎尔（Mcguire）强调，网络管理（Network Management）和授权（Authorization）是基于信息共享，而不是基于法律范式的权威。④ 网络管理者经常寻求最小化和消除信息障碍来维持合作，因为信息和资源的交换增加了成员维持长期关系的意愿。

H4：在协同过程中，各成员之间增加信息共享的组织可以改善环境结果。

① R.C.Feiock,"The Institutional Collective Action Framework",*Policy Studies Journal*,Vol.41, No.3(2013),pp.397-425.

② J.M.Bryson,B.C.Crosby,M.M.Stone,"The Design and Implementation of Cross-Sector Collaborations:Propositions from the Literature",*Public Administration Review*,Vol.66,(2006),pp.44-55.

③ A.M.Thomson,J.L.Perry,"Collaboration Processes:Inside the Black Box",*Public Administration Review*,Vol.66,(2006),pp.20-32.

④ R.Agranoff,M.Mcguire,"Big Questions in Public Network Management Research",*Journal of Public Administration Research and Theory*,Vol.11,No.3(2001),pp.295-326.

三、中国空气质量管理中的协同治理

现有文献缺乏直接将协同过程与环境结果联系起来的研究,其主要原因在于缺乏环境条件方面的数据。在实践中,监测环境条件是昂贵的,需要专门的技术知识,这往往是预算削减的第一道项目。幸运的是,中国大气污染联防联控计划(JPCAP)为开展实证研究提供了难得的机会,全国范围内统一的区域空气质量监测网络的建立,提供了直接的环境监测结果。

2010 年,环境保护部等九部委联合发布《关于推进大气污染联防联控工作改善区域空气质量的指导意见》,提出我国部分地区的区域空气污染问题较为突出,需要借鉴国外先进经验,尽早建立大气污染区域联防联控机制,以遏止酸雨、雾霾等严重威胁公众健康的空气污染问题。JPACP 囊括京津冀、长三角、珠三角、辽宁中部、山东半岛、武汉都市圈、长株潭、成渝和台湾海峡西岸城市群。JPACP 旨在改善区域空气质量,以建立区域内统一的规划、监测、监管、评估、协调机制为手段,秉持属地管理与区域联动相结合原则,全面降低大气污染排放。JPACP 提出:到 2015 年,建立大气污染联防联控机制,主要大气污染物排放总量显著下降,区域空气质量大幅改善。根据《关于推进大气污染联防联控工作改善区域空气质量的指导意见》,试点地区政府根据当地需要提供地方大气污染治理资金(财政支持),定期召开会议讨论制定区域联防联控(协同)方案,制定区域空气质量管理问责制和区域减排目标(问责制),评估区域目标(评估)结果,定期发布区域空气质量监测结果和进展(信息)。[1] 但该指导意见在如何建立由法律、标准和政策组成的制度框架方面不够明确,仅设计了一个关于地方政府沟通和相互理解方面的薄弱协作机制。

---

① 中华人民共和国环境保护部:《关于推进大气污染联防联控工作改善区域空气质量的指导意见》,2010 年 6 月 21 日,见 https://www.mee.gov.cn/gkml/sthjbgw/qt/201006/t20100621_191108.htm。

2012年,中国实施《重点区域大气污染防治"十二五"规划》(中华人民共和国环境保护部)①,加强大气污染防治协同网络建设。它考虑了发达地区和欠发达地区的地区差异。规划中分别列出了2012—2015年的年度目标和各区域21个大气污染精准治理项目。建立联防联控机制(如建立环境信息共享机制、建立区域大气污染预警和应急机制等),实施创新的环境政策措施(如区域财政补贴激励政策、区域价格和金融贸易政策等),提高联防联控能力(如监测关键污染源的能力、区域污染物排放能力统计等)。2013年9月,在京津冀地区正式成立了JPCAP区域协作工作组,2014年1月,长江三角洲地区正式成立了JPCAP区域协作工作组。建立运行机制,有利于制定长期稳定统一的地方大气污染防治协同战略。表5-1提供了JPCAP项目的具体信息。

表 5-1　JPCAP 项目的具体信息

地区	关键城市数量	参与城市规模	开始时间(月/年)
京津冀地区	6	13	10/2013
长三角地区	14	25	1/2014
珠三角地区	9	9	10/2008
辽中地区	1	7	5/2011
山东半岛	5	8	11/2015
武汉都市圈	1	9	7/2014
长株潭都市圈	1	3	5/2015
成渝都市圈	2	15	12/2016
台湾海峡西岸都市圈	2	9	8/2012

注:开始时间是设置正式协同治理工作小组的时间。

---

① 中华人民共和国环境保护部:《重点区域大气污染防治"十二五"规划》,2012年10月19日,见 https://www.mee.gov.cn/gkml/hbb/bwj/201212/t20121205_243271.htm。

JPCAP 自 2012 年开始推行,在 JPCAP 的作用下,区域空气质量如何变化? 本书以三个主要区域为例,分析 2014—2019 年珠江三角洲、京津冀地区和长江三角洲的 AQI 和 $PM_{2.5}$ 变化趋势(图 5-1)。整体而言,京津冀地区的大气污染严重程度甚于长三角地区,长三角地区的空气污染甚于珠三角地区。但经过六年时间的治理,三个地区的 AQI 与 $PM_{2.5}$ 逐年下降,空气污染得到抑制。并且,不同地区空气污染的下降速率存在差异,京津冀地区和长三角地区的空气质量提升较为明显,而珠三角地区的空气污染下降幅度较小。

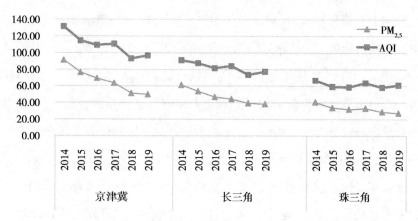

图 5-1 2014—2019 年三个主要地区 AQI 和 $PM_{2.5}$ 的变化趋势图(单位:$\mu g/m^3$)

上述趋势描述表明,JPCAP 项目实施以来,区域空气质量似乎有所改善。但背后原因是否与 JPCAP 项目中城市之间的联防联控安排有关? 趋势分析还显示了空气质量改善的区域差异,这种差异是由于不同地区地方城市的协同过程不同所致吗? 地方城市的空气污染防治,对当地和周边地区的空气质量改善都有好处。不同之处在于,在协同网络中,地方政府辖区内的控制方案、目标是由其自身和网络中的其他地方政府共同设定的。[①] 因此,本书将探讨地方政府的环境治理协同行为是否推动了地方空气质量的改善。

---

① D.Wu,Y.Xu,S.Zhang,"Will Joint Regional Air Pollution Control Be More Cost-Effective? An Empirical Study of China's Beijing-Tianjin-Hebei Region",*Journal of Environmental Management*, Vol.149,(2005),pp.27-36.

四、变量设置及数据说明

（一）因变量

因变量为各个城市的空气质量，以空气质量指数（Air Quality Index，AQI）和 $PM_{2.5}$ 浓度作为测量指标，数据来自"中国空气质量在线监测分析平台"（https://www.aqistudy.cn/historydata/）。该网站提供生态环境部发布的空气污染物实时监测数据，以及中国近 400 个城市的月度历史数据。根据中国国家环境监测中心编制发布的《城市空气质量月报》，自 2013 年 1 月 1 日起，采用环境空气质量指数（AQI）评分取代空气污染指数（API）评分。AQI 是综合考虑一氧化碳（CO）、二氧化氮（NO_2）、二氧化硫（SO_2）、臭氧（O_3）、细颗粒物（$PM_{2.5}$）、可吸入颗粒物（PM_{10}）等六种重点空气污染物排放情况，对城市总体空气质量进行综合评价，弥补了 API 的不足。AQI 指数代表了每个城市的整体空气状况，AQI 值越大，表示整体空气污染程度越严重。AQI 的具体计算方法可参考环境保护部发布的《环境空气质量指数（AQI）技术规定（试行）》[①]。同时本书还选择了 $PM_{2.5}$ 浓度反映颗粒物污染物的污染程度，选择该指标的原因在于：近年来中国雾霾发生率较高，已成为中国民众普遍关注的问题，$PM_{2.5}$ 被视为衡量雾霾监测的关键指标，也是 JPCAP 的主要防控指标之一。

（二）自变量

本书首先考察了 JPCAP 项目对空气质量的提升作用，为此采用多时点 DID 模型，设置大气污染联防联控城市（Treat）作为核心自变量，而后进一步考察了协同机制中的沟通强度、领导力、信息共享程度对空气质量的影响。

[①]　中华人民共和国环境保护部：《环境空气质量指数（AQI）技术规定（试行）》，2016 年 1 月 1 日，见 https://www.mee.gov.cn/ywgz/fgbz/bz/bzwb/jcffbz/201203/t20120302_224166.shtml。

1. 大气污染联防联控城市(treat)

$treat_{it} = 1$ 表示城市 i "属于大气污染联防联控区域(JPCAP 项目)"且"处于 t 点时,联防联控机制已正式建立并运行",其他情况下 $treat_{it}$ 取值为 0。该变量用于反映政策净效应。在样本中,加入 JPCAP 项目的城市共计 79 个。不同城市加入 JPCAP 项目的时间并不统一,故而本书采用多时点 DID 模型。此外,考虑到政策影响的滞后性,如果 A 市联防联控机制建立于上半年,则将 A 市当年及以后年份的 $treat$ 设置为"1",如果 A 市联防联控机制建立于下半年,则将 A 市下一年及之后年份的 $treat$ 设置为"1"。

2. 沟通强度(Communication)

在所有类型的沟通中,面对面对话(Face-to-Face Dialogue)是跨部门合作的重要方式。与电话、邮件等非直接沟通方式相比,直接互动的沟通效果更高。在解决复杂问题时,如流域管理和空气污染控制,面对面的定期会议是政府间协同的重要手段,可以反映城市与合作伙伴的沟通水平。具体来说,某一城市在某一特定年份举行的定期联席会议、圆桌会议、工作小组会议、所有主题会议和全体会议的累计次数被编码为沟通强度得分。面对面对话越频繁,沟通强度越高。

3. 领导力(Leadership)

领导力是在共享权力网络中解决公共问题所必需的能力,它与建立信任、促进相互理解和协商共同目标及实施过程中的任务或行为紧密相关。现有文献认为领导的任务或行为包括:协调、计划(如起草协议)、组织(如主持会议)和管理(如领导工作量分配)。[①] 本书据此确定担任领导责任的城市,并通过编码二分变量,比较在合作中承担管理责任的牵头城市和没有承担领导角色的城市在环境质量上的差异。对于样本中的每个城市,如果其担任协同治理

---

① T.Scott, " Does Collaboration Make Any Difference? Linking Collaborative Governance to Environmental Outcomes ", *Journal of Policy Analysis and Management*, Vol. 34, No. 3 (2015), pp.263-537.

的领导者，将其领导力编码为"1"，否则编码为"0"。例如，A 城市在 2015 年召集或主办联席会议，则 A 城市将被视为协同治理的领导者，2015 年及以后将被编码为"1"。

4. 信息共享程度（Information）

为更深入地了解城市与合作伙伴之间的信息共享强度，有必要对其进行定量研究。考虑到协同过程中涉及的各类主体以及可能发生的情况，信息共享行为往往很难直接观察到。幸运的是，在许多 JPCAP 网络中，已经建立了一个正式的区域信息共享平台，作为组织之间的共享机制。通过共建共享平台，实现大气污染源、空气质量监测、气象数据等环境信息在网络内共享。为了从实证角度理解信息共享，巴奥（Bao）和布蒂利耶（Bouthillier）将衡量组织共享活动分为三个维度六个子指标：第一，共享信息种类和共享信息详细程度指标，反映内容维度（Content Dimension）；第二，共享距离和共享宽度指标，反映空间维度（Spatial Dimension）；第三，共享频率和共享时效性指标，反映时间维度（Time Dimension）。[①] 在本研究中，合作成员是平等的，没有层级，并且正规成员数量通常是固定的，因此没有考虑空间维度。而是采用内容维度和时间维度的两个指标：实际共享的信息类型数量和共享频率。

具体而言，就共享信息类型的指标数量而言，本书调查了五类与空气质量管理相关的信息：实时空气质量监测数据、国家重点监测污染源监测数据、大气污染物排放清单数据、大气超级站点数据、城市机动车污染数据。每一种类型的信息在不同城市之间以不同的频率与合作伙伴共享。共享的信息类型越多，说明城市与合作伙伴的信息共享水平越高，互动程度越深。共享频率是指一个城市在一定时间内共享或接收特定类型信息的次数。它被用作不同类型信息的权重。我们开发了一个 3 级量表来测量平均频率：0 表示几乎没有，1

---

① X. Bao, F. Bouthillier, "Information Sharing: As a Type of Information Behavior", *Canadian Journal of Information and Library Science-Revue Canadienne Des Sciences De L Information Et De Bibliotheconomie*, Vol.30, No.1-2(2007), pp.91-92.

表示季度或年度,2 表示实时、每日、每周或每月。信息共享越频繁,说明信息共享水平越高,信息共享的及时性越高,共享总量越大。信息共享程度的计算公式如式(1)所示。其中,V＝某一年城市信息共享总体水平;T＝某种类型的信息被共享;F＝某一类型信息被共享的频率。

$$V = T_1 \times F_1 + T_2 \times F_2 + T_3 \times F_3 + T_4 \times F_4 + T_5 \times F_5 \qquad (1)$$

(三) 控制变量

控制变量对本研究中的环境结果有潜在影响,因此有必要对它们进行尽可能多的控制,以区分与合作的影响。例如社会经济因素、区域环境因素等。[①] 这些区域变量的差异是直接测量协同过程和最终环境结果之间因果关系的基本障碍。

1. 社会经济因素

地方财政收入。地方财政收入反映了地方财政能力,是地方政府大气污染治理的物质基础,财政能力更强的地方政府在大气污染防治中更有可能取得突出成绩,因而本书选择"地方财政一般预算内收入"作为测量指标。[②]

重工业就业人数。工业排放是大气污染的主要源头[③],其中重工业对地方空气污染贡献巨大。地方政府在维持经济发展与空气污染治理中面临抉择,重工业就业人数较多的城市,出于地区产业结构及就业结构的考量,更不可能采取积极措施抑制空气污染。本书选取的"重工业就业人数"指标是制造业、建筑业、采掘业、电力煤气及水生产供应业等行业的就业人数累计。

[①]　王兴杰、谢高地、岳书平:《经济增长和人口集聚对城市环境空气质量的影响及区域分异——以第一阶段实施新空气质量标准的 74 个城市为例》,《经济地理》2015 年第 2 期。

[②]　王小龙、陈金皇:《省直管县改革与区域空气污染——来自卫星反演数据的实证证据》,《金融研究》2020 年第 12 期。

[③]　高纹、杨昕:《经济增长与大气污染——基于城市面板数据的联立方程估计》,《南京审计大学学报》2019 年第 2 期。

2. 区域环境因素

PM$_{10}$浓度。国家环保总局于 1996 年颁布《环境空气质量标准（GB3095—1996）》[1]，粒径在 10 微米以下的颗粒物（PM$_{10}$）成为衡量大气质量的标准之一。本书也将 PM$_{10}$浓度作为重要的环境变量加以控制。

SO$_2$浓度。SO$_2$是大气主要污染物，煤炭和石油作为重要的化工原料，均包含硫元素，因而在工业生产过程中会产生大量的 SO$_2$。为此，本书加入 SO$_2$浓度作为控制变量。

CO 浓度。CO 是全球排放量最大的大气污染物，其主要排放方式包括矿物及燃料燃烧、石油炼制、固体废物焚烧等。1992 年，国家环境保护局发布的《制定地方大气污染物排放标准的技术方法（GB/T 3840—91）》开始实施[2]，CO 被视为大气主要污染物。因而本书在实证过程中也加以控制。

NO$_2$浓度。NO$_2$也是重要的大气污染物，是酸雨的重要诱因[3]，因而本书将其选为控制变量。人为 NO$_2$排放主要源于机动车尾气、锅炉废气、硝酸生产及冶炼等等。

表 5-2　变量、测量与数据来源机构

变量	变量标识	测量方法	数据来源
AQI 指数值的对数	ln*aqi*	连续变量，计算方法参照《环境空气质量指数（AQI）技术规定（试行）》。	中国空气质量在线监测分析平台
PM$_{2.5}$浓度的对数	ln*pm*$_{2.5}$	连续变量，由"中国空气质量在线监测分析平台"提供的月度数据转化为年度数据得到。	中国空气质量在线监测分析平台

---

① 中华人民共和国国家环保总局：《环境空气质量标准（GB3095—1996）》，1996 年 10 月 1 日，见 https://wenku.baidu.com/view/44a11f24dd36a32d73758121.html。

② 中华人民共和国国家环境保护局：《制定地方大气污染物排放标准的技术方法（GB/T 3840—91）》，1992 年 6 月 1 日，见 https://wenku.baidu.com/view/b9ca71bf910ef12d2af9e78c.html。

③ 姜磊、何世雄、崔远政：《基于空间计量模型的氮氧化物排放驱动因素分析：基于卫星观测数据》，《地理科学》2020 年第 3 期。

变量	变量标识	测量方法	数据来源
大气污染联防联控城市	*treat*	二值变量,变量定义依据《国务院办公厅转发环境保护部等部门关于推进大气污染联防联控工作改善区域空气质量指导意见的通知》(国办发〔2010〕33号)关于大气污染联防联控工作部分。	国务院政府官网文件
沟通强度	*Communication*	连续变量,指一个城市在给定年份参加联合会议的总次数。	市级政府官网文件
领导力	*Leadership*	二分变量,指一个城市在相应年份是否在网络内开展了管理活动和任务。	市级政府官网文件
信息共享程度	*Information*	连续变量,指在给定年份城市在合作伙伴内部共享的信息类型和频率的数量。	市级政府官网文件
地方财政收入的对数	lnrevenue	连续变量,即"地方财政一般预算内收入的对数"。	《中国城市统计年鉴》
重工业就业人数的对数	lnemployment	连续变量,通过累加计算制造业、建筑业、采掘业、电力煤气及水生产供应业等行业的就业人数得到。	《中国城市统计年鉴》
PM_{10}浓度的对数	$lnpm_{10}$	连续变量,由"中国空气质量在线监测分析平台"提供的月度数据转化为年度数据得到。	中国空气质量在线监测分析平台
SO_2浓度的对数	$lnso_2$	连续变量,由"中国空气质量在线监测分析平台"提供的月度数据转化为年度数据得到。	中国空气质量在线监测分析平台
CO浓度的对数	lnco	连续变量,由"中国空气质量在线监测分析平台"提供的月度数据转化为年度数据得到。	中国空气质量在线监测分析平台
NO_2浓度的对数	$lnno_2$	连续变量,由"中国空气质量在线监测分析平台"提供的月度数据转化为年度数据得到。	中国空气质量在线监测分析平台

表5-2列出了模型中所有变量的定义、测量和数据来源。最终本书收集了2014—2019年中国168个地级市的面板数据。其中,因变量数据源于"中国空气质量在线监测分析平台"。自变量数据收集自国务院以及京津冀、长

三角、珠三角、辽中、山东半岛、武汉都市圈、长株潭、成渝都市圈及海峡西岸都市圈城市的政府环境部门官网。控制变量中，社会经济因素数据源自《中国城市统计年鉴》，区域环境因素数据源自"中国空气质量在线监测分析平台"。样本量总计 1008 个。在实证过程中，本书对除 *Treat*、*Communication*、*Leadership*、*Information* 之外的变量作了对数化处理。

五、模型设定

本书旨在评估协同治理是否在长期内有效地改善环境成果，利用 2014—2019 年的面板数据集，研究大气污染联防联控对中国空气质量的影响。本书首先采用双向固定效应模型分析协同治理效应，而后使用 PSM-DID 法，在匹配样本条件下进一步检验结论的稳健性，然后通过动态效应分析，探究大气污染联防联控的长期效应，最后研究沟通、领导、信息共享三类因素在协同治理过程中的作用。

双向固定效应模型和 PSM-DID 模型如式（2）所示，其中 Y_{it} 为因变量，$treat_{it}$ 为自变量"大气污染联防联控城市"，X_{it} 为控制变量，δ_t 为时间固定效应，u_i 为个体固定效应，ε_{it} 为误差项。该模型用于评估大气污染联防联控城市较之其他城市是否取得了明显的空气质量改善。

$$Y_{it} = \beta_0 + \beta_1 treat_{it} + \beta_2 X_{it} + \delta_t + u_i + \varepsilon_{it} \qquad (2)$$

为检验沟通、领导、信息共享因素的作用，本书还构建了式（3）所示的模型。其中 i 为 JPCAP 项目中 79 个城市，t 为时间。Y_{it} 为因变量，即 2014—2019 年各城市的空气质量（AQI 年平均值和 $PM_{2.5}$ 值）。X_{it-1} 代表解释变量，描述了地方城市在协同过程中的三个关键因素，即沟通、领导和信息共享。协同过程产生影响需要一定的时间过程，因而模型使用动态面板，当 Y_{it} 为 t 年时，自变量为 $t-1$ 年。Z_{it} 为控制变量，u_{it} 是误差项。

$$Y_{it} = \beta_0 + \beta_1 X_{it-1} + \beta_2 Z_{it} + u_{it} \qquad (3)$$

六、区域大气污染联防联控的协同效应分析

(一) 描述性统计

表 5-3 展示了变量的描述性统计情况,变量 *treat* 平均值为 0.49,表明样本中有 49%的城市处于大气污染联防联控区域。

表 5-3　变量描述性统计

变量	变量符号	平均值	标准差	最小值	最大值
AQI 的对数	$lnaqi$	4.40	0.27	3.56	5.13
$PM_{2.5}$ 浓度的对数	$lnpm_{2.5}$	3.83	0.38	2.46	4.82
大气污染联防联控城市	$treat$	0.40	0.49	0.00	1.00
沟通程度	$Communication$	8.80	4.80	0.00	16.00
领导力	$Leadship$	0.51	0.50	0.00	1.00
信息共享程度	$Information$	2.20	1.55	0.00	5.00
地方财政一般预算内收入的对数	$lnrevenue$	14.54	1.03	11.93	18.09
重工业就业人数的对数	$lnemployment$	3.26	0.97	0.04	6.06
PM_{10} 浓度的对数	$lnpm_{10}$	4.37	0.37	3.26	5.41
SO_2 浓度的对数	$lnso_2$	2.87	0.64	0.73	4.77
CO 浓度的对数	$lnco$	2.29	0.31	1.44	3.23
NO_2 浓度的对数	$lnno_2$	3.48	0.33	2.16	4.19

表 5-4 列出了中国的 AQI 及 $PM_{2.5}$ 标准,表 5-5 则详细报告了 2014—2019 年间中国 168 个地级市 AQI 与 $PM_{2.5}$ 的年度数据。结合表 5-4 与表 5-5,我们可以看到相应的污染水平及其对人体健康的影响。2014—2019 年我国空气质量指数 AQI 的均值为 84.65,$PM_{2.5}$ 的均值为 49.25,整体空气质量为良,对人体健康影响处于可接受范围,但某些污染物可能对大气污染异常敏感的人有微弱影响。但污染最为严重的城市其 AQI 指数值达到 168.92,属于中度污染,$PM_{2.5}$ 浓度最高的城市其数值也高达 123.58,同样属于中度污染。

这一定程度表明,中国部分城市的空气质量对公民健康产生了不良影响,进一步加剧了易感人群的症状,并影响健康人群的心脏系统与呼吸系统。结合2014—2019 年 AQI 与 $PM_{2.5}$ 的历年数据,我国空气质量长期处于"良"的数值区间,并且随着时间推移空气污染明显降低。重污染城市的空气质量改善尤为明显,具体表现为 2014—2019 年间 AQI 与 $PM_{2.5}$ 的极值大幅降低,分别下降26.10%和44.03%,$PM_{2.5}$ 浓度的下降最为明显。

表 5-4　中国 AQI 及 $PM_{2.5}$ 标准、污染程度和健康影响

AQI 指数值	$PM_{2.5}$ 浓度上限（$\mu g/m^3$）	污染程度	健康影响
0—50	35	优	基本无影响
51—100	75	良	对极少数敏感人群有微弱影响
101—150	115	轻度污染	易感人群出现轻度症状,健康人群出现刺激症状
151—200	150	中度污染	易感人群症状加剧,可能影响健康人群的心脏及呼吸系统
201—300	250	重度污染	心脏病和肺病患者症状显著加剧,健康人群普遍出现症状
>300	>250	严重污染	健康人群出现强烈症状

资料来源:《环境空气质量指数(AQI)技术规定(试行)》。

表 5-5　2014—2019 年中国 168 个地级市的 AQI 与 $PM_{2.5}$ 历年数据统计情况

年份	指标	平均值	标准差	最小值	最大值
2014	AQI	94.31	24.86	39.58	168.92
2014	$PM_{2.5}$	62.04	21.05	18.50	123.58
2015	AQI	88.31	23.10	39.58	146.75
2015	$PM_{2.5}$	55.62	19.58	17.17	106.25
2016	AQI	85.91	22.06	36.58	135.67
2016	$PM_{2.5}$	51.26	17.70	13.67	98.33
2017	AQI	85.12	19.82	37.83	133.92
2017	$PM_{2.5}$	46.37	14.27	15.00	84.92

续表

年份	指标	平均值	标准差	最小值	最大值
2018	AQI	73.91	16.96	35.33	112.17
2018	$PM_{2.5}$	39.21	12.18	12.42	67.33
2019	AQI	80.35	19.23	39.17	124.83
2019	$PM_{2.5}$	41.00	12.95	11.75	69.17
2014—2019	AQI	84.65	22.05	35.33	168.92
2014—2019	$PM_{2.5}$	49.25	18.43	11.75	123.58

（二）平行趋势检验

使用双向固定效应模型（Two-Way Fixed Effect Model）分析协同治理效应之前,需要确定处理组和控制组在 JPCAP 项目实施之前是否具有相同的变化趋势,即平行趋势检验（Parallel Trend Test）。平行趋势检验是评估政策效应的前提,本研究属于多时点 DID,平行趋势检验最合适的方法是事件研究法（Event Study）[1][2],该方法可以准确判断出处理组与对照组间的趋势变化是否存在显著差异[3]。图 5-2 与图 5-3 以项目实施前 1 年为基准组,分别报告了使用事件研究法,$\ln aqi$ 与 $\ln pm_{2.5}$ 的平行趋势检验结果。运用事件研究法进行平行趋势检验的公式如（4）（5）所示。

$$\ln aqi_{it} = \beta_0 + \beta_1 d_{it}^{-3} + \beta_2 d_{it}^{-2} + ... + \beta_7 d_{it}^{3} + \beta_8 d_{it}^{4} + \beta_9 d_{it}^{5} + \delta_t + u_i + \varepsilon_{it} \quad (4)$$

$$\ln pm_{2.5it} = \beta_0 + \beta_1 d_{it}^{-3} + \beta_2 d_{it}^{-2} + ... + \beta_7 d_{it}^{3} + \beta_8 d_{it}^{4} + \beta_9 d_{it}^{5} + \delta_t + u_i + \varepsilon_{it} \quad (5)$$

依据图 5-2,在项目实施前,处理组与控制组的 $\ln aqi$ 不存在显著差异;而在项目实施的当年,处理组的 $\ln aqi$ 显著低于控制组;在项目实施后 1 年及后

---

[1]　T.Beck, R.Levine, A.Levkov, "Big Bad Banks? The Winners and Losers from Bank Deregulation in the United States", *Journal of Finance*, Vol.65, No.5(2010), pp.1637–1667.

[2]　黄春芳、韩清:《长三角高铁运营与人口流动分布格局演进》,《上海经济研究》2021 年第 7 期。

[3]　郭丰、杨上广、柴泽阳:《创新型城市建设实现了企业创新的"增量提质"吗? ——来自中国工业企业的微观证据》,《产业经济研究》2021 年第 3 期。

2年,这一差距逐渐拉大;但在实施之后的第3年和第4年,处理组与控制组的差异消失,项目实施第5年后处理组空气质量再次优于控制组。

同理依据图5-3,项目实施前3年及前2年,处理组与控制组的$PM_{2.5}$浓度不存在明显差异;但在项目实施的当年,处理组的$PM_{2.5}$浓度显著低于控制组,并持续到项目实施之后的第3年;在项目实施后第4年,两组差异不明显;而在实施后第5年,处理组$PM_{2.5}$浓度再次低于控制组。

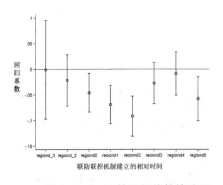 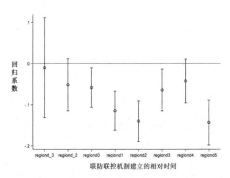

图5-2　**ln**aqi的平行趋势检验图　　　5-3　**ln**$pm_{2.5}$的平行趋势检验

图5-2与图5-3结果表明,研究数据通过平行趋势检验,在区域大气污染联防联控项目实施之前,处理组与控制组确实不存在明显的空气质量差异,可以使用双向固定效应模型评估项目效应。此外,豪斯曼检验(Hausman Test)结果也显示,应当选择固定效应模型(Fixed Effect Model),拒绝随机效应模型(Random Effect Model)假设,因而本书将采用双向固定效应模型评估中国区域联防联控机制的政策效应。

(三) 双向固定效应模型分析结果

表5-6报告了双向固定效应模型的回归结果。本书使用嵌套回归策略,采用聚类稳健标准误,先加入处理变量($treat$),再加入社会经济因素控制变量,最后加入区域环境因素控制变量。依据表5-6模型1—3,区域大气污染联防联控可以有效降低AQI指数,提升空气质量。加入JPCAP项目的城市,其

AQI 均值比未加入 JPCAP 项目的城市低 1.9%,该结论通过了 5%水平的显著性检验。区域大气污染联防联控对降低 $PM_{2.5}$ 浓度也有显著影响,在模型 4—5 中,*treat* 通过 1%的显著性检验,加入区域环境因素控制变量后(模型 6),*treat* 的 P 值有所下降(P = 0.141),原因在于 $PM_{2.5}$ 浓度与 PM_{10} 浓度高度相关,加入包含 PM_{10} 浓度的区域环境因素变量后,*treat* 的显著性大幅下降。但 *treat* 的 P 值为 0.141,我们仍有 85.9%的把握认为大气污染协同治理有助于降低 $PM_{2.5}$ 的排放。在控制变量方面,区域环境因素与空气质量指数联系密切,对 $PM_{2.5}$ 浓度有一定影响,说明各类环境污染物存在同根同源同步性;社会经济因素中,地方财政收入对空气污染有一定的抑制作用,而重工业就业人数对空气污染表现为一定的正向影响,与预期相符。整体而言,加入全部变量后模型 3 与模型 6 的 R^2 达到 0.804 和 0.909,模型拟合程度较高。

表 5-6　基于双向固定效应模型的协同效应分析

模型	模型 1	模型 2	模型 3	模型 4	模型 5	模型 6
变量	ln*aqi*	ln*aqi*	ln*aqi*	ln$pm_{2.5}$	ln$pm_{2.5}$	ln$pm_{2.5}$
treat	−0.056***	−0.056***	−0.019**	−0.069***	−0.066***	−0.022
	(0.012)	(0.012)	(0.009)	(0.015)	(0.015)	(0.015)
ln*revenue*		−0.022	−0.007		−0.068**	−0.052**
		(0.023)	(0.016)		(0.028)	(0.024)
ln*employment*		0.034	0.023		0.024	0.009
		(0.022)	(0.015)		(0.026)	(0.018)
lnpm_{10}			0.604***			0.806***
			(0.032)			(0.037)
lnso_2			0.040***			0.017
			(0.011)			(0.014)
ln*co*			−0.038**			0.017
			(0.019)			(0.025)
lnno_2			0.059**			0.076**
			(0.025)			(0.031)

续表

模型	模型 1	模型 2	模型 3	模型 4	模型 5	模型 6
Constant	4. 533 ***	4. 734 ***	1. 517 ***	4. 093 ***	4. 999 ***	0. 740 **
	(0. 005)	(0. 330)	(0. 273)	(0. 007)	(0. 399)	(0. 338)
个体固定效应	是	是	是	是	是	是
年份固定效应	是	是	是	是	是	是
观测值	1,008	1,008	1,008	1,008	1,008	1,008
R^2	0. 549	0. 551	0. 804	0. 776	0. 778	0. 909
城市数量	168	168	168	168	168	168

注：括号中为聚类稳健标准误。*** $p<0.01$，** $p<0.05$，* $p<0.1$。

双向固定效应模型对区域大气污染联防联控机制的协同效应（Co-benefits）作了初步探究。为进一步检验结论的稳健性，本书还将采用双重差分倾向得分匹配法（Difference-in-Difference Propensity Score Matching，PSM-DID），先计算样本倾向得分（Propensity Score），通过倾向得分进行样本匹配，再依据匹配结果估计协同效应，增加结论严谨性。

（四）基于 PSM-DID 的协同效应评估

1. 平衡性检验（The Balanced Test）

PSM 存在多种匹配方法，不同匹配方法对处理组和控制组的配对方式存在差异，进而影响回归结果。为保证匹配方法的合适性，本书分别采用 k 近邻、卡尺匹配、卡尺内的 K 近邻匹配、核匹配、局部线性回归匹配、马氏匹配共 6 类方法、21 种方案，检验样本匹配前后的平衡性，进而选择最优匹配方案。

表 5-7　匹配方法详述及平衡性检验结果

序号	方案	匹配方法描述	非共同取值范围样本数	共同取值范围样本数	平衡性检验（P 值）
1	k 近邻法	k=1，有放回匹配	49	959	通过（P = 0. 311）

序号	方案	匹配方法描述	非共同取值范围样本数	共同取值范围样本数	平衡性检验（P值）
2	k近邻法	k=2,有放回匹配	49	959	未通过（P=0.091）
3	k近邻法	k=4,有放回匹配	49	959	通过（P=0.283）
4	k近邻法	k=6,有放回匹配	49	959	通过（P=0.418）
5	k近邻法	k=8,有放回匹配	49	959	通过（P=0.580）
6	k近邻法	k=10,有放回匹配	49	959	通过（P=0.554）
7	k近邻法	k=1,不放回匹配	188	820	未通过（P=0.000）
8	卡尺匹配	卡尺=0.06(倾向得分的0.25倍标准差)	49	959	通过（P=0.264）
9	卡尺内的K近邻匹配	k=1,有放回匹配,卡尺=0.06	49	959	通过（P=0.311）
10	卡尺内的K近邻匹配	k=2,有放回匹配,卡尺=0.06	49	959	未通过（P=0.091）
11	卡尺内的K近邻匹配	k=4,有放回匹配,卡尺=0.06	49	959	通过（P=0.283）
12	卡尺内的K近邻匹配	k=6,有放回匹配,卡尺=0.06	49	959	通过（P=0.355）
13	卡尺内的K近邻匹配	k=8,有放回匹配,卡尺=0.06	49	959	通过（P=0.396）
14	卡尺内的K近邻匹配	k=10,有放回匹配,卡尺=0.06	49	959	通过（P=0.351）
15	卡尺内的K近邻匹配	k=1,不放回匹配,卡尺=0.06	418	590	未通过（P=0.009）
16	核匹配	使用默认的二次核函数与0.06带宽值	49	959	通过（P=0.227）
17	局部线性回归匹配	使用默认的三次核函数与0.8带宽值	49	959	通过（P=0.311）
18	马氏匹配	k=m=1	49	959	未通过（P=0.020）

续表

序号	方案	匹配方法描述	非共同取值范围样本数	共同取值范围样本数	平衡性检验（P值）
19	马氏匹配	k=m=2	49	959	未通过（P=0.038）
20	马氏匹配	k=m=3	49	959	未通过（P=0.025）
21	马氏匹配	k=m=4	49	959	未通过（P=0.014）

注:括号中为聚类稳健标准。*** p<0.01, ** p<0.05, * p<0.1。

表5-7展示了不同匹配方案的平衡性检验结果,绝大部分方案通过了平衡性检验。最终本书选取最优的方案5,使用k近邻法,令k=8,采取有放回匹配,计算倾向得分。因为方案5的平衡性检验显示P值为0.580,P值越大,证明匹配后处理组与控制组存在显著差异的可能性越小,匹配方案也更为优越,所以本书选择方案5。图5-4展示了使用方案5后处理组与控制组倾向得分的共同取值范围,拥有共同取值范围是应用PSM-DID的前提条件,图5-4表明,样本中处理组与控制组的倾向得分有较大重合度,可以使用PSM-DID法进行分析。

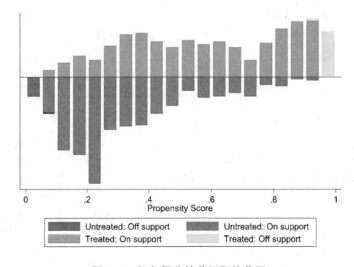

图5-4 倾向得分的共同取值范围

2. 实证分析结果

基于 PSM-DID 方法的实证结果如表 5-8 所示。模型 7-9 显示,大气污染联防联控可以有效抑制空气污染,降低 AQI。根据全变量模型(模型 9),联防联控区域城市的 AQI 比非联防联控区域城市的 AQI 低 2.5%。大气污染联防联控也存在 $PM_{2.5}$ 减排效应,在模型 10—11 中, $treat$ 通过 1% 的显著性检验,在模型 12 中, $treat$ 的 P 值为 0.160,在 16% 的显著性水平下,可以认为大气污染联防联控显著降低了 $PM_{2.5}$ 排放。这说明大气污染联防联控整体上可以降低空气污染,提升空气质量。对比表 5-8 与表 5-6,处理变量 $treat$ 的显著性及系数没有明显变化,验证了结论的稳健性,假设 1 得到证实。

表 5-8　基于 PSM-DID 的协同效应分析

模型	模型 7	模型 8	模型 9	模型 10	模型 11	模型 12
变量	$lnaqi$	$lnaqi$	$lnaqi$	$lnpm_{2.5}$	$lnpm_{2.5}$	$lnpm_{2.5}$
$treat$	−0.058***	−0.057***	−0.025**	−0.066***	−0.060***	−0.024
	(0.015)	(0.015)	(0.010)	(0.018)	(0.018)	(0.017)
$lnrevenue$		−0.045*	−0.016		−0.096***	−0.062**
		(0.024)	(0.019)		(0.032)	(0.029)
$lnemployment$		0.019	0.019		0.014	0.012
		(0.022)	(0.015)		(0.027)	(0.019)
$lnpm_{10}$			0.619***			0.806***
			(0.035)			(0.039)
$lnso_2$			0.034***			0.011
			(0.012)			(0.015)
$lnco$			−0.033*			0.023
			(0.018)			(0.026)
$lnno_2$			0.059**			0.080**
			(0.025)			(0.032)
$Constant$	4.531***	5.112***	1.602***	4.093***	5.415***	0.854**

续表

模型	模型 7	模型 8	模型 9	模型 10	模型 11	模型 12
	(0.007)	(0.354)	(0.300)	(0.008)	(0.450)	(0.394)
个体固定效应	是	是	是	是	是	是
时间固定效应	是	是	是	是	是	是
观测值	846	846	846	846	846	846
R^2	0.564	0.566	0.821	0.779	0.782	0.910
城市数量	164	164	164	164	164	164

注：括号中为聚类稳健标准误。*** p<0.01，** p<0.05，* p<0.1。

（五）协同效应的动态分析

上述实证结果表明，大气协同治理确实可以降低空气污染，提升空气质量，但协同治理的时效性如何还有待进一步探究。为研究区域协同治理能否成为解决空气污染问题的持久性方案，本书采用动态分析，设置政策实施时间虚拟变量，d_3、d_2、d_1 分别代表 JPCAP 项目实施前 3 年、前 2 年、前 1 年，$d0$、$d1$、$d2$、$d3$、$d4$、$d5$ 分别代表 JPCAP 项目实施当年、后 1 年、后 2 年、后 3 年、后 4 年、后 5 年，进一步设置 *treat* 与政策实施时间虚拟变量的交互项，准确识别处理组的项目实施时间效应。需要说明的是，只有 $d0$、$d1$、$d2$、$d3$、$d4$、$d5$ 与 *treat* 存在交互项，因为取 $d\_3=1$、$d\_2=1$ 或 $d\_1=1$ 时，$treat=0$，两者的交互项也为零。本书将 d_1 设为基期，实证结果见表 5-9。

表 5-9　基于 PSM-DID 的协同效应分析

模型	模型 13	模型 14	模型 15	模型 16	模型 17	模型 18
变量	ln*aqi*	ln*aqi*	ln*aqi*	ln$pm_{2.5}$	ln$pm_{2.5}$	ln$pm_{2.5}$
d_3	−0.001	−0.002	−0.009	−0.010	−0.014	−0.019
	(0.027)	(0.020)	(0.019)	(0.018)	(0.017)	(0.021)
d_2	−0.022	−0.026	−0.017	−0.052***	−0.056***	−0.039*

续表

模型	模型 13	模型 14	模型 15	模型 16	模型 17	模型 18
	(0.016)	(0.016)	(0.013)	(0.018)	(0.018)	(0.020)
$d0$	−0.536***	−0.444***	−0.004	−0.941***	−0.879***	−0.321***
	(0.041)	(0.064)	(0.042)	(0.061)	(0.084)	(0.056)
$treatd0$	0.490***	0.396***	−0.020	0.882***	0.820***	0.292***
	(0.040)	(0.063)	(0.041)	(0.060)	(0.084)	(0.056)
$treatd1$	−0.069***	−0.070***	−0.023**	−0.115***	−0.112***	−0.053***
	(0.014)	(0.014)	(0.011)	(0.017)	(0.017)	(0.014)
$treatd2$	−0.092***	−0.094***	−0.030***	−0.140***	−0.138***	−0.058***
	(0.015)	(0.015)	(0.011)	(0.019)	(0.019)	(0.015)
$treatd3$	−0.027	−0.028	−0.010	−0.064***	−0.062***	−0.043***
	(0.017)	(0.017)	(0.012)	(0.022)	(0.021)	(0.016)
$treatd4$	−0.009	−0.010	−0.000	−0.043*	−0.040*	−0.032*
	(0.018)	(0.018)	(0.013)	(0.023)	(0.023)	(0.017)
$treatd5$	−0.058***	−0.057***	−0.022	−0.144***	−0.139***	−0.099***
	(0.019)	(0.019)	(0.014)	(0.024)	(0.024)	(0.018)
$lnrevenue$		−0.021	−0.007		−0.059**	−0.045**
		(0.020)	(0.014)		(0.025)	(0.020)
$lnemployment$		0.036*	0.023*		0.022	0.004
		(0.019)	(0.013)		(0.022)	(0.015)
$lnpm_{10}$			0.589***			0.784***
			(0.029)			(0.033)
$lnso_2$			0.040***			0.021*
			(0.010)			(0.011)
$lnco$			−0.041**			0.025
			(0.017)			(0.021)
$lnno_2$			0.064***			0.075***
			(0.021)			(0.026)
$Constant$	4.276***	4.456***	1.590***	3.883***	4.624***	0.806***

续表

模型	模型 13	模型 14	模型 15	模型 16	模型 17	模型 18
	(0.033)	(0.271)	(0.217)	(0.046)	(0.334)	(0.282)
个体固定效应	是	是	是	是	是	是
时间固定效应	是	是	是	是	是	是
观测值	1,008	1,008	1,008	1,008	1,008	1,008
R^2	0.940	0.941	0.973	0.954	0.955	0.981

注：括号中为稳健标准误。*** $p<0.01$，** $p<0.05$，* $p<0.1$。

动态分析结果表明，在不同阶段大气污染联防联控的减排效应存在差异。在 JACAP 项目实施前（d_3、d_2），空气质量与基期几乎不存在明显差异，只有 d_2 期的 $PM_{2.5}$ 浓度比 d_1 期低 3.9%。在项目实施当年（$d0$），处理组的 AQI 数值比基期降低 2.4%，但统计上不显著，而 $PM_{2.5}$ 浓度的主效应与交互效应符号相反，计算后其净效应为 -0.029，即 $d0$ 期的 $PM_{2.5}$ 浓度比基期降低 2.9%。在项目实施后 2 年内（$d1$、$d2$），处理组的 AQI 与 $PM_{2.5}$ 浓度有明显且持续的下降，AQI 的下降幅度在 2.3%—3.0% 之间，而 $PM_{2.5}$ 浓度的降低幅度较大，处于 5.3%—5.8% 的区间内。在项目实施第 3 年及之后（$d3$、$d4$、$d5$），处理组的 AQI 与基期相比不存在明显差异，说明污染反弹、空气质量有所下降，但 $PM_{2.5}$ 浓度保持在低位，较基期下降了 3.2%—9.9%。整体而言，JACAP 项目短期内（$d1$、$d2$）可以降低空气污染，但在联防联控机制运作的第 3 年起（$d3$、$d4$、$d5$），其减排效应消失。中国大气污染联防联控可以在短期有效控制大气污染，但不具有长效性；但在 $PM_{2.5}$ 排放管控上，JACAP 项目可以有效抑制 $PM_{2.5}$ 排放，持续降低联防联控区域的 $PM_{2.5}$ 浓度。因而，中国的大气污染联防联控机制在改善整体空气质量上虽然只有短期性，但可以实现特定污染物的有效管控，具有强烈的目标导向特性。

七、协同治理中沟通、领导与信息共享

(一) 三类关键因素的影响效应分析

JACAP 项目作为中国环境协同治理的典型代表,在空气质量与特定污染物的管制上存在明显的时间异质性,与协同过程密不可分。沟通、领导与信息共享作为协同过程的关键因素,或许能够解释协同效应的差异。为进一步探究沟通、领导与信息共享因素在大气污染联防联控城市间的作用,本书以参与联防联控的 70 个城市为样本,使用 2014—2017 年的面板数据作进一步分析。沟通程度、领导力、信息共享程度的操作化方式可见第四章研究设计。需要说明的是,参与大气污染联防联控的城市共 79 个,但由于部分样本自变量数据缺失,本书剔除了 9 个城市样本。此外,中国于 2018 年出台的《中华人民共和国环境保护税法》与《中华人民共和国大气污染防治法》可能会对大气污染联防联控区域的空气质量产生明显影响,为剔除其他政策带来的环境冲击,本书只使用 2014—2017 年的面板数据分析。

沟通强度、领导力与信息共享程度属于协同网络关系变量,但这并不是协同网络关系特征的全部,协同时长(自合作发起以来的时间长度)和协同网络规模(参与区域协同的城市数量)是在合作中发挥重要作用的群体特征。[①] 因而,本书还加入协同时长与协同网络规模作为变量,以控制其余群体特征对协同治理的影响。(1)协同时长。协同时长是由协同工作小组成立到 2017 年 12 月的月份来衡量的,建立工作小组并召开第一次会议通常代表着 JPCAP 项目的全面展开。在工作组形成之前,整个系统可以看作是一个相当薄弱的协作机制,在这一阶段,区域协同空气质量管理没有包含明确法律、协议和政

[①]　M.A.Thomson,J.L.Perry,et al.,"Linking Collaboration Processes and Outcomes Foundations for Advancing Empirical Theory",*Big Ideas in Collaborative Public Management*.London:Routledge,2014,pp.107-130.

策的制度框架,地方政府也没有具体的程序来实际沟通和达成相互理解。因此,协同时长越短,协同效果越不明显,此时的合作可能是徒劳的。另一方面协同时长增加可能滋生官僚主义行为,繁文缛节可能致使协同治理流于形式。所以,协同时长与空气污染可能存在 U 型关系,在协同时长较短时,空气污染较高,而协同时长适中时,空气污染较低,随着协同时长进一步延长,空气污染将会反弹。(2)协同网络规模。该变量由协同治理网络中城市数量衡量。从集体行动的角度来看,当多个自利型组织对相同的结果感兴趣并采取集体行动时,就会产生一种自我利益与集体利益之间的张力。因此,当越多的组织积极参与协作,协作结果发生的可能性就越小,协同效果也越差。

回归分析之前,本书进行豪斯曼检验(Hausman Test),结果显示不能拒绝原假设,应当使用随机效应模型,不过本书在模型中添加了时间虚拟变量以捕捉总体时间趋势,在估算过程中还控制了城市固定效应,以排除城市差异的影响,同时使用稳健标准误差用于解决可能的异方差问题。实证结果如表 5-10 所示。

表 5-10　随机效应模型的回归结果

模型	模型 19	模型 20	模型 21	模型 22	模型 23	模型 24
变量	$\ln aqi$	$\ln aqi$	$\ln aqi$	$\ln pm_{2.5}$	$\ln pm_{2.5}$	$\ln pm_{2.5}$
treat	-0.074***	-0.075***	-0.040*	-0.087***	-0.085***	-0.037
	(0.019)	(0.019)	(0.021)	(0.020)	(0.020)	(0.023)
communication	-0.001	-0.001	-0.002	-0.002	-0.002	-0.002
	(0.002)	(0.002)	(0.001)	(0.002)	(0.002)	(0.001)
leadship	-0.022***	-0.084	-0.085	-0.102***	-0.044	-0.039
	(0.008)	(0.118)	(0.123)	(0.010)	(0.140)	(0.123)
information	-0.031***	-0.031***	-0.015*	-0.023*	-0.023*	0.001
	(0.011)	(0.011)	(0.008)	(0.013)	(0.013)	(0.009)
age	-0.006***	-0.011	-0.018**	-0.025***	-0.020*	-0.032***
	(0.001)	(0.009)	(0.009)	(0.002)	(0.011)	(0.009)

续表

模型	模型 19	模型 20	模型 21	模型 22	模型 23	模型 24
$age2$	0.000	0.000	0.000 *	0.000 ***	0.000	0.000 ***
	(0.000)	(0.000)	(0.000)	(0.000)	(0.000)	(0.000)
$size$	0.010 ***	0.012 ***	0.017 ***	0.021 ***	0.019 ***	0.028 ***
	(0.002)	(0.004)	(0.004)	(0.002)	(0.005)	(0.004)
lnrevenue		0.018	0.034		−0.027	−0.008
		(0.041)	(0.041)		(0.043)	(0.041)
lnemployment		0.006	−0.007		0.015	−0.001
		(0.036)	(0.019)		(0.054)	(0.026)
$lnpm_{10}$			0.489 ***			0.777 ***
			(0.079)			(0.078)
$lnso_2$			0.039			0.039
			(0.036)			(0.037)
lnco			−0.031			−0.078
			(0.050)			(0.061)
$lnno_2$			0.074			0.080 *
			(0.046)			(0.046)
$Constant$	4.583 ***	4.323 ***	1.571 **	4.341 ***	4.655 ***	0.632
	(0.012)	(0.523)	(0.657)	(0.011)	(0.575)	(0.629)
个体固定效应	是	是	是	是	是	是
时间固定效应	是	是	是	是	是	是
观测值	280	280	280	280	280	280
城市数量	70	70	70	70	70	70

注:括号中为聚类稳健标准误。*** p<0.01, ** p<0.05, * p<0.1。

　　模型 19—24 用于检验协同过程中参与者的关键活动对环境结果的影响。在评估这些回归结果时,不仅应考虑关键参数的统计显著性,还应考虑变量对两个结果指标的估计影响。三个关键解释变量中的两个都被发现与环境结果指标存在统计显著关系。在信息共享程度方面,其系数显著为负,表明信息共享程度的增加有助于改善城市空气质量,更具体而言,在其他变量不变的情况下，信息共享程度上升 1 个单位，AQI 指数值降低约 1.50%，假设 4 得到验证。在模型 18 中信息共享程度的改善作用不明显，原因与 PM_{10} 的加入有密切联系。领导力对降低空气污染有一定积极作用，统计结果显示，管理责任占主导地位的城市与当地 AQI 指数值表现一定的负相关关系。这表明领导城市和一般城市之间存在差异，处于领导地位的城市，其空气质量优于非领导地位的城市，假设 3 得到一定程度的验证，但鉴于变量 *leadership* 回归结果并不稳健，支持假设 3 的证据尚不充分。在沟通强度方面，系数为负，这一定程度上支持了假设 2，即重复和频繁的面对面对话有助于当地的空气污染治理，然而沟通强度的增加并没有显著降低大气污染，当前没有充分证据表明假设 2 成立。对于协同时长，在其他变量不变的情况下，协同时长与空气污染呈现出 U 型关系，协同早期空气污染较高，而协同中期 AQI 与 $PM_{2.5}$ 会下降，但到了协同后期，AQI 与 $PM_{2.5}$ 会有所回升。这与平行趋势检验中的结论是一致的(图 5-2 与图 5-3)。而协同网络规模与 AQI 指数值之间呈现出正相关关系。协同网络规模越大，协同治理效果越差，与预期相符。处理变量 *treat* 同样表现出明显负向影响(在模型 24 中，$P=0.107$)，与前文结果一致，进一步验证了结论的稳健性。

(二) 实证结果的进一步讨论

研究结果表明，沟通在机构间合作治理中发挥的积极作用没有得到支持。正如凯尔曼(Kelman)等所警告的那样，人们可能"在一个又一个会议上匆匆忙忙地协调工作和分享想法，但完成的工作太少"。由此不难理解，沟通在 JPCAP 项目中影响微弱。JPCAP 是依据中央政府授权形成的，城市从一开始就可能缺乏相互沟通和理解，特别是在欠发达和一体化地区，因为经济网络的节点和纽带尚未形成，交易成本相对较高。所以沟通强度对空气质量的改善作用并不明显。但大气污染作为外部性明显的跨界治理问题，沟通积极作用的缺位也反映了为何大气污染联防联控只能在短期内改善空气质量，而无法取得长期绩效。因为整体空气质量的提升涉及到多污染物与多地区的协同治理，需要联防联控区域内的各城市进行大量的沟通、磋商。沟通的不足是整体空气质量无法取得长足改善的重要原因,这也同时解释了为何 $PM_{2.5}$ 管制会取得卓有成效的成绩。$PM_{2.5}$ 作为 JPCAP 项目重点检测的污染物取得了协同网络城市的普遍关注,各个城市不约而同地(无需沟通)将主要精力放在特定污染物——$PM_{2.5}$ 的管制上。相比于多污染物协同治理,仅将目标聚焦于抑制 $PM_{2.5}$ 排放会显著降低协调成本,加之 JPCAP 项目中国务院对 $PM_{2.5}$ 浓度管控的高度重视,在缺乏有效沟通机制的情况下,协同区域内的各个城市依旧可以有效实现 $PM_{2.5}$ 减排。而整体空气质量的改善需要多污染物协同治理,需要持续、紧密的沟通协作,但现实中沟通机制的缺失导致整体空气质量改善的长期效果不佳。

在领导力方面,环境保护部发布了作为中央政府跨政府合作顶层设计的重要政策文件《重点地区大气污染防治"十二五"规划》。该规划根据各城市的地理特征、社会经济发展水平、空气污染程度、城市空间分布和大气污染物迁移规律,将试点城市分为重点控制城市和一般控制城市,对不同城市实施不同的控制要求,并制定有针对性的污染预防战略。与一般控制城市相比,重点控制城市需要执行更严格的环境进入条件和更有力的措施。从样本数据来看,主要控制城市与承担主要管理责任的城市高度重合,因为它们几乎都是社会经济较发达的城市,在其网络中具有较高的资源可用性,如北京、上海和广州。这些承担领导责任的城市在规划中有更严格的控制要求,其环境结果优于一般城市,很重要的一个原因在于承担更多领导责任的城市能够获得更多的资源和信息,从而取得比后者更好的环境成效。

信息共享程度与改善环境结果正相关。对于网络中的参与者来说,资源共享是互惠的,与其他成员共享的信息越多,从其他成员获得的信息也就越多。有效的信息和技术共享平台是及时维持资源流动的重要纽带。[1] 空气污

---

[1]　R.K.Rethemeyer, D.M.Hatmaker, "Network Management Reconsidered: An Inquiry into Management of Network Structures in Public Sector Service Provision", *Journal of Public Administration Research and Theory*, Vol.18, No.4(2008), pp.617-646.

染协同防治尤其如此,因为解决复杂的空气污染问题在很大程度上取决于信息转让和技术援助。在 JPCAP 网络中,地理位置相近的网络成员共享的环境信息,如空气质量监测数据、大气污染源和气象数据,为地方政府预测大气污染的动态变化提供了重要的数据基础。建立空气污染预测和预警系统,启动有效的应急响应和针对性防控预案。例如,有关周边城市每日空气污染物的成分和流动趋势的信息将在很大程度上有助于预测,从而防止像雾霾这样的严重空气污染。因此,对于 JPCAP 政策制定者和实践者而言,本书的实证结果提供了证据支持,即信息共享是有效联合预防和控制网络的重要基础。信息共享的类型应该更加多样化,细节层次更高,频率和及时性更高。例如,除环境信息外,还应逐步交流环境统计和信息应用等知识信息,以便就减少污染措施进行相互学习和更有效的合作。发达城市向欠发达城市的绿色技术溢出也应该加强。

　　合作治理网络的其余特征,如协同时长、协同规模也会对环境结果产生影响。研究表明,协同时长与环境结果呈 U 型关系,在协同前期阶段,协同治理的环境收益并不明显,但经过一段时间的准备与合作后,协同可以促进环境治理,这与文献中的理论一致,但本书还进一步发现,协同时长的无限增加无助于提升环境质量,甚至导致协同治理的异化,其长期效果并不理想。至于协同网络规模,研究结果表明,协同网络规模与空气质量改善之间存在负相关关系。也就是说,规模较小的合作才更可能取得较好的效果,这是意料之中的,因为网络中的成员越少,意味着从自身利益到共同利益的对立力量就越小。协同规模越大,涉及的参与者越多,实现大气污染的有效治理将更为困难,实现多污染物的有效协同治理会产生高昂的协调成本,协同规模越大,协调成本也越高,目标越复杂,协同成本也越高。实证结果表明,基于 JPCAP 现有的协同网络,协同区域内可以实现对 $PM_{2.5}$ 的有效且持续的管控,但无法做到整体空气质量的持续改善,因为这涉及到多主体与多污染物的协同治理,但在现有的协同网络框架内,JPCAP 仅能实现对 $PM_{2.5}$ 的长期有效管控,而无法应对更为复杂的整体空气质量改善,因为后者在同等协同规模下还涉及到多污染治理。由此,本书的讨论还衍生出与协同网络规模相关的新思考,这是一个关于环境协同治理成员准入的问题:"为实现整体空气质量的长期且有效的改善,哪些城市以及多少城市应被包括在环境协同治理网络之中?"目前,城市仅依据地理位置和行政区划被划分为不同的 JPCAP 区域,却很少考虑大气污染的长期状况和变迁趋势。然而大气系统较为复杂,污染物种类繁多且因城市而异。因此,未来的一个潜在方案是,依据城市间污染物的相关性,设置大气污染协同治理网络,并作为决定协同治理网络成员资格的重要依据。[①] 该方案有助于区域内城市专注于某些污染物的治理,极大降低协调成本,同时容许更大范围的城市参与,实现环境精准治理。

小　结

反对政府间协同的人经常批评协同成本高、缺乏将环境改善与协同治理直接联系起来的有力证据。本书通过实证分析,证实了区域协同对环境结果的有利影响。虽然政府间协同治理对环境的积极影响已得到初步验证,但以往研究大多通过小规模案例或主观测量作为环境结果的指标(如利益相关者的看法、政策输出或项目目标的质量),并且研究对象多局限于流域管理领域。区域协同治理作为解决空气污染问题的有效方法[②],已成为中国越来越重要、经常性使用的政策工具。本书采用 2014—2019 年年度面板数据,基于大样本数据集,通过双向固定效应模型与 PSM-DID 模型评估环境协同效应,提供了定量证据,并进一步探讨沟通、领导、信息共享在协

---

① H.Wang,L.A.Zhao,"A Joint Prevention and Control Mechanism for Air Pollution in the Bei-jing-Tianjin-Hebei Region in China Based on Long-term and Massive Data Mining of Pollutant Con-centration",*Atmospheric Environment*,Vol.17,(2018),pp.25-42.

② L.Zhong,P.K.Louie,J.Zheng,et al.,"The Pearl River Delta Regional Air Quality Monitoring Network-Regional Collaborative Efforts on Joint Air Quality Management",*Aerosol and Air Quality Re-search*,Vol.13,No.5(2013),pp.1232-1582.

同过程中的作用。更重要的是,对大气污染防控的关注拓宽了环境协同治理的研究领域,使用客观数据(当地空气质量)反映环境结果也是本书的一项改进。

研究发现,大气污染的协同治理有助于降低空气污染程度,提升整体空气质量,但缺乏长效性,其原因在于 JPCAP 项目中沟通机制较为欠缺、未能实现协同治理区域的精准划分,这些缺陷与多污染物协同治理的目标格格不入。这导致 JPCAP 项目仅能发挥对重点检测污染物 $PM_{2.5}$ 的单独减排作用,中国大气污染联防联控机制尚存改进空间。沟通、领导与信息共享作为协同过程中的三个关键因素,对环境结果有重要影响。具体而言,更直接的对话、反复沟通虽有助于降低空气污染,但影响相对有限,在未来中国大气污染的联防联控机制设计中应更加注重增进协同区域内部的成员沟通,加强交流与协作。承担领导责任的城市在空气质量改善中表现突出,在联防联控机制中发挥着减排示范作用,这为环境协同治理提供了新启示:在协同治理过程中,应充分发挥区域协同治理核心主体的表率作用,合理利用其正向溢出效应,改善整体区域环境质量。信息共享对空气质量改善作用突出,这表明信息共享在环境协同治理过程发挥着核心作用,充分的信息交流对提升区域整体环境质量大有裨益。

诚然,本研究也存在一些不足。首先,样本的时间跨度相对较短,在空气质量改善这一复杂问题的协同治理上,需要相当长的时间才能科学评估其效应。但由于样本期的限制,中国 AQI 指数自从 2014 年起才有完整的年度面板数据,因而本书在项目效应评估时仅使用了 2014—2019 年共 7 年的面板数据,在研究沟通、领导、信息共享的影响效应时,仅使用了 2014—2017 年共 4 年的面板数据,虽然不清楚协同行动需要多长时间才能体现出来,但已有文献发现在网络活跃约 4 年后,参与者的成功率会增加。本书研究设计整体上符合样本期的最低要求,然而对于部分样本而言可能并不尽然。在 JPCAP 网络中,山东半岛、长株潭地区和成渝城市群的联防联控机制建立较晚,因此这些区域的协同治理可能没有充分发挥影响力。如果未来存在更高质量的城市数据,建议进行更大规模的长期研究。其次,在数据收集方法方面,本书的文件分析提供了协同过程的客观数据和测量,而访谈和调查问卷等其他调查方法使研究人员能够了解参与网络计划的个人的主观意见和想法,更好地体现了协同治理的实际工作过程。为充分捕捉协同过程,未来的研究可以应用这两种数据收集方法,以实现互补。再次,如果能够对关键变量进行更精确的测量,实证结论将更具说服力。比如,除了工作会议等正式互动外,还可以通过电子邮件或电话进行非正式或间接对话,以衡量沟通强度。最后,本研究仅侧重于大气污染防治,而环境协同治理已应用于许多场域,如流域管理、全球气候变化、濒危物种保护等。在不同环境情境中,指标的选择与潜在的因果关系可能存在差异,未来研究可以更多地探索其他场域的协同过程、产出及环境结果。

此外,在协同治理过程中,还有一些因素在未来研究中值得进一步关注。第一,协同网络中的任务分工问题,本书仅从领导地位与非领导地位的视角对参与大气污染协同治理的城市作了初步区分,事实上,大气污染联防联控中,区域内不同城市扮演的角色是多种多样的,未来可以从更多维的视角探究协同网络参与者的分工关系。尤其是协同网络中的权力与资源配置关系,就像波加森(Bogason)和摩素(Musso)所指出的:有必要鼓励分享或授权权力,并促进对网络治理中资源和权力较少的人的尊重。[①] 第二,关于公民参与环境协同共治的问题,尽管协同治理通常由公共机构发起和维持,但协同远不止是组织间合作,它既包括公共机构也包含公民个体,未来可以进一步研究公民在JPCAP 等跨界合作项目中的作用。

---

① P.Bogason,J.A.Musso,"The Democratic Prospects of Network Governance",*American Review of Public Administration*,Vol.36,No.1(2006),pp.3–18.

第二节　碳排放交易试点"减污降碳"的
协同效应分析

一、"减污降碳"协同治理的缘起

温室气体排放(Greenhouse Gas Emission)与大气污染物排放(Atmospheric Pollutant Emission)具有同根同源同步特征,进行"减污降碳"协同控制会产生显著的协同效益。《中华人民共和国大气污染防治法》第二条规定对大气污染物和温室气体实施协同控制。《中国应对气候变化的政策与行动2019年度报告》将"加强温室气体与大气污染物协同控制"作为重要内容。中央经济工作会议也将"要继续打好污染防治攻坚战,实现减污降碳协同效应"作为2021年重点工作。"减污降碳"的协同控制已经上升为国家应对气候变化的重要策略。[1]

碳排放交易试点政策在"减污降碳"的协同控制中占有重要地位,碳排放交易作为控制碳排放、减缓气候变化的重要政策工具,其思想起源于IPCC第二次报告,该报告提出碳税、能源税、能源价格管理、排放许可交易、提高能源效率标准等一系列应对气候变化的政策工具。[2] 其中"排放许可交易"是碳排放交易的政策思想源头,并被《京都议定书》吸收,由各国加以实践。加拿大于1998年启动的GERT(Greenhouse Gas Emission Reduction Trading Pilot Program)是全球第一个运用市场机制进行碳排放权交易的项目,2005年1月1日正式运作的欧盟排放交易体系(European Union Emissions Trading Scheme, EU-ETS),则是第一个国际性碳排放交易体系,也是当前最大的碳排放交易

---

① 毛显强、曾桉、邢有凯、高玉冰、何峰:《从理念到行动:温室气体与局地污染物减排的协同效益与协同控制研究综述》,《气候变化研究进展》2021年第3期。

② IPCC, *Climate Change 1995 : Synthesis Report*, Cambridge : Cambridge University Press, 1995, p.14.

市场,涵盖 30 个国家,约 10000 个实体。① 我国碳排放交易试点肇始于 2011 年,北京、天津、上海、重庆、湖北、广东及深圳成为第一批开展碳排放交易试点的省市,2013 年试点正式启动,2021 年 7 月 16 日,全国碳排放权交易全面铺开。我国的碳排放交易试点政策通过市场化机制激励或约束市场主体,在实现降碳的同时,也可能带来环境治理的正外部性,同时实现"减污降碳"。

　　由此,提出的以下问题:碳排放交易试点政策是否产生了碳排放与大气污染的协同减排效应? 其协同减排的作用机制如何? 本书拟围绕"减污降碳"协同效应相关理论,将碳排放交易试点政策、"减污""降碳"纳入统一的分析框架,通过层层递进的方式,利用双重差分法实证检验碳排放交易试点是否产生了"减污降碳"的协同效应,并进一步回答碳排放交易试点政策的"减污降碳"协同机制问题。主要创新之处体现为:(1)将"减污""降碳"纳入统一分析框架,运用双重差分法对碳排放交易政策的"减污""降碳"效果进行了评估;(2)通过在模型中增加碳排放交易试点政策与"减污""降碳"的交互项,检验试点政策是否产生"由碳及污"或"由污及碳"的协同控制效应;(3)利用耦合协调度模型计算城市的"减污降碳"协同水平,分析试点政策与"减污降碳"协同水平如何交互影响碳排放与大气污染,证明提高"减污降碳"协同水平的重要性。

二、文献回顾与理论框架

(一)碳排放交易试点的减排效应

　　对于碳排放交易试点政策效果的研究,大部分聚焦在碳减排上。碳排放交易试点有助于降低现阶段碳排放总量及碳排放强度②,具体而言,依据分析单位的不同,碳排放交易机制的减排效应体现在地区、行业(部门)、企业三个

---

　　① 欧盟委员会气候行动网,2021 年 10 月 11 日,见 https://ec.europa.eu/clima/eu-action/eu-emissions-trading-system-eu-ets_en。

　　② 范丹、王维国、梁佩凤:《中国碳排放交易权机制的政策效果分析——基于双重差分模型的估计》,《中国环境科学》2017 年第 6 期。

层面。碳排放交易试点不仅可以显著降低试点地区的碳排放量,还产生了政策溢出效应,抑制邻近地区的碳排放。① 然而地区异质性也会影响减排效果,有学者发现采用碳排放交易政策的试点地区减少了约16%的碳排放,这一效应在中国经济较发达的东部地区尤为突出。② 此外,碳减排效应可能随着时间推移而削弱,比如有观点认为,现有碳排放交易政策减缓了试点地区碳排放量的相对增长,其减排效果在2010—2012年间(碳排放交易试点建立前后)较为明显,但随着时间推移,减排效果逐渐变弱。③ 对于行业(部门)层面,碳排放交易对试点地区规模工业的碳排放量和碳强度有显著抑制作用,分别使二者下降4.8%和5.2%。④ 类似地,还有人通过分析碳排放交易试点对中国37个工业子部门的碳减排效果,认为试点显著减少了工业子部门的碳排放量,该影响逐年增强,碳减排主要通过减少工业子部门产出实现。⑤ 进一步而言,碳排放交易试点政策对于生产端与消费端部门的减排影响存在差异,并存在碳转移现象。政策的减排作用在生产端更为明显,而对消费端碳排放的减缓作用相对有限,且试点地区存在将碳排放外包给非试点地区的倾向,导致碳泄漏,加剧了中国地区和部门间排放转移的不平衡。⑥ 在企业层面,刘传明等认为碳排放权交易对售方通过市场收益诱导效应、技术创新激励效应、政府支

---

① 李治国、王杰:《中国碳排放权交易的空间减排效应:准自然实验与政策溢出》,《中国人口·资源与环境》2021年第1期。

② Y.Zhang,S.Li,T.Luo,et al.,"The Effect of Emission Trading Policy on Carbon Emission Reduction:Evidence from an Integrated Study of Pilot Regions in China",*Journal of Cleaner Production*, Vol.265,(2020),pp.1-10.

③ T.Zheng, N.Liu, J.Zhu, et al., "Evaluation on the emission reduction benefits of China's Carbon Trading Pilot:5th International Conference on Environmental Science and Material Application (ESMA)",*IOP Conference Series:Earth and Environmental Science*,Vol.440. No.4(2020),pp.1-5.

④ 李广明、张维洁:《中国碳排放交易下的工业碳排放与减排机制研究》,《中国人口·资源与环境》2017年第10期。

⑤ H.Zhang,M.Duan,Z.Deng,"Have China's Pilot Emissions Trading Schemes Promoted Carbon Emission Reductions? The Evidence from Industrial Sub-Sectors at the Provincial Level",*Journal of Cleaner Production*,Vol.234,(2019),pp.912-924.

⑥ Y.Gao,M.Li,J.Xue,et al.,"Evaluation of Effectiveness of China's Carbon Emissions Trading Scheme in Carbon Mitigation",*Energy Economics*,Vol.90,(2020),pp.1-15.

持效应等实现碳减排,对买方则通过企业成本压力效应、工艺革新动力效应、市场引导效应等实现碳减排。[①]

可见,碳排放交易试点政策具有明显的减排效应,但其产生机制如何? 部分学者作了进一步探讨。唐(Tang)使用 PSM-DID 方法进行中介效应分析,发现碳排放交易通过提高第三产业产值占 GDP 的比重和降低能源强度来减少碳排放强度。[②] 周(Zhou)认为,碳排放交易试点通过调整产业结构降低碳排放强度,而能源结构对降低碳排放强度的渠道作用不明显。[③] 另外,碳排放交易作为一种环境规制政策,部分学者讨论了其潜在的波特效应,即研究碳排放规制是否推动企业进行更多的创新活动以提升生产率,从而弥补规制产生的额外成本。比如,张(Zhang)等发现中国碳排放交易试点政策的实施增加了试点地区工业总产值产生的经济红利(13.6%),并显著降低了工业 CO_2 排放(24.2%)。[④] 这说明碳排放交易试点政策确实存在波特效应,但波特效应存在时间异质性,董(Dong)等采用 DID 方法和改进的 DEA 模型,从短期视角与长期视角分析中国碳排放交易试点是否产生了波特效应(Potter Effect)。结果表明,在短期内,碳排放交易试点可以显著降低试点省份的碳排放,但无法提高 GDP,因而没有实现波特效应。从长期来看,碳排放交易试点形成了可持续的经济红利和环境红利,实现波特效应。[⑤]

---

① 刘传明、孙喆、张瑾:《中国碳排放权交易试点的碳减排政策效应研究》,《中国人口·资源与环境》2019 年第 11 期。

② K.Tang,Y.Liu,D.Zhou,et al.,"Urban Carbon Emission Intensity Under Emission Trading System in a Developing Economy:Evidence from 273 Chinese Cities",*Environmental Science and Pollution Research*,Vol.28,No.5(2021),pp.5168-5179.

③ B.Zhou,C.Zhang,H.Song,et al.,"How Does Emission Trading Reduce China's Carbon Intensity? An Exploration Using a Decomposition and Difference-In-Differences Approach",*Science of the Total Environment*,Vol.676,(2019),pp.514-523.

④ W.Zhang,J.Li,G.Li,et al.,"Emission Reduction Effect and Carbon Market Efficiency of Carbon Emissions Trading Policy in China",*Energy*,Vol.196,(2020),pp.1-9.

⑤ F.Dong,Y.Dai,S.Zhang,et al.,"Can a Carbon Emission Trading Scheme Generate the Porter Effect? Evidence from Pilot Areas in China",*Science of the Total Environment*,Vol.653,(2019),pp.565-577.

　　总体而言,已有研究表明碳排放交易试点政策可以显著降低碳排放,但对大气污染减排的作用探讨较少。事实上,碳排放交易试点政策可能产生"减污"的正向溢出效应,如赵立祥等运用 DID 证明碳排放交易政策在控制碳排放的同时也产生了环境红利①,通过倒逼技术进步和改善能源强度带来了大气污染的协同减排效应;另外,宋弘等发现低碳城市建设通过企业排污的减少与工业产业结构的升级与创新,显著降低了城市空气污染。② 不过当前关于碳排放交易试点政策"减污降碳"协同效应的研究较少。

(二)"减污降碳"的协同效应

　　协同效益或协同效应是国际社会在应对气候变化过程中产生的概念,IPCC 第三次评估报告③首次提出了协同效应(Co-benefits)的概念,IPCC 第五次评估报告④正式界定了政策协同效应的内涵,即政策或措施产生的正面附加影响。随着应对气候变化与污染防治工作渐呈深度融合,协同控制成为环境部门应对气候变化、加强污染防治的重要手段。美国国家环境保护局⑤在 ICAP 国际项目中首次使用了"协同控制"术语,胡(Hu)等首次明确了协同控制的定义⑥,即同时获取减排大气污染物和温室气体等方面的效益,使净效益最大化,协同控制是实现协同效益的途径。田春秀等指出温室气体排放控制

---

　　① 赵立祥、赵蓉、张雪薇:《碳排放交易政策对我国大气污染的协同减排有效性研究》,《产经评论》2020 年第 3 期。

　　② 宋弘、孙雅洁、陈登科:《政府空气污染治理效应评估——来自中国"低碳城市"建设的经验研究》,《管理世界》2019 年第 6 期。

　　③ IPCC, *Climate Change* 2001: *Mitigation*, Cambridge: Cambridge University Press, 2001.

　　④ IPCC, *Climate Change* 2014: *Synthesis Report*, Cambridge: Cambridge University Press, 2014, p.151.

　　⑤ The National Renewable Energy Laboratory, *Developing Country Case - Studies*: *Integrated Strategies for Air Pollution and Greenhouse Gas Mitigation*, USA: EPA, 2000.

　　⑥ T.Hu, et al., USEPA IES China Country Study Phase IV Report: China's Co-Control Policy Study, *Policy Research Center of SEPA*, *Development Research Center of State Council*, *ECON Center for Economic Analysis*, 2007.

与大气污染控制政策之间存在互相影响,强调协同效应是气候政策与大气污染政策协同控制产生的综合效益。[①]

对于协同效应的实证研究方面,一方面,已有文献认为 CO_2 等温室气体减排有利于控制局部大气污染。其中,里帕达尔(Rypdal)研究了6种气候政策情景对北欧大气环境所产生的协同效应;[②]什雷斯塔(Shrestha)则模拟了泰国碳减排的协同效应;[③]博伊德(Boyd)等利用 CGE 模型等评估美国能源税的协同效应[④];沙基亚(Shakya)利用综合能源系统模型评估了尼泊尔碳税的协同效应[⑤];普拉钦斯基(Plachinski)预测分析了能效政策和可再生能源政策对美国威斯康星空气质量改善的协同效应[⑥]。多项针对国内研究结果也表明,节能减碳政策、措施具有明显的大气污染减排效益。例如,维尼莫(Vennemo)比较了中国对碳强度、碳水平上限、碳强度上限控制的环境协同效应[⑦];何(He)研究了中国能源政策能够产生碳减排和大气质量改善的协同效应[⑧]薛文博等指出电力行业多污染物协同控制与区域大气污染之间密切相关[⑨];傅京燕、原宗琳

①　田春秀、李丽平、胡涛、尚宏博:《气候变化与环保政策的协同效应》,《环境保护》2009 年第 12 期。

②　K.Rypdal,N.Rive,S.Strm,et al.,"Nordic Air Quality Co-Benefits from European Post-2012 Climate Policies",*Energy Policy*,Vol.35,No.12(2007),pp.6309-6322.

③　R. M. Shrestha, S. Pradhan, "Co-benefits of CO_2 Emission Reduction in a Developing Country",*Energy Policy*,Vol.38,No.5(2010),pp.2586-2597.

④　W.K.Viscusi,B.Roy,K.Kerry,"Energy Taxation as a Policy Instrument to Reduce CO_2 Emissions:A Net Benefit Analysis",*Journal of Environmental Economics and Management*,Vol.29,No.1(2004),pp.1-24.

⑤　S.R.Shakya,S.Kumar,R.M.Shrestha,"Co-benefits of a Carbon Tax in Nepal",*Mitigation and Adaptation Strategies for Global Change*,Vol.17,No.1(2012),pp.77-101.

⑥　S.D.Plachinski,T.Holloway,P.J.Meier,et al.,"Quantifying the Emissions and Air Quality Co-Benefits of Lower-Carbon Electricity Production",*Atmospheric Environment*,Vol.94,(2014),pp.180-191.

⑦　V.Haakon,A.Kristin,J.He,et al.,"Benefits and Costs to China of three Different Climate Treaties",*Resource and Energy Economics*,Vol.31,No.3(2009),pp.139-160.

⑧　K.He,Y.Lei,X.Pan,et al.,"Co-benefits from Energy Policies in China",*Energy*,Vol.35(2010),pp.4265-4272.

⑨　薛文博、王金南、杨金田、雷宇、汪艺梅、许艳玲、贺晋瑜:《电力行业多污染物协同控制的环境效益模拟》,《环境科学研究》2012 年第 11 期。

发现电力行业 CO_2 减排活动对 SO_2 产生的协同减排在众多省份普遍存在。[1]

另一方面，大气污染物减排政策与措施也会对温室气体控制产生协同影响。比弗斯（Beevers）研究伦敦交通拥堵收费方案的效果时发现其在降低大气污染物的同时，限制了私家车出行，使 CO_2 减排 19.5%[2]；多福森（Tollefsen）也分析了控制大气污染对温室气体的协同减排等效益[3]。另外，中国的污染减排实践表明，以减排大气污染物为目标采取的措施对 CO_2 等温室气体也具有协同减排效应[4]，相关研究还包括：吉伦（Gielen）基于上海案例分析认为大气污染物排放控制措施有显著的温室气体减排潜力[5]；摩根斯顿（Morgenstern）对太原市小锅炉污染物控制政策分析发现其显著地降低碳排放[6]；李丽平等发现攀枝花污染物总量减排措施有显著的温室气体减排贡献[7]；许（Xu）、顾阿伦等从不同角度分析 SO_2 减排政策与措施对 CO_2 的协同减排效果，发现碳减排协同效应明显。[8][9]

---

① 傅京燕、原宗琳：《中国电力行业协同减排的效应评价与扩张机制分析》，《中国工业经济》2017 年第 2 期。

② S.D.Beevers，D.C.Carslaw，"The Impact of Congestion Charging on Vehicle Emissions in London"，*Atmospheric Environment*，Vol.39，No.1（2005），pp.1–5.

③ P.Tollefsen，K.Rypdal，A.Torvanger，et al.，"Air Pollution Policies in Europe：Efficiency Gains from Integrating Climate Effects with Damage Costs to Health and Crops"，*Environmental Science and Policy*，Vol.12，No.7（2009），pp.870–881.

④ K.Aunan，J.Fang，T.Hu，et al.，"Climate Change and Air Quality：Measures with Co-Benefits in China"，*Environmental Science & Technology*，Vol.40，No.16（2006），pp.4822–4829.

⑤ D.Gielen，C.H.Chen，"The CO_2 Emission Reduction Benefits of Chinese Energy Policies and Environmental Policies：A Case Study for Shanghai，Period 1995–2020"，*Ecological Economics*，Vol.39，No.2（2001），pp.257–270.

⑥ R.Morgenstern，A.Krupnick，X.Zhang，"The Ancillary Carbon Benefits of SO_2 Reductions from a Small-Boiler Policy in Taiyuan，PRC"，*The Journal of Environment & Development*，Vol.13，No.2（2004），pp.140–155.

⑦ 李丽平、周国梅、季浩宇：《污染减排的协同效应评价研究：以攀枝花市为例》，《中国人口·资源与环境》2010 年第 5 期。

⑧ Y.Xu，T.Masui，"Local Air Pollutant Emission Reduction and Ancillary Carbon Benefits of SO_2 Control Policies：Applicationof AIM/CGE model to China"，*European Journal of Operational Research*，Vol.198，No.1（2009），pp.315–325.

⑨ 顾阿伦、滕飞、冯相昭：《主要部门污染物控制政策的温室气体协同效应分析与评价》，《中国人口·资源与环境》2016 年第 2 期。

除"由碳及污"或"由污及碳"的单向协同效应外,也有研究评估了综合减排措施的双向协同效应。胡涛等以北京市为案例的研究显示,清洁能源、工业结构调整、能源效率改善、绿色交通等综合减排措施同时降低了大气污染物排放、CO_2排放等;[1]毛(Mao)基于CIMS模型研究了中国交通行业碳税、能源税、燃油税、清洁能源补贴等措施的降碳减污协同效应;[2]刘杰等测算发现二氧化碳减排与大气$PM_{2.5}$浓度控制存在显著正向协同效应;[3]王宁静和魏巍贤发现污染气体减排和温室气体减排具有协同效应,当达到碳减排目标时,也能促进污染气体较大幅度的下降。[4] 不过协同控制并非总能带来正向效应,末端控制措施在控制温室气体与大气污染物时可能存在"跷跷板"效应,例如末端脱硫、脱硝、除尘技术会增加能源消耗而不利于控制碳排放。毛显强等[5]、邢有凯等[6]、王敏等[7]的研究结果表明,大部分的过程控制与源头控制对大气污染与温室气体减排有较好的协同控制效应,开端控制措施的效果则相对较差,在同样的成本约束下,多污染物协同控制具有更好的经济合理性。

三、理论机制与研究假设

回顾文献后我们发现,在控制大气污染物或温室气体排放的过程中,由于

① 胡涛、田春秀、李丽平:《协同效应对中国气候变化的政策影响》,《环境保护》2004年第9期。

② X.Mao, S.Yang, Q.Liu, et al., "Achieving CO_2 Emission Reduction and the Co-Benefits of Local Air Pollution Abatement in the Transportation Sector of China", *Environmental Science & Policy*, Vol.21, (2012), pp.1-13.

③ 刘杰、刘紫薇、焦珊珊、王丽、唐智亿:《中国城市减碳降霾的协同效应分析》,《城市与环境研究》2019年第4期。

④ 王宁静、魏巍贤:《中国大气污染治理绩效及其对世界减排的贡献》,《中国人口·资源与环境》2019年第9期。

⑤ 毛显强、邢有凯、胡涛、曾桉、刘胜强:《中国电力行业硫、氮、碳协同减排的环境经济路径分析》,《中国环境科学》2012年第4期。

⑥ 邢有凯、毛显强、冯相昭、高玉冰、何峰、余红、赵梦雪:《城市蓝天保卫战行动协同控制局地大气污染物和温室气体效果评估:以唐山市为例》,《中国环境管理》2020年第4期。

⑦ 王敏、冯相昭、杜晓林、吴莉萍、赵梦雪、王鹏、安祺:《工业部门污染物治理协同控制温室气体效应评价——基于重庆市的实证分析》,《气候变化研究进展》2021年第3期。

两者同根同源同步的特性,存在"由碳及污"或"由污及碳"的协同控制效应。已有文献虽然对"减污降碳"主题有较多关注,但鲜有研究分析碳排放交易试点政策"减污降碳"的协同效应。我国的碳排放交易体系已进入全面推广阶段,分析该政策的气候治理与大气污染治理协同效应,对探索并完善我国碳排放交易体系有较大现实价值。现有研究虽对我国碳排放交易制度的减排效应进行了大量研究,但更为关注碳减排效应,对碳排放交易试点产生的大气污染治理正向溢出效应研究不足。仅有少数学者,如赵立祥等针对试点政策的环境红利进行了探索性研究,然而未就"减污降碳"的协同控制效应进行深入分析。

鉴于此,本书将"减污降碳"的效应分析引入碳排放交易试点政策,形成"减污""降碳"的统一分析框架,探究碳排放交易试点政策如何实现"减污降碳"。本书理论框架如图5-5碳排放交易试点政策的协同效应机制图所示。大气污染与碳排放源于农业活动、工业生产、居民生活、道路交通等方面,具有高度的同根同源同步性。以工业生产为例,能源是驱动工业生产持续进行的重要资源,当前我国能源结构中,煤炭能源占一次能源消费的57%,煤炭燃烧不仅带来了大量的碳排放,还产生严重的空气污染,两者具有高度的同根同源同步性。碳排放交易试点政策将推动企业研发绿色生产技术,降低化石能源消耗,抑制地区碳排放,并提升空气质量。因此,碳排放交易试点政策存在协同减排效应,有助于同时降低大气污染物排放与碳排放,同时推进大气治理与气候治理。据此,本书提出假设1:

H1:碳排放交易试点政策可以同时实现"减污降碳"。

碳排放交易试点政策虽然兼具"减污降碳"的功能,但减少空气污染与降低碳排放还存在诸多政策工具,碳排放交易试点政策可能与其余政策形成治理协同。由此笔者推断,碳排放交易试点政策与大气污染治理的协同有助于降低碳排放,与气候治理的协同则有助于降低大气污染物排放。据此,本书提出假设2与假设3:

H2:碳排放交易试点政策与大气污染治理相互配合,存在"由污及碳"的协同效应,可以降低碳排放。

H3:碳排放交易试点政策与气候治理相互配合,存在"由碳及污"的交互效应,可以降低大气污染物排放。

碳排放交易试点政策还可能随着协同水平的变化产生不同的协同效果,协同程度的提升有助于碳排放交易试点政策充分发挥其"减污降碳"的功能。并且,碳排放交易试点政策在协同程度更高的城市,其政策协同效应具备更大的发挥空间,"减污降碳"作用也将更为明显。因而本书提出假设4和假设5:

H4:减污降碳协同水平越高,碳排放交易试点政策降低碳排放的效果越明显;并且碳排放交易试点政策在减污降碳协同水平较高的城市能够更有效地改善碳排放情况。

H5:减污降碳协同水平越高,碳排放交易试点政策降低大气污染物排放的效果越明显;并且碳排放交易试点政策在减污降碳协同水平较高的城市能够更有效地改善大气污染情况。

为验证假设1—5,本书基于2003—2017年的城市面板数据,采用双重差分模型对碳排放交易试点政策的"减污降碳"协同效应、作用机制进行实证检验分析。

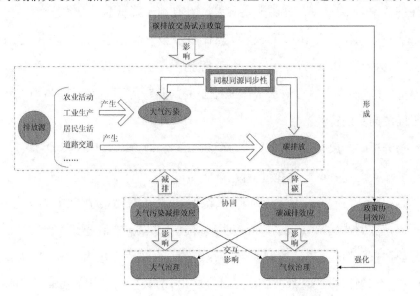

图5-5 碳排放交易试点政策的协同效应机制图

四、DID 模型构建

碳排放交易试点政策相当于一次"准自然实验"，双重差分模型是评估政策实施效果的标准模型，能够有效排除趋势与随机因素对结果的影响、解决内生性问题，已经多次应用于对碳排放交易试点政策的研究，本书也拟使用双重差分法进行研究。本书将 2013 年纳入试点碳排放交易市场的城市定义为处理组，除了深圳、上海、北京、天津与重庆外，还包括广东与湖北的所有城市，由于福建的试点时间相对较晚，本书区间截至 2017 年，因而未将福建省的城市纳入处理组；非试点城市定义为对照组。

为分析碳排放交易试点对碳排放的影响，构建如下 DID 模型：

$$co_{2it} = \alpha + \alpha_1 \, tr_i + \alpha_2 \, ti_t + \alpha_3 \, did_{it} + X'\beta + \delta_i + \gamma_t + \varepsilon_{it} \tag{6}$$

其中，co_{2it} 代表被解释变量碳排放总量，tr_i 代表处理组，ti_t 代表试点时间，did_{it} 为双重差分变量，即 $tr_i \times ti_t$。当样本为试点城市时，$tr_i = 1$，否则 $tr_i = 0$；当时间在试点时间之后时，$ti_t = 1$，否则 $ti_t = 0$。did_{it} 的系数 α_3 是本书重点关注的对象，$\alpha_3 < 0$，表明碳排放交易试点有利于降低碳排放总量，具有"降碳"的效果。基于 STIRPAT 模型，控制变量 X' 选择了：人口规模的对数（$\ln p_{it}$）、人均 GDP（gpc_{it}）、技术创新指数（ino_{it}）以及大气污染水平（$PM_{2.5it}$）。加入大气污染水平作为控制变量是考虑到温室气体与大气污染同根同源同步的特性。

为分析碳排放交易试点对大气污染的影响，构建以下 DID 模型：

$$PM_{2.5it} = \alpha + \alpha_1 \, tr_i + \alpha_2 \, ti_t + \alpha_3 \, did_{it} + X'\beta + \delta_i + \gamma_t + \varepsilon_{it} \tag{7}$$

其中，被解释变量 $PM_{2.5it}$ 为 $PM_{2.5}$ 浓度，反映大气污染水平，tr_i、ti_t、did_{it} 与上面模型的意义一致。$\alpha_3 < 0$，表明碳排放交易试点有利于减缓大气污染水平，具有"减污"的效果。控制变量 X' 选择了：财政收支压力（szp_{it}）、人口密度（pd_{it}）以及碳排放总量（co_{2it}）。与式（1）同理，加入碳排放总量作为控制变量。

进一步,为分析碳排放交易试点政策是否存在"减污""降碳"协同,产生"由碳及污"与"由污及碳"的协同控制效应(假设 2 和假设 3),在上述模型中引入了试点政策与"减污"及"降碳"的交互项,如式(8)与式(9)所示:

$$co_{2it} = \alpha + \alpha_1 tr_i + \alpha_2 ti_t + \alpha_3 did_{it} + \alpha_4 did_{it} \times (-PM_{2.5it}) + X'\beta + \delta_i + \gamma_t + \varepsilon_{it}$$
$$(8)$$

$$PM_{2.5it} = \alpha + \alpha_1 tr_i + \alpha_2 ti_t + \alpha_3 did_{it} \times (-co_{2it}) + X'\beta + \delta_i + \gamma_t + \varepsilon_{it}$$
$$(9)$$

其中, $(-PM_{2.5it})$ 代表"减污", $(-co_{2it})$ 代表"降碳", $did_{it} \times (-PM_{2.5it})$ 表示试点政策与大气污染治理之间的交互效应, $did_{it} \times (-co_{2it})$ 表示试点政策与碳排放治理之间的交互效应。在式(8)—(9)中,如果 α_4 系数是显著为负的,表明试点政策产生了"由碳及污"与"由污及碳"的协同控制效应,有利于更好地控制碳排放与大气污染。

考虑到"减污""降碳"的协同性在不同城市存在差异,减污降碳协同水平的高低是否会影响到碳排放交易试点政策效果的发挥成为本研究重点关注的问题。为此,通过构建耦合协调度模型计算了城市的减污降碳协同水平,并将与 did_{it} 项交互,利用式(10)—(11)检验假设 4 和假设 5:

$$co_{2it} = \alpha + \alpha_1 did_{it} \times dgr_{it} + \alpha_2 dgr_{it} + X'\beta + \delta_i + \gamma_t + \varepsilon_{it} \qquad (10)$$

$$PM_{2.5it} = \alpha + \alpha_1 did_{it} \times dgr_{it} + \alpha_2 dgr_{it} + X'\beta + \delta_i + \gamma_t + \varepsilon_{it} \qquad (11)$$

其中, dgr_{it} 表示各城市的减污降碳协同水平, $did_{it} \times dgr_{it}$ 表示试点政策与"减污降碳"协同水平的交叉项。在式(10)—(11)中,如果 α_1 系数是显著为负的,表明良好的减污降碳协同水平能够促进试点政策更好地发挥"减污""降碳"效应。

五、数据来源说明与描述性统计

本书的研究对象为 283 个城市,研究区间为 2003—2017 年。其中,试点时间前的时间跨度约为 10 年,试点时间后的时间跨度约为 5 年。被解释变量碳排放总量数据来源于陈(Chen)公布的数据[1]，其基于粒子群优化—反向传播算法，计算了县级能源相关的碳排放量，与以往基于原始模型的研究相比，得到了更优的拟合效果，本书通过县级市汇总至城市级别。另一被解释变量 $PM_{2.5}$ 数据来源于达尔豪斯大学大气成分分析组(http://fizz.phys.dal.ca/)，经过栅格处理，匹配地级市矢量地图后的浓度均值数据。技术创新指数(ino_{it})的计算参考寇宗来、刘学悦(2017)的文献提供的计算公式[2]，根据国家知识产权局的发明专利数据计算得到。其他控制变量数据均来源于《中国城市统计年鉴》。

本书所使用变量的描述性统计情况见表 5-11。2003—2017 年 283 个城市的总体观测值为 4230 个，部分指标有少量缺失。双重差分项 did 的均值为 0.034，表明占总样本量比例较低，事实上参与碳排放交易试点城市一共 36 个。CO_2 排放量的均值为 24.825，且标准差相对较大，表明城市之间的 CO_2 排放量差异明显，相对 $PM_{2.5}$ 的均值为 43.915，标准差系数相对要小于 CO_2 排放量。dgr 为"减污降碳"协同水平，后文将予详细说明。

表 5-11　变量描述性统计

变量	观测值	均值	标准差	最小值	最大值
did	4230	0.034	0.181	0.000	1.000
CO_2	4230	24.825	22.959	1.529	230.712
$PM_{2.5}$	4230	43.915	17.975	5.205	107.778
lnp	4228	4.591	0.774	2.645	7.941
gpc	4230	21833	16634	1794	150102
ino	4230	8.416	46.028	0.005	1214.574
pd	4230	427.19	325.60	4.70	2661.54

---

① J.Chen, M.Gao, S.Cheng, et al., "County-level CO_2 Emissions and Sequestration in China during 1997-2017", *Scientific Data*, Vol.7, No.1(2020), p.391.

② 寇宗来、刘学悦：《中国城市和产业创新力报告 2017》，复旦大学产业发展研究中心，2017 年。

变量	观测值	均值	标准差	最小值	最大值
szp	4230	2.662	1.806	0.649	18.399
dgr	4230	0.790	0.084	0.400	0.977

六、实证结果

(一)平行趋势检验

平行趋势假设是双重差分法结果有效性的前提,如果试点政策之前处理组与对照组之间的碳排放(或空气质量)不存在显著差异,即表明处理组与对照组城市符合平行趋势。借鉴雅各布逊(Jacobson)等人的做法,利用事件分析法来进行平行趋势的检验。结合本书的研究内容,其估计式如下:

$$co_{2it} = \alpha + \alpha_1 \, tr_i + \alpha_2 \, ti_t + \sum_{k=-4}^{4} \beta_k \, D_{i,t0+k} + X'\rho + \delta_i + \gamma_t + \varepsilon_{it} \tag{12}$$

$$PM_{2.5it} = \alpha + \alpha_1 \, tr_i + \alpha_2 \, ti_t + \sum_{k=-4}^{4} \beta_k \, D_{i,t0+k} + X'\rho + \delta_i + \gamma_t + \varepsilon_{it} \tag{13}$$

其中,tr_i 代表处理组,ti_t 代表试点时间,$D_{i,t0+k}$ 是一系列的虚拟变量,表示试点实施的第 k 年。具体来说,t_0 表示城市 c 实施碳排放交易试点的第一年,k 表示开始试点之后的第 k 年。本书主要分析试点前 4 年至试点后 4 年的变化趋势。β_k 是平行趋势检验模型中的关键系数,表示试点政策开始第 k 年时,处理组与对照组之间的差异。式(12)对照组与处理组之间的碳排放趋势是否平行进行检验;式(13)对照组与处理组之间的 $PM_{2.5}$ 变化趋势是否平行进行检验。

平行趋势检验结果如图 5-6 所示。从碳排放量来看,试点之前的 pre1 至 pre4,即 $k<0$ 时,β_k 的值比较平缓,在 5% 的显著性水平下不异于 0;表明处理组(试点地区城市)与对照组(非试点地区城市)在试点之前的碳排放趋势并无显著差异,符合平行趋势;然而,试点开始当年(current,即 $k=0$),β_k 开始显

著下降,表明碳排放交易试点显著地降低了试点地区和城市的碳排放水平。从 $PM_{2.5}$ 来看,试点之前的第 4 年(pre4),处理组的污染水平相对比较高,但在试点之前的 1—3 年,在 5% 的显著性水平下不异于 0,可以认为处理组与对照组之间较好地满足了平行趋势假定;试点开始后,部分年份的 β_k 有显著下降,相对试点之前明显要低,表明碳排放交易试点可能改善了大气污染。综上可得:试点政策对碳排放、大气污染影响的双重差分回归模型通过了平行趋势检验。

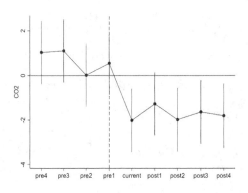 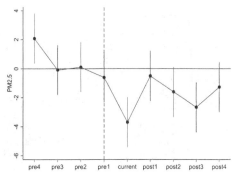

图 5-6　平行趋势检验

(二) 试点政策对碳排放、大气污染的影响

本书利用 STATA15 进行回归,并控制了时间效应与城市效应。首先进行全样本分析,而后将样本分为东部、中西部进行区域异质性检验。[①] 从表 5-12 的回归结果可以看出:did 系数为负且在 1% 的显著性水平下显著,碳排放交易试点有效地降低了试点地区与城市的碳排放总量,无论是东部还是中西部地区,这一结果均是稳健的。碳排放交易试点有效地加强了能效管理与碳排放管理;同时,碳排放交易所形成的价格信号提供了激励或约束机制,通

---

① 由于碳排放交易试点位于西部的只有重庆市,因此,划分区域时只分为了东部与中西部两个区域。

过市场收益与政府政策补贴推动试点地区的低碳技术创新与应用,促进高能耗高排放企业改进生产工艺,降低碳排放。

从控制变量来看,lnp 的系数为正,回归结果(1)与(3)在 5% 的显著性水平下显著,表明人口规模越大,碳排放总量越高,与现实相符;gpc 的系数为正且在 1% 的显著性水平下显著,表明随着人均收入水平的提高,生活方式向高能耗转变,碳排放总量上升,与现实相符;ino 的系数有正有负,存在明显的区域异质性,在东部地区,技术创新能够有效地抑制碳排放,而中西部地区,技术创新仍未能发挥抑制作用;$PM_{2.5}$ 的系数为正,特别是在东部地区显著地与 CO_2 正相关,大气污染与碳排放具有同根同源同步性,与现实相符。

表 5-12　试点政策对碳排放影响的回归结果

	（1）	（2）	（3）
	CO_2	CO_2	CO_2
tr	剔除	剔除	剔除
ti	8.753***	16.090***	4.914***
	(16.17)	(13.83)	(9.38)
did	−2.009***	−2.580***	−2.834***
	(−3.82)	(−3.10)	(−4.15)
lnp	0.800**	0.651	0.737**
	(2.40)	(1.04)	(2.08)
gpc	0.000***	0.000***	0.000***
	(25.52)	(7.65)	(28.03)
ino	−0.003	−0.008***	0.096***
	(−1.31)	(−2.62)	(11.63)
$PM_{2.5}$	0.041**	0.120***	0.002
	(2.33)	(3.05)	(0.12)
_cons	3.927**	7.303**	3.631**
	(2.34)	(2.12)	(2.11)
回归类型	双向 FE	双向 FE	双向 FE
样本	全样本	东部	中西部

续表

	（1）	（2）	（3）
	CO_2	CO_2	CO_2
N	4228	1515	2713
r2	0.634	0.646	0.696
F	358.690	133.793	303.472

注：*、**、*** 分别表示在10%、5%、1%的显著性水平下显著；( )内为 t 值，下同。

从表5-13的回归结果可得：*did* 的系数为负且在1%的显著性水平下显著，即试点城市的$PM_{2.5}$显著要低于非试点城市，碳排放交易试点有效地改善了大气污染，在降低碳排放的同时实现了大气污物控制的环境红利。无论是东部还是中西部地区，这一结果均是稳健的。碳排放交易试点影响企业与行业的能源决策，可能促进了传统产业的绿色、低碳、清洁化改造，通过加大绿色技术创新、发展循环经济、优化产业结构、加大清洁能源使用等，有利于改善大气环境。

从控制变量来看，*szp* 的系数为正，在5%或10%的显著性水平下显著，表明财政收支压力越大，用于环境保护的支出约束越大，越难以有效降低$PM_{2.5}$，与现实相符；*pd* 的系数为负，只有东部样本的结果在10%的显著性水平下显著，人口集聚一方面会增加污染，但也使得环境保护具有规模效应；全样本回归中的CO_2的系数为正，东部样本的显著性水平达到1%，但中西部地区不显著，大气污染与碳排放具有同根同源同步性，不过存在明显的区域异质性。

表5-13　试点政策对$PM_{2.5}$影响的回归结果

	（4）	（5）	（6）
	$PM_{2.5}$	$PM_{2.5}$	$PM_{2.5}$
tr	剔除	剔除	剔除
ti	5.350***	5.711***	5.703***
	(11.97)	(8.19)	(9.96)

续表

	（4）	（5）	（6）
	$PM_{2.5}$	$PM_{2.5}$	$PM_{2.5}$
did	-1.269***	-2.173***	-1.872**
	(-2.77)	(-3.97)	(-2.36)
szp	0.174**	0.362*	0.172*
	(2.07)	(1.65)	(1.82)
pd	-0.001	-0.002*	-0.001
	(-1.16)	(-1.74)	(-0.30)
co_2	0.030**	0.053***	0.017
	(2.29)	(2.97)	(0.88)
_cons	38.902***	38.750***	38.917***
	(68.32)	(43.06)	(45.32)
回归类型	双向 FE	双向 FE	双向 FE
样本	全样本	东部	中西部
N	4230	1515	2715
r2	0.357	0.455	0.333
F	121.015	64.770	69.658

表 5-12 与表 5-13 的回归结果验证了假设 1，"减污"与"降碳"（大气污染）之间存在协同性，碳排放交易试点的目标并不是大气污染，但是产生了改善大气环境的政策效果。为此，后文实证部分将进一步分析试点政策与"减污""降碳"之间的协同关系。

（三）试点政策与"由污及碳""由碳及污"的交互效应检验

本部分将分别分析碳排放交易试点政策与"减污"的交互效应对碳排放的影响、碳排放交易试点政策与"降碳"的交互效应对 $PM_{2.5}$ 的影响，即碳排放交易试点政策是否存在"由污及碳""由碳及污"的协同控制效应。

首先分析试点政策是否与大气污染治理之间存在交互效应，在回归中加入了试点政策 *did* 与"减污"（用 $PM_{2.5}$ 的负数表示）之间的交叉项。从表 5-14

的回归结果可以看出：$did\times(-PM_{2.5})$的系数为负，全样本回归结果在5%的显著性水平下显著，表明碳排放交易试点政策与"减污"之间存在交互作用，试点政策可通过"由污及碳"的协同控制效应降低碳排放。一方面，碳排放交易试点政策提升了企业主体的绿色低碳意识，在"降碳"的同时也为"减污"提供了政策动力。另一方面，"减污"的技术创新与推广应用以及波特效应有利于碳排放交易试点政策的激励与约束效应发挥作用，提高碳排放交易试点政策的有效性。因而，碳排放交易试点政策与大气污染治理之间实现了协同，有利于降低碳排放，假设2得到验证。

从东部、中西部子样本回归结果来看，(8)中的$did\times(-PM_{2.5})$系数显著为负，(9)中的$did\times(-PM_{2.5})$系数为正且不显著，表明碳排放交易试点政策与"减污"之间的协同主要是在东部地区产生的，具有较为明显的区域异质性，东部地区经济较为发达，财政环境投入力度更大，通过应用较为先进的绿色低碳技术，能够较好地实现"减污""降碳"之间的协同。

表5-14　试点政策对碳排放交互影响的回归结果

	(7)	(8)	(9)
	CO_2	CO_2	CO_2
tr	剔除	剔除	剔除
ti	8.760***	16.066***	4.914***
	(16.19)	(13.94)	(9.38)
did	-5.392***	-13.408***	-2.354
	(-3.78)	(-6.03)	(-0.73)
$did\times(-PM_{2.5})$	-0.084**	-0.327***	0.009
	(-2.55)	(-5.24)	(0.15)
lnp	0.929***	0.995	0.732**
	(2.76)	(1.59)	(2.06)
gpc	0.000***	0.000***	0.000***
	(25.35)	(7.60)	(28.02)
ino	-0.004	-0.013***	0.096***

续表

	（7）	（8）	（9）
	CO$_2$	CO$_2$	CO$_2$
	（-1.47）	（-4.01）	（11.51）
PM$_{2.5}$	0.040**	0.102***	0.002
	（2.25）	（2.60）	（0.13）
_cons	3.435**	6.476*	3.645**
	（2.03）	（1.90）	（2.12）
回归类型	双向 FE	双向 FE	双向 FE
样本	全样本	东部	中西部
N	4228	1515	2713
r2	0.635	0.653	0.696
F	341.560	130.893	288.188

接着,为验证碳排放交易试点政策是否与碳排放控制之间存在交互效应进而影响大气污染,在回归中加入了试点政策 *did* 与"降碳"(用 *co*$_2$ 的负数表示)之间的交叉项,从表 5-15 的回归结果可以看出:*did*×(-*co*$_2$)的系数为负,全样本回归结果不显著,表明试点政策与"降碳"之间未能显著实现协同改善大气污染,试点政策"由碳及污"的协同控制效应不显著。这可以解释为,改善大气污染并不是碳排放交易试点政策的直接政策目标,虽然"降碳"与"减污"之间具有协同性,但由于成本限制,在碳排放交易试点政策导向下,政府部门、企业主体将更多的资源、资金投入"降碳",导致对"减污"的投入不足,因而使得试点政策与"降碳"之间不能协同改善大气污染,假设 3 并不成立。

分区域看,东部地区回归结果与中西部地区相反。东部样本回归结果 *did*×(-*co*$_2$)的系数为负,在 15% 水平下显著;中西部样本回归结果 *did*×(-*co*$_2$)的系数为正,在 15% 水平下显著,可进一步印证上面的解释。东部地区受成本限制程度较低,在碳排放交易试点政策导向下,加大了"降碳"的投入,但未显著挤压"减污"的投入,且由于"降碳"与"减污"之间具有协同性,试点政策与"降碳"的交互作用能够一定程度改善大气污染；中西部地区经济相对欠发达，财政压力较大，"降碳"投入可能会对"减污"投入形成明显替代效应，且相对"降碳"与"减污"协同效应而言占主导地位，因而试点政策与"降碳"的交互作用一定程度上会加剧大气污染。

表5-15　试点政策对$PM_{2.5}$交互影响的回归结果

	（10）	（11）	（12）
	$PM_{2.5}$	$PM_{2.5}$	$PM_{2.5}$
tr	剔除	剔除	剔除
ti	5.355***	5.776***	5.618***
	（11.96）	（8.27）	（9.76）
did	−1.326**	−2.818***	−0.829
	（−2.23）	（−4.05）	（−0.79）
$did×(-co_2)$	−0.002	−0.016	0.030
	（−0.15）	（−1.50）	（1.51）
szp	0.174**	0.397*	0.175*
	（2.07）	（1.80）	（1.85）
pd	−0.001	−0.002*	−0.001
	（−1.16）	（−1.77）	（−0.31）
CO_2	0.030**	0.049***	0.011
	（2.25）	（2.78）	（0.57）
$\_cons$	38.906***	38.761***	38.857***
	（68.24）	（43.09）	（45.22）
回归类型	双向FE	双向FE	双向FE
样本	全样本	东部	中西部
N	4230	1515	2715
r2	0.357	0.456	0.333
F	114.618	61.534	66.146

（四）试点政策与"减污降碳"协同的交互效应检验

"减污""降碳"的协同，使得碳排放交易试点对大气污染治理也产生积极影响。对于城市而言,由于技术、管理、能力等方面的差异,不同城市之间的"减污降碳"协同水平也可能存在明显差异。那么,碳排放交易试点政策是否通过"减污降碳"协同水平的差异而对最终"减污""降碳"效果产生影响呢?下面将在测度城市减污降碳协同水平的基础上,进一步实证检验试点政策如何与减污降碳协同水平之间作用,进而影响碳排放与 $PM_{2.5}$ 。

1.减污降碳协同水平计算说明

气候变化与环境污染关系密切,由于温室气体与大气污染物基本上是由化石燃料燃烧排放产生,具有同根同源同步的特性,两者表现为高度协同。因此,在控制温室气体时可以带来污染减排的协同效应,反之,在控制大气污染物的过程中可以减少 CO_2 等温室气体的排放,实现减污降碳协同。为系统评估减碳控污政策的协同程度,本书引入系统协同概念。系统协同是一种事物共同发展与提高的现象[1],协调度模型用于衡量系统之间共同发展的程度,可利用其测算不同地区的减污降碳协同水平。本书测度的区间为 2004—2017 年,相关步骤说明如下。

首先,构建"减污"与"降碳"耦合度模型,如式(14)所示:

$$C = \sqrt{\Big/ \left(\frac{U_1 + U_2}{2}\right)^2} \tag{14}$$

其中, C 为"减污"与"降碳"的耦合度, U_1 表示"减污"子系统,包括 $PM_{2.5}$ 、 $PM_{2.5}$ 变化率、工业 SO_2 排放量、工业 SO_2 排放强度、工业 SO_2 排放增速 5 个与大气污染相关的指标; U_2 表示"降碳"子系统,包括 CO_2 排放量、 CO_2 排放强度、 CO_2 排放增速 3 个指标。其中,城市 $PM_{2.5}$ 原始数据来源于达尔豪斯大学大气成分分析组;其他指标的原始数据均来源于《中国城市统计年鉴》。由于测度的是"减污"与"降碳"情况,因此所有指标均为负向指标,均进行了正向化处理。每个指标利用层次分析法按照专家意见赋权, U_1 子系统的 5 个原

---

[1]　H. Haken, *Complexity and Complexity Theories: Do These Concepts Make Sense?* Berlin: Springer Berlin Heidelberg, 2012, pp.7–20.

始指标权重为：$[0.309, 0.177, 0.221, 0.165, 0.128]$；$U_2$子系统的3个原始指标权重为：$[0.38\ 0.34\ 0.28]$。将原始数据采取极差标准化法进行归一化处理，加权综合得到子系统指数U_1、U_2。

其次，在耦合度基础上构建"减污"与"降碳"的协调度模型，如式（15）所示：

$$\begin{cases} Dgr = \sqrt{C \times T} \\ T = \alpha U_1 + \beta U_2 \end{cases} \tag{15}$$

其中，Dgr为协调度指数，代表减污降碳协同水平，T反映了"减污"与"降碳"的综合协调情况，由分别给予U_1与U_2相应权数求和得到，约束条件为$\alpha + \beta = 1$，本书赋予U_1与U_2同等权重。

计算结果显示："减污""降碳"之间具有高度协同性，样本城市的减污降碳协同水平的平均值为0.790；从2005年开始，样本城市的减污降碳协同水平呈现波动性上升趋势，2005年的减污降碳协同水平为0.733，2016年上升至0.849，2017年回落至0.812，随着减污降碳协同水平的提升，意味着对碳排放与大气污染的协同治理效率将更高。减污降碳协同水平在区域之间的差异性较小，2017年，东部的减污降碳协同水平均值为0.816、中部为0.823、西部为0.794，但并不意味着城市之间的差异较小，因为城市经济规模、产业结构、技术创新的差异，会影响减污降碳协同水平。

2. 回归结果分析

在基本模型中加入减污降碳协同水平、试点政策与减污降碳协同水平交互项进行回归，分析试点政策与"减污降碳"协同的交互效应对碳排放与$PM_{2.5}$的影响。

首先来看试点政策与减污降碳协同水平交互效应对碳排放的影响，从表5-16的回归结果可知：dgr的系数为负且在1%或5%的显著性水平下显著，表明城市的减污降碳协同水平越高，越能够有效控制碳排放，因为"减污降碳"的同根同源同步特性，高协同水平可能产生事半功倍的效果。$did \times dgr$的系数为负且在1%的显著性水平下显著,碳排放交易试点政策对碳排放的影响与试点城市的减污降碳协同水平密切相关,试点城市减污降碳协同水平越高,通过创新、管理、规模、成本等方面的有效协同,试点政策越能够有效地发挥激励或约束作用,进而控制碳排放总量,假设4得到验证。从分区域样本的回归结果来看,区域之间在统计显著性方面不存在明显差异。

表5-16　试点政策与减污降碳协同水平对碳排放交互影响的回归结果

	（1） CO_2	（2） CO_2	（3） CO_2
$did×dgr$	−2.592***	−3.441***	−3.501***
	（−5.18）	（−3.99）	（−4.68）
dgr	−11.423***	−12.052**	−19.881***
	（−5.48）	（−2.43）	（−9.26）
$\ln p$	0.604**	0.716	0.585*
	（2.19）	（1.24）	（1.79）
gpc	0.000***	0.000***	0.000***
	（21.27）	（6.30）	（26.93）
ino	−0.012***	−0.011***	0.085***
	（−5.40）	（−3.75）	（11.03）
$\_cons$	19.320***	24.055***	20.760***
	（9.67）	（5.04）	（9.28）
回归类型	双向 FE	双向 FE	双向 FE
样本	全样本	东部	中西部
N	3666	1414	2534
r2	0.614	0.632	0.700
F	314.450	123.327	302.219

试点政策与减污降碳协同水平交互效应对 $PM_{2.5}$ 影响的回归结果见表5-17。根据回归结果可知:dgr 的系数为负且在1%的显著性水平下显著,表明城市的减污降碳协同水平越高,越能够有效治理大气污染。显然,协同水平越高,意味着温室气体治理也能够有效地降低大气污染。$did×dgr$ 的系数显著

为负,全样本回归结果与东部样本回归结果均在 1% 的显著性水平下显著,中西部样本回归结果则在 10% 的显著性水平下显著,表明碳排放交易试点政策与城市的减污降碳水平密切相关,碳排放交易试点政策能够在减污降碳协同水平较高的城市更显著地改善大气污染情况,假设 5 成立。由于碳排放交易试点政策的直接目标是控制碳排放,通过交互效应影响 $PM_{2.5}$ 可能存在一定的异质性,西部地区的减污降碳协同水平相对较低也是中西部样本交互项的显著性水平低的重要原因。

表 5-17 试点政策与减污降碳协同水平对 $PM_{2.5}$ 交互影响的回归结果

	（1） $PM_{2.5}$	（2） $PM_{2.5}$	（3） $PM_{2.5}$
$did \times dgr$	−2.290***	−3.907***	−1.447*
	（−4.74）	（−6.77）	（−1.70）
dgr	−62.888***	−64.562***	−61.901***
	（−31.61）	（−18.72）	（−25.02）
szp	0.002*	0.002*	0.001
	（1.70）	（1.80）	（0.61）
pd	0.077	0.144	0.132
	（0.98）	（0.71）	（1.49）
$\_cons$	87.388***	87.995***	86.853***
	（54.09）	（32.02）	（41.91）
回归类型	双向 FE	双向 FE	双向 FE
样本	全样本	东部	中西部
N	3948	1414	2534
r2	0.475	0.547	0.458
F	194.352	92.033	116.108

▨ 小 结

基于减污降碳协同理论视角,利用 DID 模型评估了碳排放交易试点政策

的"减污""降碳"效应,主要结论如下:

一是试点政策既显著地降低了碳排放,又显著地减少 $PM_{2.5}$ 污染,由于温室气体排放与大气污染物的排放具有同根同源同步特性,试点政策也具有"减污降碳"双重效应。二是试点政策可通过"由污及碳"的协同控制效应降低碳排放,"由污及碳"的协同控制效应主要由东部地区产生;但试点政策"由碳及污"的协同控制效应不显著,改善大气污染并不是碳排放交易试点政策的直接目标,甚至"降碳"投入可能会对"减污"投入形成替代效应。三是试点城市的减污降碳协同水平对试点政策"减污""降碳"效应的发挥起到了十分显著的促进作用。试点城市减污降碳协同水平越高,通过创新、管理、规模、成本等有效协同,试点政策越能够有效地发挥激励或约束作用,进而控制碳排放总量、降低大气污染。

结合以上研究结论,得到以下启示:

一是要尽快建立与完善温室气体与大气污染物协同控制的机制体制与治理体系,以实现更有效的协同治理。该体系包括但不限于协同的温室气体控制与大气污染物减排目标、协同的温室气体与大气污染物排放清单编制与核算体系、协同的数据采集与统计监测体系、协同的环境影响评价与政府绩效考核体系、协同应对气候变化与生态环境保护的政策与法律体系等。充分利用我国将应对气候变化工作转隶到生态环境部的机构改革契机推动协同治理体系建立与完善工作。二是充分发挥协同效应提高大气污染治理与温室气体减排效率,加强对大气污染治理与温室气体减排协同控制的政策制定,开展绿色低碳的能源转型、产业转型与技术创新的路径规划,推动国家、区域、行业碳达峰与碳中和目标实现的同时改善大气质量与生态环境,实现美丽中国愿景。三是从具体政策来看,可推进碳排放交易制度与排污许可制度融合。固定污染源"一证式"管理(即利用一个许可证管理不同污染物排放)能够促进总量控制、测量报告核查与监督监管的有效结合,是实现对温室气体与大气污染物协同控制的有效手段。可将温室气体控制纳入到"一证式"管理之中,促进温室气体与大气污染信息共享与整合,改善环境资源要素的配置效率,实现碳排放交易与排污许可、排污权交易的有机融合。

第三节 协同治理视角下大气污染治理
网络的结构分析

在本章节的讨论中,以京津冀及周边地区大气污染治理自组织网络为研究对象,在协同治理理论视阈下,采用社会网络分析方法,分析该协同治理网络的特征和效果,并分析网络结构对环境治理绩效的影响。本章主要采集京津冀及周边地区大气污染协同治理的自组织网络数据样本,运用 Ucinet 社会网络分析工具和 ERGM 指数随机图模型分别对协同治理自组织网络的组成和内部结构特征做出进一步分析,并通过协同治理理论,阐释不同网络结构对环境治理绩效的影响机制。结果表明:异质性强的协同网络提高大气污染协同治理绩效,良性互动的网络关系增强大气污染协同治理效率。基于此,提出相应的协同网络治理对策。

一、大气污染治理领域的自组织政策协同网络

随着社会经济不断发展,全球环境问题日益严峻,对自然生态系统和人类社会产生广泛而深刻的影响。我国工业化、城镇化水平不断提高,大气环境污染导致雾霾危害逐渐受到社会各界广泛关注。自 2004 年"雾霾"一词在天气新闻中被报道,进入大众视野,我国的雾霾问题逐年恶化。直至 2013 年,重度雾霾天气席卷全国,对我国的生态环境和人民的生活产生巨大影响。因此,2013 年开始,我国对全国 74 个重点城市的主要空气污染物进行监测。同年 9月,国务院发布《大气污染防治行动计划》,明确提出改善空气质量的目标和举措。党的十九大报告指出,着力解决环境问题,要坚持全民共治,源头防治。鼓励多元主体积极参与生态文明建设,形成生态协同治理新格局,加大生态环

境保护力度,实现多元主体协同推进生态文明新发展,是我国生态协同治理的总要求。

我国的大气污染呈现较强的空间溢出性和空间关联性,能在较大的空间范围内快速扩散,呈现更强的空间交互影响和更复杂的空间结构特征。[①] 传统的社会管理模式已然无法适应这种环境污染问题的高复杂性和不确定性,在全球化时代,需要依靠具有自适应、自组织功能的复杂社会网络结构来应对。[②] 多元行动主体在大气污染治理领域积极采取行动,对我国大气污染治理与大气污染治理政策产生了重要的影响。各种各样的政策行动者都活跃在大气污染治理领域,逐渐形成了大规模的大气污染治理自组织政策网络。自组织政策网络是在大气污染治理的实践中各个行动者自发连接形成的一个协同治理网络。与自上而下的政府领导的治理网络相比,自组织协同网络拥有更加丰富的异质性行动者和更少的行动限制。自组织政策网络中的行动者包括各种政府机构、非营利组织及企业等,他们都有在网络中获取政策资源和实现集体政策结果的动机,共同对我国大气环境治理绩效产生作用。

国内关于大气污染治理的研究多以京津冀地区为研究对象并围绕治理政策展开。赵新峰等以京津冀区域大气污染协同治理为例,对京津冀区域政府间大气治理政策协调中存在的问题进行详细分析,并从经济基础、行政体制和协调机制三个方面探究政策不协调的原因。同时,从价值层面、组织架构、实现机制和利益平衡四个方面,探寻实现区域政府间大气治理政策协调的破解之策。[③] 崔晶和马江聆根据政策发力方向和政策着力点两个维

---

① 刘华军、孙亚男、陈明华:《雾霾污染的城市间动态关联及其成因研究》,《中国人口·资源与环境》2017 年第 3 期。

② 骆大进、王海峰、李垣:《基于社会网络效应的创新政策绩效研究》,《科学学与科学技术管理》2017 年第 11 期。

③ 赵新峰、袁宗威:《京津冀区域政府间大气污染治理政策协调问题研究》,《中国行政管理》2014 年第 11 期。

度,探讨促进中央与地方政府、地方政府间,以及政府与非政府主体等不同
维度的协同的策略,通过实现区域多主体协作治理共同应对气候变化。①
陶品竹认为由于大气污染有复合性、流动性等特点决定了京津冀大气污染
治理必须重视区域合作。因此,应当从京津冀区域联合立法、区域联合立法
框架下的京津冀地方立法、京津冀统一执法等层面为京津冀大气污染合作
治理提供全方位的法治保障。② 谢宝剑等更是提出形成制度联动、主体联
动和机制联动的国家治理框架下的区域联动治理是应对区域大气污染的必
然选择。③

　　我国大气污染治理的第二个研究重点围绕协同治理的机制展开:张振华
在府际关系理论视角下,通过对京津冀及周边地区大气污染联防联控机制成
立前后的地方政府之间合作治霾行为进行系统比较来验证地方政府之间合作
治霾的演进逻辑,在此基础上从完善成本分担与生态补偿机制、优化地方政府
的政绩考核体系、加强雾霾治理的联合执法以及促进跨区域产业发展协调等
方面提出了推动地方政府之间合作治霾的政策建议。④ 赵新峰分析不同的政
策协调模式,指出整体性政策协调模式是破解京津冀区域大气污染公地悲剧,
消除孤岛效应,最终走出碎片化治理格局的良方,是合乎京津冀区域大气污染
治理本真价值的图式愿景。⑤ 魏娜等则基于"结构—过程—效果"分析框架,
论证了目前京津冀大气污染治理的跨域应急式的"任务驱动型"协同模式,向
常态型的大气污染协同治理机制转型的必要性。赵志华等根据《重点区域大

　　① 崔晶、马江聆:《区域多主体协作治理的路径选择——以京津冀地区气候治理为例》,
《中国特色社会主义研究》2019 年第 1 期。

　　② 陶品竹:《从属地主义到合作治理:京津冀大气污染治理模式的转型》,《河北法学》2014
年第 10 期。

　　③ 谢宝剑、陈瑞莲:《国家治理视野下的大气污染区域联动防治体系研究——以京津冀为
例》,《中国行政管理》2014 年第 9 期。

　　④ 张振华、张国兴:《地方政府之间合作治霾的演进逻辑——基于大气污染联防联控机制
的案例分析》,《环境经济研究》2021 年第 6 期。

　　⑤ 赵新峰、袁宗威、马金易:《京津冀大气污染治理政策协调模式绩效评析及未来图式探
究》,《中国行政管理》2019 年第 3 期。

气污染防治"十二五"规划》运用三重差分法研究了大气污染协同治理对污染物减排的影响,研究指出大气污染协同治理能显著降低污染物的排放,但在时间维度上来看,污染物减排的效应存在时滞性。[①] 李辉等则在京津冀区域生态环境协同治理的背景下,通过双重差分模型说明联动执法对于空气质量的改善具有显著影响。[②]

大气污染这一政策问题,正受到学界广泛关注。现有研究已经注意到有越来越多的政策行动主体自发参与到大气环境治理实践中,关于大气污染协同治理的研究多关注协同治理的政策、机制、制度设计与完善;定量研究较多关注府际合作关系,但多元主体的协同治理必然会形成相互交织的协同网络关系,而在网络层面对大气污染治理这一议题的讨论在学界目前较为薄弱。因此,本研究将基于协同治理视角,运用社会网络分析方法,探究网络结构对大气污染治理绩效的影响作用。

二、网络结构与网络有效性

多个行动者自发或被动地参与公共事务的治理活动,并在实践过程中相互联系相互沟通,逐渐连接一个多元主体的协同治理网络,共同对政策问题的治理产生影响。关于这样的政策协同网络,政策制定者、学者和公共管理专业人员对网络治理的主流观点是,它有助于实现通过单个组织无法实现的绩效。[③] 而网络有效性可以通过检查组织在网络中的结构位置是否影响组织层面的绩效而在组织层面进行研究[④],检查"整个"网络的有效性可以帮助促进对网

---

① 赵志华、吴建南:《大气污染协同治理能促进污染物减排吗?——基于城市的三重差分研究》,《管理评论》2020 年第 1 期。

② 李辉、徐美宵、洪扬:《京津冀联动执法对空气质量的改善效应》,《中国人口·资源与环境》2021 年第 8 期。

③ E.H.Klijn,B.Steijn,J.Edelenbos,"The Impact of Network Management on Outcomes in Governance Networks",*Public Administration*,Vol.8,No.4(2010),pp.1063–1082.

④ E.T.Jennings Jr,Jo Ann G.Ewalt,"Interorganizational Coordination,Administrative Consolidation,and Policy Performance",*Public Administration Review*,Vol.58,No.5(1998),pp.417–428.

络如何发展和如何实现集体成果的理解①，因此它具有学术和实践的重要性。

关于网络有效性的影响因素，国外学者审查了不同政策领域和不同国家背景下网络绩效的驱动因素，已经确定的主要驱动因素是信任、网络管理者、管理策略、资源丰富性和网络结构的集中化。迈耶（Meier）和奥图尔（O'Toole）分析了管理者网络的网络管理策略如何影响500个学区的教育绩效。得出结论认为：网络中的管理者能对网络的绩效产生积极影响；对网络的管理产生的绩效可被测量，同时，网络结构对绩效产生的影响与管理者在网络管理中付出的努力同等重要；管理网络、管理质量、网络结构与网络绩效成正相关关系，而府际结构、环境等因素也会对绩效产生一定的影响作用。② 克里斯托福利（Cristofoli）等使用定性比较分析测试了资源丰富性、网络结构集中化、协调机制正规化和网络管理对家庭护理服务网络中网络结果的影响。③ 采用类似的方法，还有学者围绕网络的集中度检验了北京22个邻里治理网络的绩效。普罗文（Provan）和米尔沃德（Milward）通过比较四个社区心理健康系统的网络表现，他们发现网络整合、外部控制、系统稳定性和环境资源丰富性是网络结果的重要决定因素。④ 阿格拉诺夫（Agranoff）和麦圭尔（McGuire）的研究指出跨组织网络包含多个成员组织，涉及多元的组织目标，具体的网络结构选择将取决于网络成员之间协调目标和共享信息对资源的需求。⑤ 以此为基

---

① K.G.Provan, A.Fish, J.Sydow, "Interorganizational Networks at the Network Level: A Review of the Empirical Literature on Whole Networks", *Journal of Management*, Vol.33, No.6 (2007), pp.479-516.

② K.J.Meier, L.J.O'Toole Jr, "Public Management and Educational Performance: The Impact of Managerial Networking", *Public Administration Review*, Vol.63, No.6 (2003), pp.689-699.

③ D.Cristofoli, L.Macciò, L.Pedrazzi, "Structure, Mechanisms, and Managers in Successful Networks", *Public Management Review*, Vol.17, No.3-4 (2015), pp.489-516.

④ K.G.Provanh, B.Milward, "A Preliminary Theory of Interorganizational Network Effectiveness: A Comparative Study of Four Community Mental Health Systems", *Administrative Science Quarterly*, Vol.40, No.1 (1995), pp.1-33.

⑤ R.Agranoff, M.McGuire, "Big Questions in Public Network Management Research", *Journal of Public Administration Research & Theory*, Vol.11, No.3 (2001), pp.295-326.

础,普罗文(Provan)和塞巴斯蒂安(Sebastian)对其进行拓展,指出在各个子集团因相互转介和事件协调而具有重叠关系时,网络整合是一个重要因素。[1]欧文(Owen)通过对网络密度和整体可达性的分析,比较了两个生物技术公司的网络。[2] 海因茨(Heinz)等通过访谈美国一些能对政策产生影响的利益集团,发现这些利益集团内部并没有处于绝对中心地位的权威,也不存在稳定有效的沟通机制,成员之间的关系根据利益取向不断聚集分化。这种不确定的、脆弱的网络结构导致集团共识达成的效率低下,网络行动者之间信息资源联系较弱,政策联盟随时可能重组。西格尔(Siegel)则通过研究指出,不同结构的网络对政策参与产生不同的影响。在聚合性较强的"小世界"网络中,强关系和弱关系对政策参与均有重要的影响作用。但是在处于绝对中心地位的"精英主导"网络中,政策网络的行动主要取决于精英的参与。同时,劳曼(Laumann)等也提出,在网络结构中越处于中心位置的组织越对政策过程有更大的影响力。[3]

基于此,我国学者匡霞和陈敬良通过梳理国外网络管理相关的研究,提出信任、网络规模(参与者数量)、目标一致程度、网络能力因素会对网络的有效性产生影响,可以根据这些权变因素选择有效的网络治理模式以达到更好的网络治理效果。[4] 安卫华介绍了社会网络分析在公共管理和政策中的应用,并以实例演示了社会网络分析的基本方法,以说明社会网络分析对在公共管

---

① K.G.Provan,J.G.Sebastian,"Networks within Networks:Service Link Overlap,Organizational Cliques, and Network Effectiveness", *Academy of Management Journal*, Vol. 41, No. 4 (2004), pp.453-463.

② J.Owen-Smith,W.W.Powell,"Knowledge Networks as Channels and Conduits:The Effects of Spillovers in the Boston Biotechnology Community", *Organization Science*, Vol. 15, No. 1 (2004), pp.5-21.

③ E.O.Laumann, J.Galaskiewicz, P.V.Marsden, "Community Structure as Interorganizational Linkages",*Annual Review of Sociology*,Vol.41,No.1(1978),pp.455-484.

④ 匡霞、陈敬良:《公共政策网络管理:机制、模式与绩效测度》,《公共管理学报》2009年第2期。

理领域的适用性。① 朱凌探讨合作网络在公共管理研究领域的应用前景，并试图通过文献研究法解释合作网络的成因以及合作网络对组织绩效和绩效管理行为的影响。② 卢锋华等从行动者网络视角对贵阳市大数据产业进行案例分析，从政策实施阶段说明关键行动者对政策实施效果的影响，解释了弥合政策实施鸿沟的转移过程机制。③ 池仁勇归纳了区域中小企业创新网络的基本框架以及网络节点的关系链形式。基于问卷调查数据，他分析了中小企业创新网络的节点连接强度对创新绩效的影响。④ 蒋海玲等基于网络层次分析模型，提出构建农业绿色发展政策评估指标体系，以推进我国农业绿色发展绩效。⑤ 涂锋运用"行动者—结构"视角，对政策执行网络进行分析，指出单一的结构视角都不能发展出完善的执行理论，将行动者与结构因素都纳入分析，并且有效地说明二者之间的互动关系，才能使"治理中的国家角色"这一问题获得令人满意的回答。⑥

大多数关于网络绩效的研究都集中在管理网络上，即具有明确目标、网络控制和管理者的网络。由于自组织网络和管理网络之间存在的差异，检验自组织政策网络的功能是很重要的，然而已有的大部分研究并没有关注到这个问题。

三、我国大气污染现状及案例选择

我国生态环境部将空气质量指数(AQI)定义为衡量城市空气综合污染程

---

① 安卫华：《社会网络分析与公共管理和政策研究》，《中国行政管理》2015年第3期。

② 朱凌：《合作网络与绩效管理：公共管理实证研究中的应用及理论展望》，《公共管理与政策评论》2019年第1期。

③ 卢锋华、王昶、左绿水：《跨越政策意图与实施的鸿沟：行动者网络视角——基于贵阳市大数据产业发展(2012—2018)的案例研究》，《中国软科学》2020年第7期。

④ 池仁勇：《区域中小企业创新网络的结点联结及其效率评价研究》，《管理世界》2007年第1期。

⑤ 蒋海玲、潘晓晓、王冀宁、李雯：《基于网络分析法的农业绿色发展政策绩效评价》，《科技管理研究》2020年第1期。

⑥ 涂锋：《从执行研究到治理的发展：方法论视角》，《公共管理学报》2009年第3期。

度的指数,按数值大小将空气质量状况分级,综合考虑了细颗粒物($PM_{2.5}$)、可吸入颗粒物(PM_{10})、二氧化硫(SO_2)、二氧化氮(NO_2)、臭氧(O_3)、一氧化碳(CO)共六项污染物检测指标。根据我国《生态环境保护公报》数据显示,2020年我国337个城市平均优良天数比例为87%,比2019年上升5个百分点。其中,平均超标天数比例为13%,以$PM_{2.5}$、O_3、PM_{10}、NO_2和SO_2为首要污染物的超标天数分别占中超标天数的51%、37.1%、11.7%、0.5%和不足0.1%,未出现以CO为首要污染物的超标天数。据《生态环境统计年报》数据显示,2016—2019年我国废气污染物的排放得到有效控制,废气中SO_2、氮氧化物以及废气中颗粒物排放量均呈现逐年下降趋势,分别下降46.5%、17.9%和32.3%。

鉴于大气污染跨域污染的严峻形势,我国许多城市均开展了大气污染跨域协同治理的相关实践,如京津冀地区、长三角地区、珠三角地区等。本章节将围绕京津冀及周边地区的大气污染协同治理网络进行研究和讨论,选择该样本案例的理由如下:

其一,在我国主要的城市群中,京津冀地区是我国大气污染连片排放和跨区域叠加传输最为严重的地区。根据生态环境部发布的《2020年全国生态环境质量简况》,按照环境空气质量综合指数评价,168个重点城市空气质量相对较差的20个城市中,京津冀地区占了5席,分别是石家庄、唐山、邯郸、邢台、保定。其二,京津冀地区是我国比较早开展大气污染跨域协同治理的地区,目前已经成立京津冀及周边地区大气污染防治协作小组,形成"七省区八部委"的协作治理机制。因此,京津冀地区在治理大气污染的工作中已有较多的协同实践。其三,据《全国生态环境统计公报》2020年京津冀及周边地区"2+26"城市优良天数比例平均为63.5%,比2019年上升10.4%。较长三角地区、汾渭平原地区城市优良天数改善比分别多1.7%和1.5%。因此,以一个大气跨区域污染状况最为严重、协同治理建制相对完善、协同治理实践相对丰富且在近年来取得较好治理效果的地区作为案例研究对象,能得到更具有代表性的协同治理网络数据,对该协同网络的分析也更具有借鉴意义,为我国的大气污染协同治理工作提出更加有参考性的实现路径。

四、研究方法与数据收集处理

(一) 研究方法

1. 社会网络分析法(Social Network Analysis,SNA)重视网络中"关系"的刻画,是研究网络形态与特性、网络行动者属性及其关系结构的重要研究方法。社会网络中的行动者可以是个体、企业、独立组织或各种其他团体,行动者之间相互依赖相互联结,各种资源通过行为主体之间的关系纽带或联系进行传送或流动,这些资源可以是物质的,也可以是非物质的(如知识或信息符号)。① 本书将使用社会网络分析方法,利用 Ucinet 以及相关软件,描绘出京津冀及周边地区的大气污染协同治理网络的网络形态图,计算该政策网络的密度、中心度等指标,来分析该协同网络的整体特征和结构特征。

2. 指数随机图模型(Exponential Random Graph Models,ERGM)是一类社会网络统计模型,以关系数据为基础研究网络,可以用来推断以及预测网络关系是如何形成并将向何种模式发展。该模型理论认为网络关系的形成主要围绕三种因子:网络自组织属性、行动者属性和其他外生属性。指数随机图方法的使用基于如下理论假设:网络行动者的相互关系(自组织结构)、行动者属性以及环境外生因素共同影响网络的形成;社会网络的形态是结构化的,并处于变化发展之中,具有一定的随机性。

(二) 数据收集处理

本章研究对象是京津冀地区大气污染协同治理的自组织网络,通过研究

---

① 李二玲、李小建:《基于社会网络分析方法的产业集群研究——以河南省虞城县南庄村钢卷尺产业集群为例》,《人文地理》2007 年第 6 期。

协同网络整体特征和结构特征来验证其对环境治理的影响机理。其中,定义并收集环境治理的自组织协同网络数据最为重要。本研究将通过超链接网络数据来衡量大气环境治理的自组织协同网络。

1.超链接网络数据

在超链接网络中,每一个主体(节点)被定义为大气治理领域中每个参与者的官方门户网站。例如,在本章中将政府机构定义为 www.beijing.gov.cn,高校及科研机构定义为 www.pku.edu.cn,社会组织定义为 www.biee.org.cn。节点之间的连线,即网络的关系被定义为一个网站中指向其他网站的超链接。由于一个网站可以向其他网站发送多个链接,这表明一个节点可以与多个节点之间产生联系,并且因超链接具有方向性(网站 A 有一个指向网站 B 的超链接,但网站 B 不一定有指向网站 A 的超链接),由此收集到的网络数据也具备方向性。

超链接作为衡量协作网络数据存在一定的缺陷。首先,它可能在捕获存在网络限制的行动者方面受到限制。其次,由于页面数据的即时性,历史断开的超链接数据无法捕捉,且无法衡量超链接网络的变化。最后,与其他的网络数据测量方法相比,创建超链接关系的成本较低,导致整体网络更倾向于强调较弱的链接。

然而,虽然利用超链接衡量网络关系存在上述不可避免的缺陷,但当这些缺陷得到适当控制时,超链接网络作为衡量潜在协同网络的方法具有明显的优势。埃尔金(Elgin)提出运用超链接网络可以分析支持和反对气候变化的联盟组成。[①] 易洪涛和肖尔茨(Scholz)提出包括超链接在内的测量网络数据的三种方法,运用坦帕湾水治理的案例证明用超链接衡量潜在网络关系比其他网络测量方法(媒体网络或合作伙伴网络)更为合适。同时,通过此研究也证明了网络分析指标中的平均中心度测量值在超链接网络和合作伙伴网络之

---

① D.J.Elgin,"Utilizing Hyperlink Network Analysis to Examine Climate Change Supporters and Opponents",*Review of Policy Research*,Vol.32,No.2(2015),pp.226-245.

间高度相关。这说明利用超链接数据衡量协同网络具备可行性。[1]

2.大气污染协同治理网络的参与者

如何界定网络边界,确定网络的参与者,是研究网络问题的关键。自2013年国务院发布《大气污染防治行动计划》以来,京津冀、长三角等重点防控区域大气污染防治实践工作不断深入,而在学界关于我国大气污染协同治理的组织形式、治理机制和治理效率的研究也愈来愈丰富。锁利铭提出大气污染协同治理的组织形成有自上而下、理性选择与上下联动三种逻辑。同时,学者们注意到我国区域大气污染协同治理的工作不断深入,结合实践案例,对大气污染协同治理的组织结构进行梳理和分析,研究的主要问题集中在牵头单位、成员构成与组织规模等方面。其中,孙涛、温雪梅通过对京津冀及周边地区协同治理中府际合作网络的演化,提出多政府主体的区域环境协同治理网络日臻成熟,京津冀及周边地区大气污染的治理工作已经由传统的行政区治理转变为跨层级的区域府际合作网络协同治理。[2] 关于治理组织的网络规模,赵新峰和袁宗威提出协同治理的网络规模存在一定有效范围,成员过多或过少都会导致交易成本增加。促进有效多元行动者参与、适当增加协同网络规模、提高网络的开放性、增强协同网络内部的合作和密切联系对于共同促进协同治理效果十分重要。[3]

据此,大气污染协同治理网络的协同行动者主要可以分为政策部门、非营利性环保组织、公共事业单位、环保企业等以及新闻媒体。决策部门的行动者主要依据京津冀及周边地区大气污染防治协作小组成员构成,包括北京市政

① H.Yi,J.T.Scholz,"Policy Networks in Complex Governance Subsystems:Observing and Comparing Hyperlink, Media, and Partnership Networks", *Policy Studies Journal*, Vol.43, No.3(2016), pp.248-279.

② 孙涛、温雪梅:《动态演化视角下区域环境治理的府际合作网络研究——以京津冀大气治理为例》,《中国行政管理》2018年第5期。

③ 赵新峰、袁宗威:《我国区域政府间大气污染协同治理的制度基础与安排》,《阅江学刊》2017年第2期。

府、天津市政府、河北省政府、生态环境部、国家发展改革委员会、财政部、工业和信息化部等其他行政机构;同时,在此基础上还增加了相关地方决策主体,如北京市生态环境局、天津市生态环境局、国家能源局华北监管局等。决策行动者的网络数据均来自其官方门户网站。非营利性环保组织定义为京津冀及周边地区以大气污染治理、改善空气质量为组织目标的组织,其中包括能源与环境协会、绿色环保产业协会、生态环境科学研究院等。公共事业单位主体涉及国网电力公司、生态环境监测中心等。非营利性环保组织以及公共事业单位名单均整理自环保相关部门门户网站的新闻动态板块,网站数据来自各行动者官方门户网站。环保企业包括环境保护机械设备制造业、环境检测行业、环境卫生业、除尘设备、垃圾焚烧利用、可再生能源发电等类别的私人部门,其名单来自《2021 中国环保行业企业名录》。新闻媒体包括新华网、人民网及相关地方频道以及新浪微博等主流媒体平台。

本研究参考易洪涛等超链接网络边界的检验方法,检验京津冀地区大气协同治理网络中的每个行动者是否在当地大气主题相关的新闻报道中至少被提及一次。[①] 结果证明,所有的协同网络中行动主体均被当地媒体公开提及。基于本研究中种子链接(Seed URLs)的定义逻辑参考国内协同治理、大气污染协同治理等问题的已有研究,结合利用超链接网络数据的优越性,本研究将尽可能地减少未被纳入网络的行动主体。

3.数据捕捉与处理

为网络中的行动者匹配网站 URL。URL 是因特网的万维网服务程序上用于指定信息位置的表示方法,网络上每一信息资源都有统一的且在网上唯一的地址。通过参与协同网络的行动者的门户网站匹配对应的网站 URL,形成京津冀地区大气污染治理协同网络的参与者列表。协同网络的种子网站数量如表 5-18 所示。

---

① H.Yi,"Network Structure and Governance Performance:What Makes a Difference?",*Public Administration Review*,Vol.78,No.2(2018),pp.195-205.

表 5-18　网络行动者网站 URL 数量

类别	数量
政策部门	22
非营利性环保组织	15
环保企业	23
新闻媒体	7

通过网络爬虫获取超链接网络数据。将表 5-18 中的数据导入到 R Studio 利用 Voson SML 包,以列表中的 URL 为源链接,向下抓取 2 层的网站 URLs。将抓取到的表格数据转换成网络矩阵数据后,利用 Ucinet 社会网络分析工具对协同网络的密度、中心度以及聚类系数等网络分析指标进行测算,由此得到整体网络的特征。

五、京津冀地区大气污染协同治理网络分析

(一) 社会网络分析

将采集到的超链接关系矩阵数据导入 Ucinet 社会网络分析软件中,可实现对网络数据的可视化处理,生成大气污染治理的协同网络结构示意图,如图 5-7 所示。为了更清晰地展示网络结构,以下协同网络结构示意图隐藏了节点标签以及关系<2 的连线。

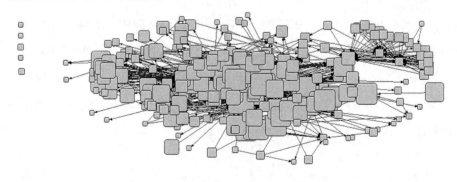

图 5-7　协同网络结构示意图

其中,每一个节点代表一个具体的网络站点(URL),节点的大小表示该节点的中心度大小,每一条连线代表网络之间存在超链接关系,箭头的方向则表示超链接的指向方向。例如,www.mee.gov.cn(中华人民共和国生态环境部)的网站页面中有指向 www.gov.cn(中央人民政府)的超链接,则产生一条由 www.mee.gov.cn 站点指向 www.gov.cn 站点的连线;若同时,在 www.gov.cn 的网站页面中也存在指向 www.mee.gov.cn 的超链接,那么在网络形态图中这两个节点之间将会产生一条双箭头的连线。

1. 中心性分析

中心性(Centrality)说明个体在整体网络中的地位和位置,如果一个行动者中心度高,说明该行动者在网络中处于中心地位,并拥有较大权力,容易与网络中的其他行动者产生联系。在一个有向网络中,点的中心度由出度中心度(Out-centrality)和入度中心度(In-centrality)两个指标来衡量。节点的出度中心度越高,说明其容易对其他节点产生影响,信息和资源将沿连线的方向流动;而入度中心度越高的节点,越容易受到其他节点的影响,更易接收到来自网络中其他节点的信息和资源,从而更易在网络结构变迁中发展成为网络的结构洞,成为不同节点之间的关键点。出度和入度影响网络行动者建立或接收到更多的联系,这将影响协同网络中的参与者的地位,如网络的发起者或组织者、配合者或服从者。点的中间中心度(Betweenness Centrality)说明网络中某些行动者作为"桥梁""中介者"的能力,在联系其他两个行动者之间处于重要位置。

通过对京津冀大气污染协同治理网络进行中心性分析,可以得出各个协同治理主体在网络中所处的位置及其在该治理网络中的影响力。通过Ucinet 软件计算出节点的中心性指标,经过筛选后得出具有代表性的结果,如表 5-19 所示。

表 5-19　中心性分析结果

协同治理网络行动者 门户网站 URL	中心度		
	出度中心度	入度中心度	中间中心度
www.audit.gov.cn 审计署	300	166	1047.82
www.beian.gov.cn 全国互联网安全管理服务平台	0	288	0.00
www.beijing.gov.cn 北京市人民政府	198	201	1056.50
www.cidca.gov.cn 国家国际发展合作署	360	92	380.10
www.fmprc.gov.cn 外交部	1000	11	0.00
www.forestry.gov.cn 国家林业和草原局	152	145	313.32
www.gov.cn 中央人民政府	300	1357	5459.09
www.mee.gov.cn 生态环境部	8861	973	9164.50
www.xinhuanet.com 新华网	299	275	3095.14
www.cpc.people.com.cn 中国共产党新闻网	42	62	84.54
www.caep.org.cn 生态环境部生态规划院	84	41	48.52
www.prcee.org 生态环境部环境与经济政策研究中心	192	39	105.25
tv.cctv.com 央视网	0	488	0.00
www.cbex.com.cn 北京产权交易所	19	5	243.91
www.china-eia.com 环境影响评价网	170	48	139.55
www.mnr.gov.cn 自然资源部	228	154	1278.56
liuyan.people.com.cn 领导留言板	0	336	0.00

　　由表 5-19 可以看出,京津冀以及周边地区大气污染协同治理网络中,参与者组成异质性较强,但政策部门还是占据主要中心地位。出度中心度最高的行动者为生态环境部,其次为外交部;入度中心度最高的行动者为中央人民政府,其次为生态环境部,均远远高于其他行动者。同时,生态环境部的中间中心度也是所有行动者中最高。这说明在京津冀地区的大气污染协同治理工作中,生态环境部在整个协同治理网络中居于最核心地位,利用自己的独特优势不断与其他行动者建立积极密切的联系,发挥强大的影响力,并在协调整个协同治理网络中发挥自己的"媒介"作用,促进其他决策部门、专业组织以及民众之间信息与资源的不断传递,以提高我国大气污染治理的效率。

　　在整体网络中可以看出,除了相关政策部门之外,还有诸如新华网、央视网等新闻媒体行动者以及生态环境部生态规划院、生态环境部环境与经济政策研究中心等环境相关的专业组织也在整个协同治理网络中发挥其自己的作用。新华网作为我国主要重点新闻网站,因其专业性和信息传递的及时性,能迅速将大气污染治理的相关最新新闻信息传递到各个行动者主体,因此在整个协同网络中具有较高的中间中心度。诸如生态环境部环境与经济政策研究中心的环境保护组织,在网络中表现出较强的出度中心度,凭借其强大的专业知识和行业地位,将科学的理论与大气治理实践结合起来,并积极对网络中的其他行动者施加不可替代的影响,能有效提高我国大气污染的治理绩效。

　　值得关注的是,环境影响评价网、北京产权交易网以及领导留言板等面向公众的网络站点出现在整体网络之中,并分别享有较高的出度/入度中心度或中间中心度。这说明,公众以及私人企业在大气污染环境协同治理中的参与地位得到重视。不同于以往公众以及中小型私人企业被动参与环境治理的方式,每一个主体的意见和建议都将通过这些面向公众的信息收集与意见反馈的网站,在整个协同治理网站中传播。有效推动环保设施向公众开放,同时引导公众积极参与生态环保工作。

2.结构洞分析

结构洞(Structural Holes)使得处于中间位置的网络行动居于重要的联络地位,能在很大程度上控制资源的流动。在一个有三个行动者 A、B、C 的网络中,如果行动者 A 和行动者 B 有关系,行动者 B 和行动者 C 有关系,而行动者 A 和行动者 C 无关系的话,就产生了一个结构洞结构。因结构洞的存在,行动者 B 在行动者 A 和行动者 C 之间处于中间人的角色,在控制信息和资源传递上发挥重要作用。结构洞的衡量主要考虑有效规模(Effective Size)、效率(Efficiency)、限制度(Constraint)、等级度(Hierarchy)共四个测算指标。

点的有效规模即为个体网规模减去该个体网络的成员(不包括核心点)的平均度数。社会网络分析的观点认为,点的有效规模越大,说明该点在社会网络中能接受到更多信息和资源的传递,能更容易到达其他点,能受到网络结构的限制越少,因而在网络中的行动越自由。然而,由于每个点的个体网络规模各不相同,对点的有效规模的测量缺乏一定的可比性。因此,提出效率测度的概念,用该点的有效规模除以个体网络的实际规模来测算点的效率。

限制度关注的是点在个体网络中在多大程度上拥有运用结构洞的能力或者协商的能力。一个网络行动者的限制度主要考虑两个因素:其花费大量资源建立关系的行动者 A,与网络中的另一个行动者 B 建立关系的难易程度。在协同网络中,限制度越小,表明该行动者的意见在网络中具备越大的可协商性。等级度与限制性相关,用于解释限制性的分布程度。一般而言,在个体网络的分析中,点的等级度越高,说明该点的限制性越小,越处于网络的核心地位,对网络的影响力越大。

对京津冀地区的协同治理网络进行结构洞的分析,按照有效规模进行排序,选择排名前八位的节点,如表 5-20 所示。

表 5-20 结构洞分析结果

协同治理网络行动者 门户网站 URL	有效规模	效率	限制度	等级度
www.gov.cn 中央人民政府	146.96	0.92	0.048	0.300
www.mee.gov.cn 生态环境部	136.85	0.91	0.054	0.429
www.moj.gov.cn 司法部	114.76	0.86	0.045	0.177
www.mohurd.gov.cn 住房和城乡建设部	110.76	0.84	0.060	0.353
www.neac.gov.cn 国家民族事务委员会	109.186	0.85	0.047	0.187
www.miit.gov.cn 工业和信息化部	107.86	0.91	0.054	0.212
mwr.gov.cn 水利部	106.16	0.83	0.050	0.215
www.moa.gov.cn 农业农村部	105.93	0.84	0.048	0.180

根据表5-20可以看出,在京津冀地区大气污染的协同治理网络中,作为主要结构洞"中间人"的主体均为政府部门,中央人民政府在整体网络中占据绝对的主导地位,享有最大的有效规模和效率以及最低的限制度。生态环境部则因其在大气污染治理领域中的专业地位,在结构洞分析中,显示出最高的等级度系数。这表明在京津冀地区大气污染协同治理工作依然是由政府部门主导,其他协同主体共同参与的模式。

(二)ERGM 指数随机图模型分析

区别于传统的社会网络分析方法,ERGM 指数随机图模型的优势在于可以对既定网络中的微观结构,诸如网络行动者之间的互惠关系或闭合关系以及行动者属性等因素进行分析和预测。关注各个网络关系之间的依赖性,以及结构之间的相关性,同时可以通过模型估计推断出影响既定网络形成的结构因素,并据此预测网络的发展趋势。目前,SIENA、PNet 和 Statnet 都能实现对 ERGM 指数随机图模型的测量与估计,本章中采用 R 环境中的 Statnet 估计算法进行 ERGM 模型搭建与估计,运用 Statnet 软件包中 ERGM、Network Dynamic 等多个程序包,对模型进行参数估计、拟合优度检验和仿真预测。

在本章节中,研究重点是大气污染协同治理网络中的自组织属性,关注边数(Edge)、互惠关系数(Reciprocity)、闭合性(Closure)等自组织特征网络统计量。互惠性(Reciprocity)估计值越大,说明该网络更多围绕互惠型结构而形成。网络自组织是基于度的效应而出现的,某一个节点在网络中的地位重要,就能吸引更多其他节点与之建立联系,具备较强的扩张属性与聚敛属性,从而能与其他网络节点产生互惠关系。闭合性(Closure)关注的是三个网络节点中的三角关系,包括循环闭合(Cyclic Closure)和传递闭合(Transitivity Closure),若二者的参数都为正且显著,则说明该网络表现出重要的集聚特征。循环闭合和传递闭合的区别在于,前者描述的是非层级型集聚结构,而后者刻画的是具有传递方向的层级型集聚结构。

本章节将围绕纯网络结构构建以下 ERGM 模型,分析讨论大气污染协同治理网络的内生结构因素。

1. 密度分析

密度用来描述网络中各个节点关联的紧密程度,密度越接近 1,说明网络的密度越高,网络成员间的联系越紧密。[1] 通过 Statnet 程序包构建协同网络,并进行描述性分析,计算出该网络的密度值为 0.149,说明在该协同网络中各个行动者主体联系的紧密程度较弱,信息和资源交换的程度较低。这是因为在用超链接定义的自组织协同网络中,参与主体数过大,这必然导致整体网络的密度值较低。但在整体密度较弱的网络中,往往会出现部分集中的情况,即形成凝聚子群,这样的子群更有利于协作,而更多的子群通过中介者联结到中

---

① 刘军:《整体网分析讲义:UCINET 软件实用指南》,上海人民出版社 2014 年版,第 19 页。

央行动者的网络结构将能有效改善治理的效率和前景。[①]

2. ERGM 模型分析

依前文所述,本章将围绕京津冀大气污染协同治理网络的纯结构性因素建立指数随机图模型。在本章节的实证分析过程中,发现网络中的闭合结构估计参数不收敛,故不适用于指数随机图模型的估计分析,并且在较强聚集性的网络中,如果将三角结构(Triangle)考虑在 ERGM 模型估计中将有可能影响估计参数值的准确性。因此,在本章中不考虑该协同网络中三角关系参数,仅选择边数和互惠性来测量网络的纯结构因素。具体模型设定(表 5-21)以及结果(表 5-22)如下表所示。

表 5-21　ERGM 模型设定

Model.01:
Network—edges
Model.02:
Network—edges+mutual

表 5-21 的模型只考虑网络边数统计量,是 ERGM 模型的零模型,能为后续复杂模型的构建提供拟合优度评价的基准。本章讨论的协同网络的零模型估计结果中,边数的估计值为负,大多数网络模型的边数估计值均为负数,可以被解释为关系发生的基准倾向。

表 5-22　ERGM 模型统计结果

	Model.01	Model.02
Edges(constant)	-0.8591[***]	-0.9246[***]
mutual		1.2613[***]

---

① M.C.Therrien, M.Jutras, S.Usher, "Including Quality in Social Network Analysis to Foster Dialogue in Urban Resilience and Adaptation Policies", *Environmental Science & Policy*, Vol.93,(2019), pp.1-10.

续表

	Model.01	**Model.02**
AIC	832	816
BIC	832.5	827

注：*** 代表在 0.1% 的统计水平上显著。

表 5-22 的模型将互惠性统计量纳入分析，互惠性的参数估计值为 1.2613 且表现显著，这说明网络中的各个行动主体表现出较强的互惠特征，京津冀协同治理网络中存在大量的双向关系结构。在实际的大气污染协同实践中，各个协同治理主体的官方门户网站存在大量的双向指引的超链接能够将信息与资源的接受与发出效应叠加，使得网络协同治理的效率更高。

▮▮ 小 结

（一）大气污染协同治理网络的治理逻辑

通过对京津冀地区大气污染治理的自组织协同网络进行梳理和分析，大致可以得出两条思路：首先，不同类型的治理主体同时参与到整体网络中，发挥自身的独特优势，对大气污染治理的实践产生不可替代的重大影响；其次，不同治理主体在治理过程中协同，不断加强信息沟通与资源流通，有效提升我国大气污染治理绩效。

异质性强的协同网络提高大气污染协同治理绩效。规模大且有更强异质性主体参与的协同网络，更有利于发挥各个治理主体的优势，从而促进大气污染治理绩效的提高。政府部门在大气污染治理中发挥政策导向和资源配置功能。京津冀地区大气污染协同治理由京津冀地区大气污染防治领导小组统一领导。确定大气污染防治的重点工作内容与方案，同时凭借其权威性优势，积极调动社会资源协调各个治理主体，共同参与大气污染治理实践。专业性较强的环保组织参与协同治理，能为大气污染治理相关政策措施的制定与完善提供专家建议。私人环保企业通过技术手段对污染治理效果产生直接的影响。环保相关的非营利组织凭借独有的优势和社会影响力,更快地调动公众力量,鼓励公众共同参与到大气污染防治工作中来。随着更多来自群众的建议和意见参与到治理实践之中,我国的大气污染防治工作越来越能满足人民群众的需要。

良性互动的网络关系增强大气污染协同治理效率。不同类型的参与主体在整体网络中相互联系,协同治理,能有效提高大气污染治理的效率。政府部门与新闻媒体的联系能让最权威的消息及时传递到各个行动者手中,从而有效降低沟通的成本。社会组织、专业机构及个人对政府部门的信息流动,又有利于政策制定者更加全面地掌握决策信息,从而实现大气污染防治工作更好地面向人民健康需求,更快地面向社会可持续发展需要。

(二) 大气污染协同治理网络的治理路径

在本章节的讨论中,以京津冀及周边地区大气污染治理自组织网络为研究对象,在协同治理理论的视阈下,采用社会网络分析方法,分析说明该协同网络的网络结构特征,试图梳理网络结构影响环境治理绩效机理,提出我国大气污染的协同治理路径:

1. 促进更加广泛的行动者参与协同网络。扩大大气污染协同治理网络的规模与有效范围,容纳更多的具有异质性治理主体到治理网络中来,使得相关政策制定与完善获取更加全面的信息和更加专业的建议;对企业及公众利益诉求的考量和采纳,有助于提高决策的民主性和科学性。同时,广泛的参与更加有利于增进社会对政策的理解与支持,从而更好地发挥政策效果。

2. 重视网络的构建,进行充分的交流。在大气污染协同治理的过程中,应重视不同类型协同主体之间网络关系的构建,加强主体间联系。一方面,增强整体网络各个协同治理主体间的交流与合作,提高政策网络密度,以促进信息与资源的紧密联系,加强行动者之间的互相信任,对大气污染治理这一问题形成共同认识,促进协同行动。另一方面,鼓励构建互惠关系,提升不同行动者之间的信任度,促进信息与资源在网络连接中得到更加充分的利用。

3.发挥政府部门的统筹协调作用。大气污染防治需要政府部门领头,并发挥指导作用,这有利于协同治理目标的一致性。同时,不同类型的治理主体通过合作、沟通、参与、协商途径进行信息与资源的分享,共同推进大气污染治理工作,提升大气污染治理绩效。但这一过程的统筹仍需要政府部门不断完善协同治理体系,合理配置社会资源,调动各方社会力量积极参与大气污染协同治理。

第六章　结论与展望

第一节　结　论

大气污染协同治理是实现人与自然和谐共生美丽中国的必然要求，也是加快实现绿色低碳发展转型的重要举措。京津冀区域、长三角区域、粤港澳大湾区已经初步建立起大气污染区域协调治理的体制机制，有效扭转了大气环境持续恶化的局面，取得了生态文明建设的巨大成就，也形成了各具特色的区域协调治理模式。在全国范围内，大气污染防治也取得了突出成效，政策效果得到了验证。本研究通过定量与定性相结合的混合研究方法，梳理和解释京津冀、长三角、珠三角和粤港澳大湾区的区域大气污染协同治理制度和内在机制，并对中国大气污染联防联控机制和减污降碳协同增效机制进行评估，得出如下结论。

一、区域大气污染协同治理研究结论

（一）大气污染治理的多层次协同机制

中国大气污染治理在实践中逐渐形成了纵向协同、横向协同、跨界协同、多主体广泛参与和数据协同的治理机制。在纵向层面，中央出台了一系列政

策推动京津冀、长三角等地区建立区域大气污染联合防控机制,为协同治理提供强有力的驱动力量,同时有利于对区域政府大气污染治理行为进行有效督促与约束。京津冀地区大气污染横向间协同治理是由中央政府领导,各省市地方官员牵头、省市政府为责任主体,各职能部门协同参与。从中央层面看,生态环境部负责工作的统筹协调,包括发改委、工信部等在内的其他有关部门共同负责对大气污染治理任务完成情况进行考核,指导督促各地大气污染治理有效开展与落实。在地方层面,大气污染协同治理形成了不同职能部门明确具体职责、细化工作分工、协同配合工作、共同执行决策的协同机制。在跨界协同方面,大气污染防治协作小组是区域政府打破行政边界壁垒、推进协同治理的重要协同组织,日常工作由协作小组下设的办公室具体负责。其中,办公室副主任由七省市环境保护厅(局)长担任,包括生态环境部部长、北京市市长、天津市市长、河北省省长。协作小组办公室还设立了联络员,由各省市环保厅(局)和各部委相关司局的负责同志担任。在多主体参与方面,企业、社会组织和公众共同参与到大气污染治理行动中。企业作为市场经济的主体,需要利用自身资源并发挥优势,通过生产经营活动协助政府推进环境协同治理行为,促使公共服务尽可能实现效益最大化。在中关村社会组织联合会、天津市新能源协会、河北省行业协会商会等社会组织的支持和指导下,会员单位积极参与三地人才、能源、环境、科技建设。公众则通过以下多种方式参与环境协同治理:一是政府、社会组织等通过教育宣传方式,动员社会公众践行环保理念,引导公众绿色低碳生活;二是政府等协同治理主导者要积极对公众实行信息公开,保障公众知情权,同时拓宽公众参与治理决策的渠道;三是对政府、企业等协同主体行为进行强有力的监督。在数据协同方面,政府间的横向合作建立了大气污染防治联防联控信息共享平台,在很大程度上推动了京津冀在大气协同防治情况、政策、法律法规等方面的数据信息共享与协同。借助这个平台,区域政府间可以在空气质量监测和重大空气污染预警方面及时进行会商沟通,不同地区能够快速获取相关数据和信息,有利于政府就大气污染协同治理问题进行有效协商交流,并对突发事件做出统一预警。此外,京津冀地区还共同建立了机动车排放控制工作协调小组,在北京市的牵头下率先在全国实现跨区域机动车排放超标处罚、新车环保一致性区域联合抽查、机动车排放监管数据共享等,保障京津冀区域机动车能够更为高效地降污减排。

(二)大气污染协同治理的结构与过程

中国的大气污染协同治理机制可以从结构机制和过程机制两个方面加以解释。在结构机制层面,中国大气污染联防联控结构机制是由决策层、执行层和保障层三个分工且作用不同的相互支撑的层级构成。长三角区域大气污染防治协作小组是长三角区域联防联控合作的决策机构。协作小组成员主要是三省一市的主要领导人,协作小组下设长三角区域大气污染防治协作小组办公室作为协作小组常设的办公机构。小组办公室和专项工作小组是长三角联防联控合作的执行机构,执行机构最主要的工作内容是将协作小组的决策具体落实。调研交流、会议协商、工作联络、研究评估、信息发送、协调推进、情况报告和通报、文件和档案管理是其八大运行机制。长三角区域空气质量预测预报中心、长三角区域大气污染防治协作专家小组和大气复合污染成因与防治重点实验室等是长三角大气污染联防联控的保障机构;依托高校和专门组织成立的专家小组作为保障层可以提高决策的民主化、科学化程度;大气实验室旨在建设国内一流水平的重点实验室和开放性交流服务平台,为城市群大气污染联防联控提供科技支撑。

中国大气污染联防联控的过程机制可描述为"政策制定—政策执行—政策评估—政策终结"四个环节。长三角三省一市的政策制定是基于充分的协商讨论以及科学研判而成。针对一些重难点问题,协作小组首先会在专题会议上进行研讨,在协作小组达成共识后会确定初步工作安排。随后由常设机构小组办公室制定具体的工作方案落实小组会议确定的工作安排。在协作小组对方案进行审议之后,协作小组通过协作小组会议在长三角区域层面出台政策方案,并最终交由执行机构执行。由此,可将政策制定过程归为"协作小组商议工作安排—协作小组办公室制定工作方案—协作小组正式出台政策方案"三大步骤。在决策启动实施环节,协作小组办公室一般会根据各区域的具体实施方案的要求召开启动实施会,并成立相关专项工作机制。中心城市牵头指的是中心城市会带头实施方案,中心城市一般指的是上海市或南京市。各地落实主要指的是各地会根据本地的具体情况制定本地的计划方案并予以落实,但灵活性较大。对三省一市的联防联控的政策评估主要包括工作评估以及结果评估两大方面。其中工作评估主要是协作小组办公室为对政策方案的任务要求以及方案的具体实施和落实情况进行评估。结果评估则主要指的是政策方案对目标的实现程度进行判断,即《行动计划》对空气质量的改善情况进行评估,目前主要有六项空气质量指标,六项指标是否达标是环境评估的重要标准。通过政策评估,可以进一步明确政策制定和政策执行过程中的不足,针对这些不足对政策进一步优化。

(三) 大气污染协同治理的多重行动逻辑

大气污染协同治理机制可以从行为逻辑、制度逻辑和激励逻辑三个方面加以解释。在行为视角上,公众会对不断恶化的生态环境状况感到不满,随着环境污染防治的民意不断汇聚,他们会成为推动环境治理的先导力量。中央政府对民意的重视是合法性的重要基础,其行为逻辑往往与公众主流诉求保持一致。考核指标的完成情况是地方政府治理的重中之重,而非公众利益诉求。但是,地方官员追求职位收益最大化,只要将区域环境治理绩效与官员考核一票否决相挂钩时,地方官员就必然会重视环境治理问题。反之,当环境治理成效与地方官员职位收益不存在直接关联时,地方官员可能在环境治理中表现出消极应对行为。企业追求利润最大化,一旦利润与环境治理结果联系起来,企业也会加入环境治理行列。总的来说,各方基于自身利益考虑作出的行为会影响到环境治理结果,形成公众二次感知,并改变环境诉求强度。公众对环境污染治理的诉求传递到中央政府后,中央政府借助自上而下的治理路径,改变地方政府的治理目标,进而影响市场主体与社会公众,并形成第二轮多方行为博弈。如此的循环过程就构成协同治理的多重行动逻辑。

大气污染协同治理制度可从宏观与微观两个层面加以探究。宏观体系强调有效促进多主体实现环境治理合作的制度结构,本节将宏观体系分为政府与企业两类主体,一是政府大气污染治理制度,即中央与地方政府针对大气污染治理所构建的一系列制度;二是市场监管制度,即约束各类市场主体行为的政策工具集合。政府大气污染治理体系的关键在于政府采取环境保护行为。市场监管体系的关键则在于改变企业不利于环境保护的行为。总的来说,珠三角区域的大气污染防治体系由宏观的污染治理制度和微观的市场监督体系共同构成,其背后的地方政府与企业也蕴含着截然不同的双重激励环境。其中,财政激励与考核压力激励是地方政府采取行动的主要动力,而利润增加所带来的经济激励则会直接影响企业的抉择。区域大气污染防治效果很大程度上受到激励环境的影响。在一般情况下,地方政府由于财政税收的原因,并不会主动关停污染企业。加之,如果当地企业需要以污染环境为代价来获取经济利润,此时大气污染治理绩效水平最低;如果企业从事的产业不会影响到环境,即使地方政府在环境治理方面没有大量投入,当地的大气污染治理绩效也能保持良好,因为绝大多数的污染都来自于企业。在大气污染防治运动时期,环境考核有可能上升到"一票否决"的重要程度,这时地方政府主要面临压力激励,会主动投入大量的资源完成污染防治和环境保护工作,但如果企业从事的行业会造成严重的环境污染,污染治理绩效仍旧很难提升。只有当经济激励与环境保护相兼容时,双重激励实现叠加,环境治理绩效才能达到最高。

（四）大气污染协同治理的区域网络特征

协同治理关注打破部门主义隔阂，通过最大限度调动参与者的积极性和各种资源，充分合作解决已日益复杂的公共问题。经过二十余年区域环境协同治理的发展和演变，粤港澳的跨境合作愈加频繁，环境合作治理事件数量不断递增，环境协同治理网络内存在关系数量不断增加，说明粤港澳三地治理主体之间的联系愈加紧密，合作强度不断增强。递增性的网络密度表明网络内合作趋势稳定，协同治理网络的性能进一步加强，同时也说明了处于网络中心的治理主体对网络的控制能力趋于下降，网络内的治理资源和信息流动进一步畅通，各治理主体之间因此拥有了更为平等的话语权进行交流、协商与合作，正在逐步形成真正意义上的网络式治理格局。但是，由于经济或者政治地位上的不对等，依附性关系在网络内仍然存在，为破除这种"不平等"关系带来的网络资源不均衡配置，需要进一步构建网络内共同行动的规范和秩序，为不同治理主体制定差异化责任约束机制。

粤港澳大湾区环境协同治理网络演变的重要特征是专业性逐步增强，多样化的职能部门参与逐渐深入。广东省政府和省委、香港特别行政区政府和澳门特别行政区政府逐步退出了协同治理网络中心位置，环境职能部门——广东省生态环境厅、香港环境局、澳门环境保护署逐渐替代综合部门成为环境协同治理网络的重要成员，综合部门则更多地承担了协调者的角色，这是政府机构合理调整和职能明确的重要表现。府际权力的部分让渡和移交，是区域环境协同治理的重要特征之一。随着环境事件的增加和影响范围的扩大，"粤港环境保护联络小组""粤港持续发展与环保合作小组"以及"粤澳环保专责小组"等协同治理组织中出现了越来越多涉及财政、民生、自然资源、科技创新等职能的部门，多样化和技术性部门的支持能提高环境治理的效率，减少环境外部性的进一步扩大。

多中心化是粤港澳大湾区环境协同治理网络的关键特征，意味着在环境协同治理网络中,没有任何一个单一治理主体能够完全主导环境协同治理进程,跨部门治理成为粤港澳区域环境治理的关键路径。多中心的治理网络也同时意味着网络更富有包容性,更容易采纳新的治理方式和工具,有利于治理创新的发生。通过社会网络分析,本研究发现网络内的不同凝聚子群都有核心度较高的治理主体,它们协调小群体内部成员参与环境治理,促使小群体内的资源和信任产生叠加效应,拓宽了协作方式和合作渠道。由于地域、经济、政治等多样化原因,许多治理主体尤其是中心城市在已有的网络基础上,向外寻求新的合作伙伴,突破原有合作框架,产生了新的合作关系和联合行动,使得环境协同治理整体网络进一步扩大化,复杂性增加。例如,广佛、广深之间原有联系紧密,但随后广州、佛山与肇庆形成"广佛肇"环境治理小群体,深圳也向外形成"深莞惠"合作组合。多中心,双向互动,小圈子协作治理模式和小圈子成员互有重叠是粤港澳大湾区环境协同治理网络的明显发展趋势,整个合作网络最终呈现开放、动态和平衡的状态。

在粤港澳大湾区环境协同治理网络同时存在多种治理机制。由于治理主体的多样性、网络结构的复杂性和小群体成员的重合性,不同的治理主体和治理关系催生多种甚至部分重合的治理机制。例如,在总体环境治理统筹下,粤港澳三地签订多种形式的合作协议,包括《粤港合作框架协议》《粤澳合作框架协议》和《深化粤港澳合作推进大湾区建设框架协议》等。同时,涉及到粤港澳大湾区的主要环境协同治理问题,例如水污染、空气污染和生态保护等,政府一方面组织了以合作小组为基础的小组会议和专家会议,包括"粤港环境保护联络小组""粤港持续发展与环保合作小组""粤澳环保合作专责小组"和"珠澳环保合作小组"等。另一方面,广东省内有河长制和珠三角森林城市群的环境保护计划等。正是由于多中心和网络趋于复杂化,不同治理主体的利益诉求不同,城市的在同一问题上有多种机制并存的现象。不同机制处理同一问题,能够从不同角度对问题的解决提出新路径,也是粤港澳大湾区环境协同治理网络的优势所在。

二、大气污染政策与碳减排政策的协同研究

（一）中国大气污染联防联控的整体网络绩效

中国大气污染联防联控治理整体网络的绩效取决于沟通、领导、信息共享在协同过程中的作用。大气污染的协同治理有助于降低空气污染程度、提升整体空气质量，但缺乏长效性，其原因在于中国大气污染联防联控项目中沟通机制较为欠缺、未能实现协同治理区域的精准划分，这些缺陷与多污染物协同治理的目标格格不入。这导致中国大气污染联防联控项目仅能发挥对重点检测污染物 $PM_{2.5}$ 的单独减排作用，中国大气污染联防联控机制尚存改进空间。沟通、领导与信息共享作为协同过程中的三个关键因素，对环境结果有着重要影响。具体而言，更直接的对话、反复沟通虽有助于降低空气污染，但影响相对有限，在未来中国大气污染的联防联控机制设计中应该更加注重增进协同区域内部的成员沟通、加强交流与协作。承担领导责任的城市在空气质量改善中表现突出，在联防联控机制中发挥着减排示范作用。信息共享对空气质量改善作用突出，这表明信息共享在环境协同治理过程发挥着核心作用，充分的信息交流对提升区域整体环境质量大有裨益。在联防联控机制中，主要有以下三个关键行动促使了整体政策网络绩效的提升。

首先，促进更加广泛的行动者参与协同网络。扩大大气污染协同治理网络的规模与有效范围，容纳更多具有异质性的治理主体参与到治理网络中来，使得相关政策制定与完善获取更加全面的信息和更加专业的建议；对企业及公众利益诉求的考量和采纳，有助于提高决策的民主性和科学性；广泛的参与更加有利于增进社会对政策的理解与支持，从而更好地发挥政策效果。其次，重视网络的构建，进行充分的交流。在大气污染协同治理的过程中，应重视不同类型协同主体之间网络关系的构建，加强主体间的联系。一方面，增强整体网络各个协同治理主体间的交流与合作，提高政策网络密度，以促进信息与资

源的紧密联系,加强行动者之间的互相信任,对大气污染治理这一问题形成共同的认识,促进协同的行动。另一方面,鼓励构建互惠关系,提升不同行动者之间的信任度,促进信息与资源在网络连接中得到更加充分的利用。最后,发挥政府部门的统筹协调作用。大气污染防治需要政府部门牵头,并发挥指导作用,这有利于协同治理目标的一致性。同时,不同类型的治理主体通过合作、沟通、参与、协商进行信息与资源的分享,共同推进大气污染治理工作,提升大气污染治理绩效。但这一过程的统筹仍需要政府部门不断完善协同治理体系,合理配置社会资源,调动各方社会力量积极参与大气污染协同治理。

(二)大气污染治理与碳排放权交易试点

"减污降碳"具有协同效应,而且"减污降碳"协同机制是清晰明确的。首先,碳排放权交易试点政策既显著地降低了碳排放,又显著地减少了 $PM_{2.5}$ 污染。由于温室气体排放与大气污染物的排放具有同根同源同步特性,碳排放权交易试点政策也具有"减污降碳"双重效应。其次,试点政策可通过"由污及碳"的协同控制效应降低碳排放,"由污及碳"的协同控制效应主要由东部地区产生;但试点政策"由碳及污"的协同控制效应不显著,改善大气污染并不是碳排放交易试点政策的直接目标,甚至"降碳"投入可能会对"减污"投入形成替代效应。最后,碳排放权交易试点城市的"减污降碳"协同水平对试点政策"减污""降碳"效应的发挥起到了十分显著的促进作用。试点城市通过创新、管理、扩大规模、降低成本等有效协同使"减污降碳"协同水平越高,碳排放权交易试点政策越能够有效地发挥激励或约束作用,进而控制碳排放总量、降低大气污染。

通过对多个区域大气污染治理的自组织协同网络进行梳理和分析,大致可以得出两条思路:不同类型的治理主体同时参与到整体网络中,发挥自身的独特优势,对大气污染治理和碳减排的实践产生不可替代的重大影响;不同治理主体在治理过程中产生协同效应,不断加强信息沟通与资源流通,有效提升我国大气污染治理和碳减排绩效。异质性强的协同网络提高大气污染协同治理和碳减排绩效。规模大且有更强异质性主体参与的协同网络,更有利于发挥各个治理主体的优势,从而促进大气污染治理和碳减排绩效的提高。政府部门在大气污染治理中发挥政策导向和资源配置功能。在区域大气污染协同治理的实践中,由区域大气污染防治领导小组统一领导。确定大气污染防治和碳减排的重点工作内容与方案,同时凭借其权威性优势,积极调动社会资源协调各个治理主体,共同参与大气污染治理实践。专业性较强的环保组织参与协同治理,能为大气污染治理和碳减排相关政策措施的制定与完善提供专家建议。私人环保企业通过技术手段对污染治理效果产生直接的影响。环保相关的非营利组织凭借独有的优势和社会影响力,更快地调动公众力量,鼓励公众共同参与到大气污染防治工作中来,使更多来自群众的建议和意见参与到治理实践之中,有利于我国的大气污染防治和碳减排工作真正满足人民群众的需要。良性互动的网络关系增强大气污染协同治理效率。不同类型的参与主体在整体网络中相互联系、协同治理,能有效提高大气污染治理和碳减排的效率。政府部门与新闻媒体的联系能让最权威的消息及时传递到各个行动者手中,从而有效降低沟通的成本。社会组织、专业机构及个人对政府部门的信息流动,又有利于政策制定者更加全面地掌握决策信息,从而实现大气污染防治和碳减排工作更好地面向人民健康需求、更快地面向社会可持续发展需要。

第二节　政策建议

2021 年 10 月 24 日,中共中央、国务院印发《关于完整准确全面贯彻新发展理念做好碳达峰碳中和工作的意见》,从政策法规、市场机制、产业结构转型等各方面对碳达峰碳中和工作做出部署,为制定相关领域实施细则以及支持措施奠定基础。11 月 7 日,中共中央、国务院印发《关于深入打好污染防治攻坚战的意见》,进一步对加强生态环境保护,深入打好污染防治攻坚战做出重要布局。温室气体排放与大气污染物排放具有同根同源同步特性,进行"减污降碳"协同控制会产生显著的协同效益。《中华人民共和国大气污染防治法》(2015年与2018年修订版)在其第二条中规定对大气污染物和温室气体实施协同控制;《中国应对气候变化的政策与行动2019年度报告》将"加强温室气体与大气污染物协同控制"单独成章进行阐述;中央经济工作会议也将"要继续打好污染防治攻坚战,实现减污降碳协同效应"作为2021年重点工作。中央的一系列行动表明,"减污降碳"协同治理制度体系是践行以人民为中心发展理念的根本举措,是建设人与自然和谐共生现代化和美丽中国的现实需要,也是贯彻新发展理念、实现绿色低碳高质量发展的必然要求。进入新时代,中国立足新发展阶段,完整、准确、全面贯彻新发展理念,构建新发展格局,率先建成"减污降碳"一体谋划、一体部署、一体推进、一体考核的制度机制,努力建设人与自然和谐共生的美丽中国。

一、建设减污降碳协同治理制度体系

建设"减污降碳"协同治理制度体系是实现减污降碳一体谋划的基础保障,政府可以重点关注以下三个方面。一是成立"减污降碳"协同增效工作领导小组,做好"减污降碳"协同制度体系的顶层设计。在生态环境保护和碳排放控制领域,生态环境部门、工业和信息化部门、住房和城乡建设部门、财政部门、自然资源部门、市场监督管理部门等多个政府机构参与其中,以常规的协调沟通渠道难以实现"减污降碳"协同目标。因此,中央有必要在国家层面成立"减污降碳"协同治理领导小组,从全国全局的高度,统筹协调好各部门各职能,运用好行政规制、市场调节与社会参与三种政策手段,平衡好生产环境污染治理和碳达峰碳中和两个目标,做好"减污降碳"政策体系的关键性设计工作。二是强化源头管理,统一污染物和二氧化碳源头预防制度体系。目前,项目环评发挥准入把关的作用。政府应把碳排放作为重要考虑对象纳入环境影响评价方法，按照污染物和碳排放协同管理思路，修订环境影响评价分类名录和相关技术指导手册。在准入把关阶段，科学地测算项目建设的二氧化碳排放量和污染物排放量，将给出"减污降碳"的具体方案作为审批的前提条件。三是要尽快统筹协调各部门治理资源，打破部门壁垒，确保生态环境和碳排放的相关数据及时地在有关部门间实现共享。各级政府部门应在"减污降碳"协同工作领导小组的支持下，建立跨部门的"减污降碳"信息数据共享平台，以最大限度提高治理绩效，做到有的放矢。同时，及时的数据更新和共享也有助于上级政府跟进污染治理和生态环境保护的工作进度，推动责任落实。

二、统筹优化治理目标和法规标准

统筹优化治理目标和法规标准是实现"减污降碳"一体部署的关键措施，政府可以从以下四个方面推进相关工作。首先，省级和市级的碳达峰行动方案和生态文明建设规划是实现一体部署的重要手段，它可以指导省市两级政府在未来较长一段时间内不断地落实相关工作。目前，国家层面的"十四五"规划已经明确提出"协同推进减污降碳"，统筹部署污染防治和应对气候变化行动。各地政府应当平衡生态环境建设目标和气候治理目标，组织相关领域专家商讨各区域、各行业的污染治理和减碳工作，结合已有的生态文明建设规划，尽快建立起相适应的省级和市级的碳达峰行动方案。其次，我国还未形成关于温室气体的专门法律。国家可以选取部分省市先行先试，加快制定气候变化应对法，将降碳要求纳入环境保护法，为"减污降碳"工作有序推进提供法律保障。具体而言，应率先制定和修订现行生态环境保护法规政策体系，增加二氧化碳减排和管控的具体规定，探索融合控碳降碳的生态环境保护法规政策体系。按照"减污降碳"协同增效原则修订完善相关法规政策，将有助于政府依法降碳和依法治污协同，提高治理行动的合法性和有效性。再次，政府应将温室气体纳入相关固定源排放许可管理体系。在污染源控制方面，固定污染源"一证式"管理能够促进总量控制、测量报告核查与监督监管的有效结合,是实现对温室气体与大气污染物协同控制的有效手段。生态环境部门应组织各地市开展碳交易制度与排污许可制度融合试点,将温室气体控制纳入到"一证式"管理之中,促进温室气体与大气污染信息共享与整合,改善环境资源要素的配置效率。最后,政府应积极制定能源转型、产业转型与技术创新的路径规划,激发企业参与"减污降碳"的积极性。绿色低碳和环境友好技术的研发基地主要位于经济发达地区,相对落后的区域对新技术的应用存在先天的劣势。政府应当继续扩大经济发达地区绿色技术市场优势,促进较落后区域科技成果转化和绿色技术交易中心建设。相关部门应通过专项行动、指导、推荐、产品目录等方式,助力绿色技术与产品推广。

三、推进重点行业和区域的协同治理

推进重点行业和区域的协同治理是实现"减污降碳"一体推进的主要抓手,政府应考虑以下三个举措。一是鼓励重点地区开展"减污降碳"协同增效制度体系建设,开展"无废城市"试点。"无废城市"是以"减量化、资源化、无害化"为原则,通过源头减量、资源化利用、安全处置等方式,将生产生活废物环境影响降至最低的一种新型城市管理方式。"无废城市"建设在推广绿色生活理念、构建资源循环利用体系、垃圾无害化处置与碳减排等方面具有天然耦合性。中央政府应选取合适的试点城市开展"无废城市"试点工作,在城市层面探索"减污"与"降碳"在目标、方案、技术、机制等方面的协同,实现城市"减污降碳"管理的有机统一。二是增强自然生态系统固碳能力,推进重点领域生态保护修复与适应气候变化协同增效。政府应抓住森林湿地碳汇、农业碳汇和海洋碳汇三个重点,强化生态系统的碳汇能力。在森林湿地碳汇方面,推动林业碳普惠发展,探索碳汇权益交易试点。在农业碳汇方面,要坚守耕地红线,大力发展运用物质循环再生原理和物质多层次利用技术的循环农业,研发有利于固碳增收的新作物新品种。在海洋碳汇方面,在重视省域两翼的海岸线保护,保护红树林、海草床、盐沼等典型海洋生态系统的基础上,探索海洋

碳汇交易机制，编制海洋碳汇核算指南，进一步扩大碳汇能力。三是健全重点行业企业生态环境与碳排放信息公开制度，为社会广泛监督创造条件。目前，政府对企业涉及生态环境信息的公开公示仍未有统一要求，相应的认证方式和评价体系也未健全，这将生产企业置于环境监督的"黑箱"之中。政府应当在参考借鉴国内外经验的基础上，出台相应政策和制定统一的信息公示标准，鼓励各行业实行环境友好第三方认证，并向涉及环境友好评估的第三方评估机构颁布评估机构认证标准，进行统一登记、认定和管理。

四、构建生态保护与减碳相统一的考核制度

构建生态保护与减碳相统一的考核制度是实现"减污降碳"一体考核的根本要求，政府应在监测、管理和执法、考核等流程实现生态保护与减碳的结合。首先，政府应开展污染物和二氧化碳统一监测。在区域空气质量联合管理和协同治理中，京津冀、长三角和粤港澳区域已经建立起完善的污染物监测体系，下一步应在全国其他地区选取代表性城市开展二氧化碳、甲烷等温室气体浓度的监测试点。在试点的基础上积极开展碳监测评估，逐步实现监测网络范围和监测要素全覆盖，研究建立碳源碳汇评估技术方法。其次，政府应实施污染物与二氧化碳排放的统一监管与执法。根据统筹优化法规标准的具体要求，国家应尽快建立和完善包括二氧化碳治理在内的生态环境执法法规体系，为统一监管执法提供法律依据。在法律法规完善的前提下，充分利用生态环境部门已经建立的成熟综合执法队伍，以污染物和二氧化碳排放监测数据为参照，依法依规开展统一监管与执法。最后，政府还应实施污染物与二氧化碳排放的统一考核。评估考核是落实各级政府应对气候变化和生态环境保护责任的有效政策手段。政府要尽快完善温室气体与大气污染物协同控制的机制体制与治理体系，以实现更有效的协同治理。该体系包括但不限于协同的温室气体控制与大气污染物减排目标、协同的温室气体与大气污染物排放清单编制与核算体系、协同的数据采集与统计监测体系、协同的环境影响评价与

政府绩效考核体系、协同应对气候变化与生态环境保护的政策与法律体系等。建议将"减污降碳"纳入生态环境相关考核指标,实施同步控制碳排放强度和碳排放总量的双控制度,进一步通过明确各级党委政府及有关部门责任、完善考核机制等措施,落实"党政同责"和"一岗双责"。

第三节　不足与展望

一、研究不足

第一,在数据收集方法方面,本研究通过访谈、问卷调查、查阅文献数据等方法获得一手和二手研究资料,但研究资料的质量和数量还有进一步提升的空间。首先,在访谈调研中,课题组针对政府官员、企业员工、社会组织成员、普通公众拟定访谈提纲,展开深度访谈。但由于时间和空间的限制,本研究主要选择了京津冀、长三角、珠三角三个区域展开定性研究,在访谈对象的数量、访谈次数、访谈时长上都有进一步提升的空间。其次,在问卷调查方面,如果能够对关键变量进行更精确的测量,实证结论将更具说服力。比如,除了工作会议等正式互动外,还可以通过电子邮件或电话进行非正式或间接对话,以衡量沟通强度。最后,在数据文献方面,本课题组主要通过查阅二手数据进行定量研究。一方面,这在一定程度上导致课题组无法掌握数据质量的详细情况,主要依靠发布机构的权威性来评估数据质量。另一方面,数据的时效性有所不足,研究的数据样本一般会比研究展开时间滞后数年。这对及时发现协同治理实践的新动态、新现象造成了一定的阻碍。

第二,本研究主要聚焦区域城市群污染协同治理问题,对农村污染问题涉及较少。2021年12月6日,中共中央办公厅、国务院办公厅印发了《农村人居环境整治提升五年行动方案(2021—2025年)》,指出我国农村人居环境总体质量水平不高,还存在区域发展不平衡、基本生活设施不完善、管护机制不健全等问题，与农业农村现代化要求和农民群众对美好生活的向往还有差距。可以说，改善农村人居环境，是以习近平同志为核心的党中央从战略和全局高度作出的重大决策部署，是实施乡村振兴战略的重点任务，事关广大农民根本福祉，事关农民群众健康，事关美丽中国建设。由于城市大气污染在全国大气污染占据主导位置，因此本研究将城市污染协同治理作为主要研究对象，一定程度上忽视了农村的污染协同治理研究。

第三，温室气体排放与大气污染物排放具有同根同源同步特性，进行减污降碳协同控制会产生显著的协同效益。随着应对气候变化与污染防治工作逐渐呈现深度融合趋势，协同控制成为环境部门应对气候变化、加强污染防治的重要策略。在控制大气污染物或温室气体的过程中，存在"由碳及污"或"由污及碳"的协同控制效应。一方面，强化环境污染的治理可以有效保护生态环境，良好的生态环境具备吸收温室气体、实现生态降碳的功能，有助于应对全球气候变化；另一方面，落实应对气候变化的有关措施，有助于促进重点领域和重点行业的可持续绿色发展，从而减少污染物排放、推动环境污染治理和生态环境保护。本研究还没有将碳达峰碳中和行动与大气污染治理紧密结合并展开深入研究，关于"减污降碳"协同的探讨还有所不足。

第四，本研究仅侧重于大气污染防治，而环境协同治理不仅仅局限于环境领域，它直接关系到社会经济的可持续发展和绿色低碳高质量发展，并间接地关系到共同富裕的实现。绿色发展促进共同富裕的基础前提包括：一是绿色发展能够改善生产力，促进收入水平提高；二是绿色发展对欠发达地区、中低收入群体是包容的、友好的，进而能够降低贫富差距。绿色发展促进共同富裕的机制如下：以"两山论"为指导，综合考虑政府调控与市场资源配置的影响作用，认为绿色发展可通过分工效应、绿色要素分配效应、绿色技术效应、就业效应与包容效应，充分发挥参与主体的主观能动性，实现绿色市场规模扩大、生产力水平改善，促进收入水平提高、贫富差距缩小，并最终实现共同富裕。其中，政府调控作用体现为制度与政策，市场资源配置作用体现为竞争机制与价格机制。除此之外,绿色发展还受广泛因素的影响,如经济发展水平、产业结构、技术水平等,这些因素可被分为驱动因素与约束因素。由于共同富裕涉及经济、社会、科技、民生等各个方面,与本课题的研究方向有一定偏差,所以研究成果较少体现相关内容。但在未来,绿色发展促进共同富裕必将成为研究热点。

二、未来展望

为了充分捕捉协同过程,未来的研究可以应用访谈、问卷调查、查阅文献等数据收集方法,通过定量与定性相结合的互补策略,以实现提高研究可信度的目标。具体而言,在定性研究方面,要注重资料收集的可信度,扩大资料收集的范围。对京津冀、长三角和珠三角以外的区域展开调研,并尝试与美国或欧盟国家的学者展开跨国合作,增加更多的比较案例分析。在定量研究方面,可以更多地采集一手数据,灵活使用更多指标,构建更符合现实的数理模型。

在农村人居环境研究方面,已有的研究还没有形成系统性的知识产出。中央提出,有基础、有条件的地区要全面提升农村人居环境基础设施建设水平,做到农村卫生厕所基本普及,农村生活污水治理率明显提升,农村生活垃圾基本实现无害化处理并推动分类处理试点示范,全面建立长效管护机制。如何构建农村环境长效管护机制,如何优化现有的农村环境治理机制和制度,如何将农村的环境整治和城市的环境治理结合起来协同推进,都是亟待研究的问题,也是未来值得思考的方向。

在减污降碳协同增效方面,研究前景同样十分广阔。我国生态文明建设已经进入以降碳为重点战略方向、推动减污降碳协同增效、促进经济社会发展全面绿色转型、实现生态环境质量改善由量变到质变的关键时期。减污降碳协同作为新阶段深层次生态环境保护工作的重要抓手,是一项渐进性、系统性工作。如何推进以碳达峰碳中和目标为主要牵引的减污降碳协同,如何实现综合治理、系统治理、源头治理,如何构建减污降碳一体谋划、一体部署、一体推进、一体考核的制度机制，都是值得学者们进一步关注的问题。

在绿色低碳转型促进共同富裕和经济社会高质量发展方面，现有的研究也没有厘清生态环境治理、减碳降碳行动能够发挥积极作用的内在机制。在未来，学者可以选取浙江、江苏等在共同富裕和生态文明建设两方面取得突出成果的省份展开研究。更可以形成评估标准与评估体系，衡量全国各个省份的生态环境建设对共同富裕的促进作用，探求生态环境建设带动较落后地区发展的具体路径，为 2030 年碳排放达峰后稳中有降、生态环境根本好转和全体人民共同富裕取得实质性进展的实现做出理论指引和政策建议。

参 考 文 献

[1] A.Bavelas, "Communication Patterns in Task-Oriented Groups", *The Journal of the Acoustical Society of America*, Vol.22, No.6(June 2005), pp.725-730.

[2] A.Bettis, M.Schoon, G.Blanchette, "Enabling Regional Collaborative Governance for Sustainable Recreation on Public Lands: the Verde Front", *Journal of Environmental Planning and Management*, Vol.64, No.1(January 2021), pp.101-123.

[3] A.Borzel, "Organizing Babylon-On different conceptions of policy networks", *Public Administration*, Vol.76, No.2(1998), pp.253-273.

[4] A. Brown, R. Langridge, K. Rudestam, "Coming to The Table: Collaborative Governance and Groundwater Decision-Making in Coastal California", *Journal of Environmental Planning and Management*, Vol.59, No.12(December 2016), pp.2163-2178.

[5] A.Buuren, S.Nooteboom, "The Success of SEA in the Dutch Planning Practice: How Formal Assessments Can Contribute to Collaborative Governance", *Environmental Impact Assessment Review*, Vol.30, No.2(February 2010), pp.127-135.

[6] A.Chuku, "Pursuing an Integrated Development and Climate Policy Framework in Africa: Options for Mainstreaming", *Mitigation and Adaptation Strategies for Global Change*, Vol.15, No.1(January 2010), pp.41-52.

[7] A.Ebrahim, "Institutional Preconditions toCollaboration: Indian Forest andIrrigation Policy inHistorical Perspective", *Administration & Society*, Vol. 36, No. 2 (May 2004), pp. 208-242.

[8] A. Fung, E. O. Wright, "Deepening Democracy: Innovations in Empowered Participatory Governance", *Politics & Society*, Vol.29, No.1(March 2001), pp.5-41.

［9］A.Guerrero,Ö.Bodin,J.R.R.McAllister,A.K.Wilson,"Achieving Social-Ecological Fit through Bottom-Up Collaborative Governance: An Empirical Investigation", *Ecology and Society*, Vol.20, No.4(December 2015), p.41.

［10］A. Hsu, N. Alexandre, S. Cohen, et al., *Environmental Performance Index*, New Haven: Yale University Press, 2016.

［11］A.Koebele, "Cross-Coalition Coordination in Collaborative Environmental Governance Processes", *Policy Studies Journal*, Vol.48, No.3(January 2020), pp.727-753.

［12］A.Koebele, "Policy Learning in Collaborative Environmental Governance Processes", *Journal of Environmental Policy & Planning*, Vol.21, No.3(May 2019), pp.242-256.

［13］A.Sandstrom, "Policy Networks: the relation Between Structure and Performance", Sweden: Lulea University of Technology, 2008, pp.35-47.

［14］A.Scott, C.W.Thomas, "Unpacking the Collaborative Toolbox: Why and When Do Public Managers Choose Collaborative Governance Strategies?", *Policy Studies Journal*, Vol.45, No.1(April 2017), pp.191-214.

［15］A. Sullivan, D. D. White, M. Hanemann, "Designing Collaborative Governance: Insights from The Drought Contingency Planning Process for The Lower Colorado River Basin", *Environmental Science and Policy*, Vol.91(January 2019), pp.39-49.

［16］A. Thomson, J. L. Perry, et al., "Linking Collaboration Processes and Outcomes Foundations for Advancing Empirical Theory", *Big ideas in collaborative public management*. London: Routledge, 2014, pp.107-130.

［17］A.van Oortmerssen, J.M.C.van Woerkum, N.Aarts, "The Visibility of Trust: Exploring the Connection between Trust and Interaction in a Dutch Collaborative Governance Boardroom", *Public Management Review*, Vol.16, No.5(July 2014), pp.666-685.

［18］A.W.Rhodes, "Policy Networks: A British Perspective", *Journal of Theoretical Politics*, Vol.2, No.3(July 1990), pp.293-317.

［19］A.Wear, "Collaborative Approaches to Regional Governance-Lessons from Victoria", *Australian Journal of Public Administration*, Vol.71, No.4(December 2012), pp.469-474.

［20］A.Wood, T.Tenbensel, "A Comparative Analysis of Drivers of Collaborative Governance in Front-of-Pack Food Labelling Policy Processes", *Journal of Comparative Policy Analysis: Research and Practice*, Vol.20, No.4(August 2018), pp.404-419.

［21］B.Anna, S.Michael, B.Gabrielle, "Enabling Regional Collaborative Governance for Sustainable Recreation on Public Lands: The Verde Front", *Journal of Environmental*

Planning and Management, Vol.64, No.1 (January 2021), pp.101-123.

［22］B.Cain, R.E.Gerber, I.Hui, "The Challenge of Externally Generated Collaborative Governance: California's Attempt at Regional Water Management", *The American Review of Public Administration*, Vol.50, No.4-5 (May 2020), pp.428-437.

［23］B. Gazley, W. K. Chang, L. B. Bingham, "Board Diversity, Stakeholder Representation, and Collaborative Performance in Community Mediation Centers", *Public Administration Review*, Vol.70, No.4 (July 2010), pp.610-620.

［24］B.Head, H.Ross, J.Bellamy, "Managing Wicked Natural Resource Problems: The Collaborative Challenge at Regional Scales in Australia", *Landscape and Urban Planning*, Vol.154 (October 2016), pp.81-92.

［25］B.Koehler, T.M.Koontz, "Citizen Participation in Collaborative Watershed Partnerships", *Environmental Management*, Vol.41, No.2 (2008), pp.143-154.

［26］B.Lloyd, "State of Environment Reporting Australia: A Review", *Australian Journal of Environmental Management*, Vol.3, No.3 (March 2013), pp.151-162.

［27］B.Ran, H.Qi, "Contingencies of Power Sharing in Collaborative Governance", *The American Review of Public Administration*, Vol.48, No.8 (December 2018), pp.836-851.

［28］B.Saveyn, S.Proost, "Environmental Tax Reform with Vertical Tax Externalities in a Federal State", *KU Leuven CES: Leuven Working Papers*, (2004), pp.1-24.

［29］B.Zhou, C.Zhang, H.Song, et al., "How does Emission Trading Reduce China's Carbon Intensity? An Exploration Using a Decomposition and Difference-in-Differences Approach", *Science of the Total Environment*, Vol.676, (2019), pp.514-523.

［30］C.Biddle, T.M.Koontz, "Goal Specificity: A Proxy Measure for Improvements in Environmental Outcomes in Collaborative Governance", *Journal of Environmental Management*, Vol.145 (December 2014), pp.268-276.

［31］C.Boschet, T.Rambonilaza, "Collaborative Environmental Governance and Transaction Costs in Partnerships: Evidence from a Social Network Approach to Water Management in France", *Journal of Environmental Planning and Management*, Vol.61, No.1 (January 2018), pp.105-123.

［32］C.Doberstein, "Designing Collaborative Governance Decision-Making in Search of a 'Collaborative Advantage'", *Public Management Review*, Vol.8, No.6 (May 2015), pp.819-841.

［33］C.Esty, M.E.Porter, "National Environmental Performance: An Empirical Analysis of Policy Results and Determinants", *Environment and Development Economics*, Vol.10, No.4 (July 2005), pp.391–434.

[34] C. Freeman, "Centrality in Social Networks Conceptual Clarification", *Social Networks*, Vol.1, No3(1978), pp.215–239.

[35] C. Freeman, "The Gatekeeper, Pair-Dependency and Structure Centrality", *Quality and Quantity*, Vol.14(August 1980), pp.585–592.

[36] C. Huang, H. Yi, T. Chen, et al., "Networked Environmental Governance: Formal and Informal Collaborative Networks in Local China". *Policy Studies*, Vol.43, No.3 (May 2020), pp.403–421.

[37] C. Huang, W. Chen, H. Yi, "Collaborative Networks and Environmental Governance Performance: A Social Influence Model", *Public Management Review*, Vol.23, No.12 (December 2020), pp.1–22.

[38] C. Huxham, "Pursuing Collaborative Advantage", *Journal of the Operational Research Society*, Vol.44, No.6(1993), pp.599–611.

[39] C. Huxham, "Theorizing Collaboration Practice", *Public Management Review*, Vol.5, No.3(2003), pp.401–423.

[40] C. Huxham, N. Beech, "Points of Power in Interorganizational Forms: Learning from a Learning Network", *Academy of Management Proceeding*, Vol.1, (2002), pp.B1–B6.

[41] C. Huxham, S. Vangen, "Ambiguity, complexity and dynamics in the membership of collaboration", *Human Relations*, Vol.53, No.6(June 2000), pp.771–806.

[42] C. Silvia, M. Mcguire, "Leading Public Sector Networks: An Empirical Examination of Integrative Leadership Behaviors", *Leadership Quarterly*, Vol.21, No.2 (2010), pp.264–277.

[43] C. Tang, S. Tang, "Managing Incentive Dynamics for Collaborative Governance in Land and Ecological Conservation", *Public Administration Review*, Vol.74, No.2 (March 2014), pp.220–231.

[44] D. Cristofoli, L. Macciò, L. Pedrazzi, "Structure, Mechanisms, and Managers in Successful Networks", *Public Management Review*, Vol.17, No.3–4(2015), pp.489–516.

[45] D. Cristofoli, S. Douglas, J. Torfing, et al., "Having it All: Can Collaborative Governance be both Legitimate and Accountable", *Public Management Review*, Vol.24, No.5(August 2021), pp.704–208.

[46] D. Culpepper, *Institutional Rules, Social Capacity, and the Stuff of Politics: Experi-*

ments in Collaborative Governance in France and Italy, Cambridge: Harvard University, 2003, pp.3–29.

[47] D. Donahue, R. J. Zeckhauser, *Public–Private Collaboration*, The Oxford Handbook of Public Policy, New York: Oxford University Press, 2008.

[48] D. Echeverria, "No Success Like Failure: The Platte River Collaborative Watershed Planning Process", *William and Mary Environmental Law and Policy Review*, Vol.25, No.3 (2001), pp.559–603.

[49] D. Gielen, C. H. Chen, "The CO_2 Emission Reduction Benefits ofChinese Energy Policies andEnvironmental Policies: A Case Study forShanghai, Period 1995 – 2020", *Ecological Economics*, Vol.39, No.2(2001), pp.257–270.

[50] D. Henry, "Ideology, Power, and theStructure ofPolicy Networks", *Policy Studies Journal*, Vol.39, No.3(July 2011), pp.361–383.

[51] D. Marsh, M. Smith, "Understanding Policy Networks towards a Dialectical Approach", *Political Studies*, Vol.48, No.1(2000), pp.4–21.

[52] D. Mishra, A. Mishra, "Effective Communication, Collaboration, and Coordination in eXtreme Programming: Human–Centric Perspective in a Small Organization", *Human Factors and Ergonomics in Manufacturing*, Vol.19, No.5(2009), pp.438–456.

[53] D. Rosenbloom, T. Gong, "Coproducing 'Clean' Collaborative Governance", *Public Performance & Management Review*, Vol.36, No.4(June 2013), pp.544–561.

[54] D. Sabrina, S. L. Annelie, J. Maria, E. Göran, S. Camilla, "Achieving Social and Ecological Outcomes in Collaborative Environmental Governance: Good Examples from Swedish Moose Management", *Sustainability*, Vol.13, No.4(February 2021), p.2329.

[55] D. Ürge-Vorsatz, S. T. Herrero, "Building Synergies between Climate Change Mitigation and Energy Poverty Alleviation", *Energy Policy*, Vol.49(October 2012), pp.83–90.

[56] D. Wood, B. Gray, "Toward a Comprehensive Theory of Collaboration", *The Journal of Applied Behavioral Science*, Vol.27, No.2(June 1991), pp.139–162.

[57] DeLeon, M. D. Varda, "Toward a Theory of Collaborative Policy Networks: Identifying Structural Tendencies", *Policy Studies Journal*, Vol.37, No.1(February 2009), pp. 59–74.

[58] E. Bell, A. T. Scott, "Common Institutional Design, Divergent Results: A Comparative Case Study of Collaborative Governance Platforms for Regional Water Planning", *Environmental Science & Policy*, Vol.111(September 2020), pp.63–73.

[59]E.Fehr, U.Fischbacher, "The Nature of Human Altruism", *Nature*, Vol.425, No. 6960(October 2003), pp.785-791.

[60]E.Kirk, N.Tina, *Collaborative Governance Regimes*, Washington, DC: Georgetown University Press, 2015, pp.33-40.

[61]E.Koebele, "Cross-Coalition Coordination in Collaborative Environmental Governance Processes", *Policy Studies Journal*, Vol.48, No.3(August 2020), pp.727-753.

[62]E.Ostrom, "A Diagnostic Approach for Going beyond Panaceas", *Proceedings of the National Academy of Sciences*, Vol.104, No.39(September 2007), pp.15181-15187.

[63]E.P.Weber, *Bringing Society Back In: Grassroots Ecosystem Management, Accountability, and Sustainable Communities*, Cambridge, MA: MIT Press, 2003.

[64] E. H. Klijn, B. Steijn, J. Edelenbos, "The Impact of Network Management on Outcomes in Governance Networks", *Public Administration*, Vol. 8, No. 4 (2010), pp. 1063-1082.

[65]E.O.Laumann, J.Galaskiewicz, P.V.Marsden, "Community Structure as Interorganizational Linkages", *Annual Review of Sociology*, Vol.41, No.1(1978), pp.455-484.

[66]E.T.Jennings Jr, Jo Ann G.Ewalt, "Interorganizational Coordination, Administrative Consolidation, and Policy Performance", *Public Administration Review*, Vol.58, No.5(1998), pp.417-428.

[67]F.Ali-Khan, P.R.Mulvihill, "Exploring Collaborative Environmental Governance: Perspectives on Bridging and Actor Agency", *Geography Compass*, Vol.2, No.6 (November 2008), pp.1974-1994.

[68]F.Dong, Y.Dai, S.Zhang, et al., "Can a Carbon Emission Trading Scheme Generate the Porter Effect? Evidence from Pilot Areas in China", *Science of the Total Environment*, Vol.653, (2019), pp.565-577.

[69]F.Geels, "Technological Transitions as Evolutionary Reconfiguration Processes: A Multi-Level Perspective and a Case-Study", *Research Policy*, Vol.31, No.8-9 (December 2002), pp.1257-1274.

[70]F.Murray, "The Changing Winds of Atmospheric Environment Policy", *Environmental Science and Policy*, Vol.29(May 2013), pp.115-123.

[71]G.Barbara, *Collaborating: Finding Common Ground for Multi-Party Problems*, San Francisco, CA: Jossey-Bass, 1989, pp.85-90.

[72]G.Bentrup, "Evaluation of a Collaborative Model: A Case Study Analysis of Water-

shed Planning in the Intermountain West", *Environmental Management*, Vol. 27, No. 5 (2001), pp.739-748.

[73] G.Kostka, "Environmental Protection Bureau Leadership at the Provincial Level in China: Examining Diverging Career Backgrounds and Appointment Patterns", *Journal of Environmental Policy & Planning*, Vol.15, No.1 (February 2013), pp.41-63.

[74] G.Rasul, B.Sharma, "The Nexus Approach to Water-Energy-Food Security: An Option for Adaptation to Climate Change", *Climate Policy*, Vol.16, No.6 (November 2016), pp.682-702.

[75] G.Robins, P.Pattison, Y.Kalish, D.Lusher, "An Introduction toExponential Random Graph(P ∗) Models forSocial Networks", *Social Networks*, Vol. 29, No. 2 (May 2007), pp. 173-191.

[76] G.Stetson, S.Mumme, "Sustainable Development in the Bering Strait: Indigenous Values and the Challenge of Collaborative Governance", *Society & Natural Resources*, Vol.29, No.7 (July 2016), pp.791-806.

[77] Gambert, "Territorial Politics and the Success of Collaborative Environmental Governance: Local and Regional Partnerships Compared", *Local Environment*, Vol.15, No.5 (May 2010), pp.467-480.

[78] H. Erkus - Oeztuerk, A. Eraydm, "Environmental Governance for Sustainable Tourism Development: Collaborative Networks and Organisation Building in the Antalya Tourism Region", *Tourism Management*, Vol.31, No.1 (February 2010), pp.113-124.

[79] H.Ernstson, S.Sorlin, T.Elmqvist, "Social Movements and Ecosystem Services— The Role of Social Network Structure in Protecting and Managing Urban Green Areas in Stockholm", *Ecology & Society*, Vol.13, No.2 (December 2008), pp.1-27.

[80] H.Frederickson, "Toward aTheory ofthe Public for Public Administration", *Administration & Society*, Vol.22, No.4 (April 1991), pp.395-417.

[81] H. Haken, *Complexity and Complexity Theories: Do These Concepts Make Sense?*, Berlin: Springer Berlin Heidelberg, 2012, pp.7-20.

[82] H.Klijn, J.F.M.Koppenjan, "Institutional Design: Changing Institutional Features of Networks", *Public Management Review*, Vol.8, No.1 (2006), pp.141-160.

[83] H.Klijn, J.F.M.Koppenjan, "Public Management and Policy Networks: Foundations of A Network Approach toGovernance", *Public Management: An International Journal of Research and Theory*, Vol.2, No.2 (2000), pp.135-158.

[84]H.Koch Jr.,"Collaborative Governance in the Restructured Electricity Industry", *Wake Forest Law Review*,vol.40(2005),pp.589−615.

[85]H.Liesbet,M.Gary,"Unraveling the Central State,but How? Types of Multi−Level Governance",*American Political Science Review*,Vol.97,No.2(May 2003),pp.233−243.

[86]H.Lucy,"Challenging Global Environmental Governance:Social Movement Agency and Global Civil Society",*Global Environmental Politics*,Vol.3,No.2(May 2003),pp.120−134.

[87] H. Schroeder, S. Burch, S. Rayner, "Novel Multisector Networks and Entrepreneurship in Urban Climate Governance",*Environment and Planning C:Government and Policy*,Vol.31,No.5(October 2013),pp.761−768.

[88]H.Wang,L.A.Zhao,"A Joint Prevention andControl Mechanism forAir Pollution in the Beijing−Tianjin−Hebei Region in China based on Long−Term andMassive Data Mining ofPollutant Concentration",*Atmospheric Environment*,Vol.17,(2018),pp.25−42.

[89]H.Wang,L.Zhao,Y.Xie,et al.,"'APEC blue'−The Effects and Implications of Joint Pollution Prevention andControl Program",*Science of the Total Environment*,Vol.553,(May 2016),pp.429−438.

[90]H.Yi,J.T.Scholz,"Policy Networks inComplex Governance Subsystems:Observing andComparing Hyperlink,Media,and Partnership Networks",*Policy Studies Journal*,Vol.43,No.3(2016),pp.248−279.

[91] H. Yi,"Network Structure and Governance Performance:What Makes a difference?",*Public Administration Review*,Vol.78,No.2(2018),pp.195−205.

[92]H.Zhang,M.Duan,Z.Deng,"Have China's Pilot Emissions Trading Schemes Promoted Carbon Emission Reductions? The Evidence fromIndustrial Sub−Sectors atthe Provincial Level",*Journal of Cleaner Production*,Vol.234,(2019),pp.912−924.

[93] IPCC, *Climate Change* 1995:*Synthesis Report*. Cambridge:Cambridge University Press,1995,p.14.

[94] IPCC, *Climate Change* 2001:*Mitigation*. Cambridge:Cambridge University Press,2001.

[95] IPCC, *Climate Change* 2014:*Synthesis Report*. Cambridge:Cambridge University Press,2014,p.151.

[96]J.Baird,L.Schultz,R.Plummer,"Emergence of Collaborative Environmental Governance:What are the Causal Mechanisms?",*Environmental Management*,Vol.63,No.1(Jan-

uary 2019),pp.16-31.

[97]J.Baird,R.Plummer,Ö.Bodin,"Collaborative Governance for Climate Change Adaptation in Canada:Experimenting with Adaptive Co-Management",*Regional Environmental Change*,Vol.16,No.3(March 2016),pp.747-758.

[98]J.Barrutia,C.Echebarria,"Comparing Three Theories of Participation in Pro-Environmental,Collaborative Governance Networks",*Journal of Environmental Management*,Vol. 240(January 2019),pp.108-118.

[99]J.Brown,"Collaborative Governance Versus Constitutional Politics:Decision Rules forSustainability fromAustralia's South East Queensland Forest Agreement",*Environmental Science & Policy*,Vol.5,No.1(February 2002),pp.19-32.

[100]J.Busenberg,"Collaborative and Adversarial Analysis in Environmental Policy". *Policy Sciences*,Vol.32,No.1(March 1999),pp.1-11.

[101]J.Chen,M.Gao,S.Cheng,et al.,"County-level CO_2 Emissions and Sequestration in China during 1997-2017",*Scientific Data*,Vol.7,No.1(2020),pp.391.

[102]J.D.Lecy,I.A.Mergel,H.P.Schmitz,"Networks in Public Administration:Current Scholarship in Review",*Public Management Review*, Vol. 16, No. 5 (January 2013), pp. 643-665.

[103]J.Donahue,"On Collaborative Governance",*Corporate Social Responsibility Initiative Working Paper*,2004,p.2.

[104]J.Elgin,"Utilizing Hyperlink Network Analysis toExamine Climate Change Supporters andOpponents",*Review of Policy Research*,Vol.32,No.2(2015),pp.226-245.

[105]J.Erik,H.Darrin,N.Ning,A.Jennifer,"Managing the Inclusion Process in Collaborative Governance",*Journal of Public Administration Research and Theory*,Vol.21,No.4 (October 2011),pp.699-721.

[106] J. Fliervoet, W. G. Geerling, E. Mostert, M. J. A. Smits, "Analyzing Collaborative Governance through Social Network Analysis:A Case Study of River Management along the Waal River in The Netherlands",*Environmental Management*, Vol. 57, No. 2 (February 2016),pp.355-67.

[107]J.Katzenstein,*Between Power and Plenty:Foreign Economic Policies of Advanced Industrial States*,Madison:University of Wisconsin Press,1978,p.9.

[108] J. Kooiman, "Governing as Governance", *International Public Management Journal*,Vol.7,No.3(May 2004),pp.439-442.

［109］J. Logsdon，"Interests and Interdependence in The Formation of Social Problem-Solving Collaborations"，*The Journal of Applied Behavioral Science*，Vol. 27，No. 1（March 1991），pp.23-37.

［110］J. Newig，O. Fritsch，"Environmental Governance：Participatory，Multi-Level and Effective?"，*Environmental Policy and Governance*，Vol. 19，No. 3（May-June 2009），pp. 197-214.

［111］J. Owen-Smith，W. W. Powell，"Knowledge Networks as Channels and Conduits：The Effects of Spillovers in the Boston Biotechnology Community"，*Organization Science*，Vol. 15，No.1（2004），pp.5-21.

［112］J. Smedstad，H. Gosnell，"Do Adaptive Co-management Processes Lead to Adaptive Co-management Outcomes? A Multi-case Study of Long-term Outcomes Associated with the National Riparian Service Team's Place-based Riparian Assistance"，*Ecology and Society*，Vol.18，No.4（December 2013），p.11.

［113］J. Voets，K. Verhoest，A. Molenveld，"Coordinating for Integrated Youth Care：The Need for Smart Meta-governance"，*Public Management Review*，Vol.17，No.7（August 2015），pp.981-1001.

［114］J. Westerink，R. Jongeneel，N. Polman，K. Prager，J. Franks，P. Dupraz，E. Mettepenningen，"Collaborative Governance Arrangements to Deliver Spatially Coordinated Agri-Environmental Management"，*Land Use Policy*，Vol.69（December 2017），pp.176-192.

［115］J. Y. Ko，J. W. Day，J. G. Wilkins，J. Haywood，R. R. Lane，"Challenges in Collaborative Governance for Coastal Restoration：Lessons from the Caernarvon River Diversion in Louisiana"，*Coastal Management*，Vol.45，No.2（March 2017），pp.125-142.

［116］J. Zeng，T. Liu，R. Feiock，et al.，"The impacts of China's Provincial Energy Policies on Major Air Pollutants：A Spatial Econometric Analysis"，*Energy Policy*，Vol.132（September 2019），pp.392-403.

［117］J. K. Benson，*A Framework for Policy Analysis*，Ames：Lowa State University Press，1982，p.165.

［118］K. Aunan，J. Fang，T. Hu，et al.，"Climate Change andAir Quality：Measures with Co-Benefits in China"，*Environmental Science & Technology*，Vol.40，No.16（2006），pp. 4822-4829.

［119］K. Bäckstrand，"Civic Science for Sustainability：Reframing the Role of Experts，Policy-Makers and Citizens in Environmental Governance"，*Global Environmental Politics*，

Vol.3,No.4(March 2003),pp.24−41.

[120] K. Emerson, T. Nabatchi, S. Balogh, "An Integrative Framework for Collaborative Governance", *Journal of Public Administration Research and Theory*, Vol.22, No.1 (January 2012), pp.1−29.

[121] K. He, Y. Lei, X. Pan, et al., "Co−benefits from Energy Policies in China", *Energy*, Vol.35(2010), pp.4265−4272.

[122] K. Huang, X. Zhang, Y. Lin, "The 'APEC Blue' Phenomenon: Regional Emission Control Effects Observed from Space", *Atmospheric Research*, 164 (November 2015), pp. 65−75.

[123] K. Ingold, P. Leifeld, "Structural and Institutional Determinants of Influence Reputation: A Comparison of Collaborative and Adversarial Policy Networks in Decision Making and Implementation", *Journal of Public Administration Research and Theory*, Vol.26, No.1 (January 2016), pp.1−18.

[124] K. Rypdal, N. Rive, S. Strm, et al., "Nordic Air Quality Co−Benefits from European Post−2012 Climate Policies", *Energy Policy*, Vol.35, No.12(2007), pp.6309−6322.

[125] K. Tang, Y. Liu, D. Zhou, et al., "Urban Carbon Emission Intensity Under Emission Trading System inaDeveloping Economy: Evidence from 273 Chinese Cities", *Environmental Science and Pollution Research*, Vol.28, No.5(2021), pp.5168−5179.

[126] K. Viscusi, B. Roy, K. Kerry, "Energy Taxation as A Policy Instrument toReduce CO_2 Emissions: A Net Benefit Analysis", *Journal of Environmental Economics and Management*, Vol.29, No.1(2004), pp.1−24.

[127] K. W. De Dreu., B. A. Nijstad, D. van Knippenberg, "Motivated Information Processing in Group Judgment and Decision Making", *Personality and Social Psychology Review*, Vol.12, No.1(December 2008), p.23.

[128] K. G. Provan, A. Fish, J. Sydow, "Interorganizational Networks at the Network Level: A Review of the Empirical Literature on Whole Networks", *Journal of Management*, Vol.33, No.6(2007), pp.479−516.

[129] K. G. Provan, J. G. Sebastian, "Networks within Networks: Service Link Overlap, Organizational Cliques, and Network Effectiveness", *Academy of Management Journal*, Vol. 41, No.4(2004), pp.453−463.

[130] K. G. Provanh, B. Milward, "A Preliminary Theory of Interorganizational Network Effectiveness: A Comparative Study of Four Community Mental Health Systems",

Administrative Science Quarterly, Vol.40, No.1(1995), pp.1-33.

[131]K.J.Meier, L.J.O'Toole Jr., "Public Management and Educational Performance: The Impact of Managerial Networking", *Public Administration Review*, Vol.63, No.6(2003), pp.689-699.

[132] L. Blomgren, O. Rosemary, *Big Ideas in Collaborative Public Management*, NewYork:Taylor and Francis, 2014, pp.15-20.

[133]L.Smith, "Collaborative Approaches to Pacific Northwest Fisheries Management: The Salmon Experience", *Willamette Journal of International Law and Dispute Resolution*, Vol.6:15(1998), pp.29-68.

[134]L.Tett, J.Crowther, P.O'hara, "Collaborative Partnerships in Community Education", *Journal of Education Policy*, Vol.18, No.1(2003), pp.37-51.

[135]L. Zhong, P. K. K. Louie, J. Zheng, et al., "The Pearl River Delta Regional Air Quality Monitoring Network - Regional Collaborative Efforts on Joint Air Quality Management", *Aerosol and Air Quality Research*, Vol.13, No.5(2013), pp.1232-1582.

[136] M. Bryson, B. C. Crosby, M. M. Stone, "The Design and Implementation of Cross-Sector Collaborations:Propositions from the Literature", *Public Administration Review*, Vol.66,(2006), pp.44-55.

[137] M. Bryson, F. Ackermann, C. Eden, "Discovering Collaborative Advantage: The Contributions ofGoal Categories andVisual Strategy Mapping", *Public Administration Review*, Vol.76, No.6(July 2016), pp.912-925.

[138]M.Esteve, D.Urbig, A.van Witteloostuijn, et al., "Prosocial Behavior and Public Service Motivation", *Public Administration Review*, Vol. 76, No. 1 (December 2016), pp. 177-187.

[139] M. Kraft, B. N. Johnson, "Clean Water andthe Promise ofCollaborative Decision Making:The Case of the Fox-Wolf Basin in Wisconsin", in *Toward Sustainable Communities: Transition andTransformations inEnvironmental Policy*, Boston, MA:MIT Press, pp.113-152.

[140] M. Logsdon, "Interests and Interdependence in the Formation ofSocial Problem-Solving Collaborations", *The Journal of Applied Behavioral Science*, Vol.27, No.1 (March 1991), pp.23-37.

[141]M.Mcguire, "Collaborative Public Management:Assessing What We Know and How We Know it", *Public Administration Review*, Vol.6,(2006), pp.33-43.

[142]M.Moran, M.Rein, R.Ejoodin, *The Oxford Handbook of Public Policy*, New York:

Oxford University Press,2006,pp.490-525.

[143]M.Olson, *The Logic of Collective Action Public Goods and the Theory of Groups*, Harvard:Harvard University Press,1965.

[144] M. Paterson, D. Humphreys, L. Pettiford, " Conceptualizing Global Environmental Governance: From Interstate Regimes to Counter - Hegemonic Struggles ", *Global Environmental Politics*, Vol.3,No.2(May 2003) ,pp.1-10.

[145] M. Schuckman, "Making the Hard Choices: A Collaborative Governance Model forthe Biodiversity Context", *Washington University Law Quarterly*, Vol.79,No.1(2001) ,pp. 343-365.

[146]M.T.Imperial, "Using Collaboration as A Governance Strategy:Lessons from Six Watershed Management Programs ", *Administration & Society*, Vol. 37, No. 3 (2005), pp. 281-320.

[147] M.T.Koontz,C.W.Thomas, "What Do We Know and Need to Know about the Environmental Outcomes of Collaborative Management?" , *Public Administration Review*, Vol.66 (December 2006) ,pp.111-121.

[148]M.Thomson, J.L.Perry, T.K.Miller, "Conceptualizing and Measuring Collaboration" , *Journal ofPublic Administration Research and Theory*, Vol.19,No.1(2009) ,pp.23-56.

[149]M.Thomson, J.L.Perry, "Collaboration Processes:Inside theBlack Box", *Public Administration Review*, Vol.66, (2006) ,pp.20-32.

[150] M. Zurba, " Leveling the Playing Field: Fostering Collaborative Governance Towards On - Going Reconciliation", *Environmental Policy and Governance*, Vol. 24, No. 2 (March 2014) ,pp.134-146.

[151] M.C.Spitzmueller, T.F.Jackson, L.A.Warner, "Collaborative Governance in the Age of Managed Behavioral Health Care", *Journal of the Society for Social Work and Research*, Vol.11,No.4(2020) ,pp.615-642.

[152]M.C.Therrien, M.Jutras, S.Usher, "Including Quality in Social Network Analysis to Foster Dialogue in Urban Resilience and Adaptation Policies", *Environmental Science & Policy*, Vol.93(2019) ,pp.1-10.

[153]N.Bradford, "Prospects for Associative Governance:Lessons from Ontario,Canada", *Politics & Society*, Vol.26,No.4(December 1998) ,pp.539-573.

[154]N.Gunningham, "The New Collaborative Environmental Governance:The Localization of Regulation", *Journal of Law and Society*, Vol.36,No.1(March 2009) ,pp.145-166.

[155] N. Jens, C. Edward, J. W. Nicolas, K. Elisa, A. Ana, "The Environmental Performance of Participatory and Collaborative Governance: A Framework of Causal Mechanisms", *Policy Studies Journal: the Journal of the Policy Studies Organization*, Vol.46, No.2 (May 2018), pp.269-297.

[156] N.Ulibarri, "Collaborative Model Development Increases Trust in and Use of Scientific Information in Environmental Decision-Making", *Environmental Science & Policy*, Vol. 82(April 2018), pp.136-142.

[157] Ö.Bodin, "Collaborative Environmental Governance: Achieving Collective Action in Social-Ecological Systems", *Science*, Vol.357, No.6352(August 2017), p.4.

[158] Ö.Bodin, J.Baird, L.Schultz, R.Plummer, D.Armitage, "The Impacts of Trust, Cost and Risk on Collaboration in Environmental Governance", *People and Nature*, Vol.2, No.3 (September 2020), pp.734-749.

[159] O.Mancur, *The Logic of Collective Action: Public Goods and the Theory of Groups, Second Printing with a New Preface and Appendix*, Cambridge: Harvard University Press, 2009, pp.20-25.

[160] OECD, *Government Coherence: The Role of the Centre of Government*, Budapest, 2000.

[161] P. Bogason, J. A. Musso, "The Democratic Prospects ofNetwork Governance", *American Review of Public Administration*, Vol.36, No.1(2006), pp.3-18.

[162] P. Kenis, K. G. Provan, "The Control of Public Networks", *International Public Management Journal*, Vol.9, No.3(2006), pp.227-247.

[163] P.Sabatier, W.Leach, M.Lubell, et al., *Theoretical Frameworks Explaining Partnership Success*. Cambridge, MA: MIT Press, 2005, pp.173-200.

[164] P.Stephenson, "Twenty Years of Multi-Level Governance: Where Does It Come From? What Is It? Where Is It Going?", *Journal of European Public Policy*, Vol.20, No.6 (January 2013), pp.817-837.

[165] P.Tollefsen, K.Rypdal, A.Torvanger, et al., "Air Pollution Policies inEurope: Efficiency Gains fromIntegrating Climate Effects withDamage Costs toHealth andCrops", *Environmental Science and Policy*, Vol.12, No.7(2009), pp.870-881.

[166] P. J. Ferraro, S. K. Pattanayak, "Money for Nothing? A Call forEmpirical Evaluation ofBiodiversity Conservation Investments", *PLOS Biology*, Vol. 4, No. 4 (April 2006), pp.482-488.

[167] R. Agranoff, M. McGuire, "American Federalism and the Search for Models of Management", *Public Administration Review*, Vol.61, No.6(November–December 2001), pp. 671–681.

[168] R. Agranoff, M. McGuire, *Collaborative Public Management: New Strategies for Local Governments*, Washington, DC: Georgetown University Press, 2003, pp. 105 – 110, pp. 205–210.

[169] R. Agranoff, M. Mcguire, "Big Questions inPublic Network Management Research", *Journal of Public Administration Research and Theory*, Vol.11, No.3(2001), pp. 295–326.

[170] R.Agranoff, M.Mcguire, "Inside the Matrix: Integrating theParadigms ofIntergovernmental andNetwork Management", *International Journal of Public Administration*, Vol.26, No.12(February 2007), pp.1401–1422.

[171] R.Barton, K.Krellenberg, J.M.Harris, "Collaborative Governance and the Challenges of Participatory Climate Change Adaptation Planning in Santiago de Chile", *Climate and Development*, Vol.7, No.2(March 2015), pp.175–184.

[172] R. Berardo, J. T. Scholz, "Self – organizing Policy Networks: Risk, Partner Selection, and Cooperation inEstuaries", *American Journal of Political Science*, Vol.54, No.3 (June 2010), pp.632–649.

[173] R.Berardo, T.Heikkila, K.A.Gerlak, "Interorganizational Engagement in Collaborative Environmental Management: Evidence from the South Florida Ecosystem Restoration Task Force", *Journal of Public Administration Research and Theory*, Vol. 24, No. 3 (July 2014), pp.697–719.

[174] R.Bouwen, T.Taillieu, "Multi–party Collaboration as Social Learning for Interdependence: Developing Relational Knowing for Sustainable Natural Resource Management", *Journal of Community & Applied Social Psychology*, Vol.14, No.3(May–June 2004), pp. 137–153.

[175] R.C.Feiock, J.T.Scholz, *Self–organizing Federalism: Collaborative Mechanisms toMitigate Institutional Collective Action Dilemmas*. Cambridge: Cambridge University Press, 2009.

[176] R. C. Feiock, "The Institutional Collective Action Framework", *Policy Studies Journal*, Vol.41, No.3(2013), pp.397–425.

[177] R.Colvile, J.E.Hutchinson, S.J.Mindell, "The Transport Sector as A Source of Air

Pollution", *Atmospheric Environment*, Vol.35, No.9(March 2001), pp.1537-1565.

[178] R. D. Lasker, E. S. Weiss, "Broadening Participation in Community Problem Solving: A Multidisciplinary Model to Support Collaborative Practice and Research", *Journal of Urban Health*, Vol.80, No.1(March 2003), pp.14-47.

[179] R.D. Margerum, "A Typology of Collaboration Efforts in Environmental Management", *Environmental Management*, Vol.41, No.4(2008), pp.487-500.

[180] R. Duncan, "Beyond Consensus: Improving Collaborative Planning and Management", *New Zealand Geographer*, Vol.70, No.1(2014), pp.85-86.

[181] R. Durant, P.Y.Chun, B.Kim, "Toward A New Governance Paradigm for Environmental and Natural Resources Management in the 21st Century?", *Administration & Society*, Vol.35, No.6(January 2004), pp.643-682.

[182] R. Futrell, "Technical Adversarialism andParticipatory Collaboration inthe US Chemical Weapons Disposal Program", *Science, Technology, & Human Values*, Vol.28, No.4 (October 2003), pp.451-482.

[183] R. K. Rethemeyer, D. M. Hatmaker, "Network Management Reconsidered: An Inquiry into Management ofNetwork Structures inPublic Sector Service Provision", *Journal of Public Administration Research and Theory*, Vol.18, No.4(2008), pp.617-646.

[184] R. Leary, N. Vij, "Collaborative Public Management: Where have We been and Where are We Going?", *The American Review of Public Administration*, Vol.42, No.5(September 2012), pp.507-522.

[185] R.M. Kanter, "Collaborative Advantage", *Harvard Business Review*, Vol.2, No.4 (1994), pp.96-108.

[186] R. M. Shrestha, S. Pradhan, "Co-benefits of CO_2 Emission Reduction inaDeveloping Country", *Energy Policy*, Vol.38, No.5(2010), pp.2586-2597.

[187] R. Margerum, "Collaborative Planning: Building Consensus and Building a Distinct Model for Practice", *Journal of Planning Education and Research*, Vol.21, No.3 (Spring 2002), pp.237-253.

[188] R.Mayntz, "Modernization and the Logic of Interorganizational Networks", *Knowledge and Policy*, Vol.6, No.1(March 1993), pp.3-16.

[189] R.Morgenstern, A.Krupnick, X.Zhang, "The Ancillary Carbon Benefits of SO_2 Reductions from a Small-Boiler Policy in Taiyuan, PRC", *The Journal of Environment & Development*, Vol.13, No.2(2004), pp.140-155.

[190] R. Plummer, J. Fitzgibbon, "Co-Management of Natural Resources: A Proposed Framework", *Environmental Management*, Vol.33, No.6(2004), pp.876–885.

[191] R.S.Burt, *Brokerage and Closure: An Introduction toSocial Capital*, Oxford: Oxford University Press, 2005.

[192] R.Stewart, "Pyramids of Sacrifice-Problems of Federalism in Mandating State Implementations of National Environmental Policy", *Yale Law Journal*, Vol.86, (1977), pp. 1196–1272.

[193] R. A. W. Rhodes, *The National World of Local Government*, London: Allen & Unwin, 1986.

[194] R. C. Feiock, "The Institutional Collective Action Framework", *Policy Studies Journal*, Vol.41, No.3(August 2013), p.398.

[195] S.Birnbaum, "Environmental Co-Governance, Legitimacy, and the Quest for Compliance: When and Why is Stakeholder Participation Desirable?", *Journal of Environmental Policy & Planning*, Vol.18, No.3(July 2016), pp.306–323.

[196] S.Chen, Y.Zhang, Y.Zhang, Z.Liu, "The Relationship between Industrial Restructuring and China's Regional Haze Pollution: A Spatial Spillover Perspective", *Journal of Cleaner Production*, Vol.239, (December 2019), p.4.

[197] S. Feldman, A. M. Khademian, H. Ingram, A. S. Schneider, "Ways of Knowing and Inclusive Management Practices", *Public Administration Review*, Vol.66(December 2006), pp.89–99.

[198] S.L.Yaffee, J.M.Wondolleck, "Collaborative Ecosystem Planning Processes in The United States: Evolution andChallenges", *Environments: A Journal of Interdisciplinary Studies*, Vol.31, No.2(November 2010), pp.59–72.

[199] S.Li, K.Lu, X.Ma, et al., "The Air Quality of Beijing-Tianjin-Hebei Regions around theAsia-Pacific Economic Cooperation (APEC) Meetings". *Atmospheric Pollution Research*, Vol.6, No.6(November 2015), pp.1066–1072.

[200] S.P.Borgatti, M.G.Everett, "Models of Core/Periphery Structures", *Social Networks*, Vol.21, No.4(October 2000), pp.375–395.

[201] S.P.Borgatti, P.C.Foster, "The Network Paradigm in Organizational Research: A Review and Typology", *Journal of Management*, Vol. 29, No. 6 (December 2003), pp. 991–1013.

[202] S.R.Shakya, S.Kumar, R.M.Shrestha, "Co-benefits of a Carbon Tax in Nepal",

Mitigation and Adaptation Strategies for Global Change, Vol.17, No.1(2012), pp.77–101.

[203] S. Vangen, C. Huxham, "Enacting Leadership for Collaborative Advantage: Dilemmas ofIdeology and Pragmatism in the Activities ofPartnership Managers", *British Journal of Management*, Vol.14, (2003), pp.S61–S76.

[204] S. Wasserman, K. Faust, *Social Network Analysis: Methods andApplications*, Cambridge: Cambridge University Press, 1994, p.21.

[205] S. Wasserman, K. Faust, *Social network analysis: Methods and applications*, Cambridge: Cambridge University Press, 1994.

[206] S.D. Beevers, D.C. Carslaw, "The Impact ofCongestion Charging onVehicle Emissions in London", *Atmospheric Environment*, Vol.39, No.1(2005), pp.1–5.

[207] S.D. Plachinski, T. Holloway, P.J. Meier, et al., "Quantifying the Emissions and Air Quality Co–Benefits ofLower–Carbon Electricity Production", *Atmospheric Environment*, Vol.94, (2014), pp.180–191.

[208] T.A. Borzel, "Organizing Babylon–On the Different Conceptions of Policy Networks", *Public Administration*, Vol.76, No.2(1998), p.265.

[209] T. Ansell, "Strengthening Political Leadership and Policy Innovation through the Expansion of Collaborative Forms of Governance", *Public Management Review*, Vol.19, No.1 (January 2017), pp.37–54.

[210] T. Ansell, "Strengthening Political Leadership and Policy Innovation through the Expansion of Collaborative Forms of Governance", *Public Management Review*, Vol.19, No.1 (January 2017), pp.37–54.

[211] T. Ansell, A. Gash, "Collaborative Governance in Theory and Practice", *Journal of Public Administration Research and Theory*, Vol.18, No.4(October 2008), pp.543–571.

[212] T. Ansell, C. Doberstein, H. Henderson, et al., "Understanding Inclusion inCollaborative Governance: A Mixed Methods Approach", *Policy and Society*, Vol.39, No.4(June 2020), p.575.

[213] T. Beck, R. Levine, A. Levkov, "Big Bad Banks? The Winners and Losers from Bank Deregulation in the United States", *Journal of Finance*, Vol.65, No.5 (2010), pp.1637–1667.

[214] T.C. Beierle, "The Quality of Stakeholder–Based Decisions", *Risk Analysis: An Official Publication ofthe Society for Risk Analysis*, Vol.22, No.4(2002), pp.739–749.

[215] T. Choi, P. J. Robertson, "Contributors and Free – Riders inCollaborative

Governance:A Computational Exploration ofSocial Motivation and Its Effects", *Journal of Public Administration Research and Theory*, Vol.29, No.3(July 2019), pp.397–340.

[216] T.Hu, et al., USEPA IES China country Study Phase IV Report: China's Co-Control Policy Study, *Policy Research Center of SEPA*, *Development Research Center of State Council*, *ECON Center for Economic Analysis*, 2007.

[217] T.I.Gunton, J.C.Day, "The Theory and Practice ofCollaborative Planning in Resource and Environmental Management", *Environments*, Vol.31, No.2(2003), pp.5–20.

[218] T.Imperial, "Using Collaboration as a Governance Strategy", *Administration & Society*, Vol.37, No.3(July 2005), pp.281–320.

[219] T.L.Cooper, T.A.Bryer, J.W.Meek, "Citizen–Centered Collaborative Public Management", *Public Administration Review*, Vol.66(December 2006), pp.76–78.

[220] T.M.Frame, T.Gunton, J.C.Day, "The Role of Collaboration in Environmental Management: An Evaluation of Land and Resource Planning in British Columbia", *Journal of Environmental Planning and Management*, Vol.47, No.1(January 2004), pp.59–82.

[221] T.Reilly, "Collaboration in Action: An Uncertain Process", *Administration in Social Work*, Vol.25, No.1(January 2001), pp.53–74.

[222] T.Robinson, M.Kern, R.Sero, C.W.Thomas, "How Collaborative Governance Practitioners Can Assess the Effectiveness of Collaborative Environmental Governance, while-also Evaluating their own Services", *Society & Natural Resources*, Vol.33, No.4(April 2020), pp.524–537.

[223] T.Scott, "Does Collaboration Make any Difference? Linking Collaborative Governance to Environmental Outcomes", *Journal of Policy Analysis and Management*, Vol.34, No.3(Summer 2015), pp.537–566.

[224] T.Zheng, N.Liu, J.Zhu, et al., "Evaluation on the Emission Reduction Benefits of China's Carbon Trading Pilot: 5th International Conference on Environmental Science and Material Application(ESMA)", *IOP Conference Series: Earth and Environmental Science*, Vol. 440.No.4(2020), pp.1–5.

[225] The National Renewable Energy Laboratory, *Developing Country Case–Studies: Integrated Strategies forAir Pollution andGreenhouse Gas Mitigation*, USA: EPA, 2000.

[226] U.Fischbacher, S.Gächter, E.Fehr, "Are People Conditionally Cooperative? Evidence from a Public Goods Experiment", *Economics Letters*, Vol.71, No.3(June 2001), pp. 397–404.

［227］V.Haakon，A.Kristin，J.He，et al.，"Benefits and Costs to China of Three Different Climate Treaties"，*Resource and Energy Economics*，Vol.31，No.3（2009），pp.139−160.

［228］V.Kalesnikaite，"Keeping Cities Afloat：Climate Change Adaptation and Collaborative Governance at the Local Level"，*Public Performance & Management Review*，Vol.42，No.4（July 2019），pp.864−888.

［229］W.Zhang，J.Li，G.Li，et al.，"Emission Reduction Effect and Carbon Market Efficiency ofCarbon Emissions Trading Policy in China"，*Energy*，Vol.196，（2020），pp.1−9.

［230］Wu，Y.Xu，S.Zhang，"Will Joint Regional Air Pollution Control be more Cost−Effective？ An Empirical Study of China's Beijing−Tianjin−Hebei Region"，*Journal of Environmental Management*，Vol.149，（2005），pp.27−36.

［231］X.Bao，F.Bouthillier，"Information Sharing：As a Type of Information Behavior"，*Canadian Journal of Information and Library Science−Revue Canadienne des Sciences De L Information Et De Bibliotheconomie*，Vol.30，No.1−2（2007），pp.91−92.

［232］X. Duan, S. Dai, R. Yang, Z. Duan, Y. Tang, "Environmental Collaborative Governance Degree of Government, Corporation, and Public", *Sustainability*, Vol. 12, No. 3 (February 2020), p.1138.

［233］X. Mao, S. Yang, Q. Liu, et al., "Achieving CO_2 Emission Reduction andthe Co−Benefits ofLocal Air Pollution Abatement in the Transportation Sector of China", *Environmental Science & Policy*, Vol.21, (2012), pp.1−13.

［234］X. Peng, "Strategic Interaction of Environmental Regulation and Green Productivity Growth in China：Green Innovation or Pollution Refuge?", *Science of The Total Environment*, Vol.732, (August 2020), pp.139−200.

［235］X. Zhou, M. Elder, "Regional air Quality Management in China：the 2010 Guideline on Strengthening Joint Prevention and Control of Atmospheric Pollution", *International Journal of Sustainable Society*, Vol.5, No.3 (June 2013), pp.232−249.

［236］Y.Bian，K.Song，J.Bai，"Impact of Chinese Market Segmentation on Regional Collaborative Governance of Environmental Pollution：A New Approach to Complex System Theory"，*Growth and Change*，Vol.52，No.1（March 2020），pp.283−309.

［237］Y.Gao，M.Li，J.Xue，et al.，"Evaluation ofeffectiveness of China's carbon Emissions Trading Scheme in Carbon Mitigation"，*Energy Economics*，Vol.90，（2020），pp.1−15.

［238］Y.Lee，I.W.Lee，R.C.Feiock，"Interorganizational Collaboration Networks inEconomic Development Policy：An Exponential Random Graph Model Analysis"，*Policy Studies*

Journal, Vol.40, No.3（August 2012）, pp.547-573.

[239] Y.Xu, T.Masui, "Local Air Pollutant Emission Reduction and Ancillary Carbon Benefits of SO_2 Control Policies: Application of AIM/CGE Model to China", *European Journal of Operational Research*, Vol.198, No.1（2009）, pp.315-325.

[240] Y.Zhang, S.Li, T.Luo, et al., "The Effect of Emission Trading Policy on Carbon Emission Reduction: Evidence from an Integrated Study of Pilot Regions in China", *Journal of Cleaner Production*, Vol.265,（2020）, pp.1-10.

[241] 安卫华:《社会网络分析与公共管理和政策研究》,《中国行政管理》2015 年第 3 期。

[242] 蔡岚:《府际合作中的困境及对策研究》,《行政论坛》2007 年第 5 期。

[243] 蔡岚:《解决区域合作困境的制度集体行动框架研究》,《求索》2015 年第 8 期。

[244] 蔡岚:《粤港澳大湾区大气污染联动治理机制研究——制度性集体行动理论的视域》,《学术研究》2019 年第 1 期。

[245] 曹树青:《区域环境治理理念下的环境法制度变迁》,《安徽大学学报(哲学社会科学版)》2013 年第 37 期。

[246] 陈桂生:《大气污染治理的府际协同问题研究——以京津冀地区为例》,《中州学刊》2019 年第 3 期。

[247] 陈慧荣、张煜:《基层社会协同治理的技术与制度:以上海市 A 区城市综合治理"大联动"为例》,《公共行政评论》2015 年第 1 期。

[248] 池仁勇:《区域中小企业创新网络的结点联结及其效率评价研究》,《管理世界》2007 年第 1 期。

[249] 崔晶、马江聆:《区域多主体协作治理的路径选择——以京津冀地区气候治理为例》,《中国特色社会主义研究》2019 年第 1 期。

[250] 崔晶、宋红美:《城镇化进程中地方政府治理策略转换的逻辑》,《政治学研究》2015 年第 2 期。

[251] 崔晶、孙伟:《区域大气污染协同治理视角下的府际事权划分问题研究》、《中国行政管理》2014 年第 9 期。

[252] 范丹、王维国、梁佩凤:《中国碳排放交易权机制的政策效果分析——基于双重差分模型的估计》,《中国环境科学》2017 年第 6 期。

[253] 范如国:《复杂网络结构范型下的社会治理协同创新》,《中国社会科学》2014 年第 4 期。

[254]范世炜：《试析西方政策网络理论的三种研究视角》，《政治学研究》2013 年第 4 期。

[255]方木欢：《分类对接与跨层协调：粤港澳大湾区区域治理的新模式》，《中国行政管理》2021 年第 3 期。

[256]冯涛、陈华：《排污费征收方式的新探索》，《环境保护》2009 年第 18 期。

[257]傅京燕、原宗琳：《中国电力行业协同减排的效应评价与扩张机制分析》，《中国工业经济》2017 年第 2 期。

[258]高桂林、陈云俊：《评析新〈大气污染防治法〉中的联防联控制度》，《环境保护》2015 年第 18 期。

[259]高敬：《推动生态环境质量持续改善——生态环境部部长黄润秋谈"十四五"环境保护发力点》，2021 年 1 月 2 日，见 http://www.tanpaifang.com/tanguwen/2021/0102/76092_3.html。

[260]高明、郭施宏：《基于巴纳德系统组织理论的区域协同治理模式探究》，《太原理工大学学报(社会科学版)》2014 年第 4 期。

[261]高纹、杨昕：《经济增长与大气污染——基于城市面板数据的联立方程估计》，《南京审计大学学报》2019 年第 2 期。

[262]顾阿伦、滕飞、冯相昭：《主要部门污染物控制政策的温室气体协同效果分析与评价》，《中国人口·资源与环境》2016 年第 2 期。

[263]光峰涛、杨树旺、易扬：《长三角地区生态环境治理一体化的创新路径探索》，《环境保护》2020 年第 20 期。

[264]郭道久：《协作治理是适合中国现实需求的治理模式》，《政治学研究》2016 年第 1 期。

[265]郭丰、杨上广、柴泽阳：《创新型城市建设实现了企业创新的"增量提质"吗？——来自中国工业企业的微观证据》，《产业经济研究》2021 年第 3 期。

[266]郭施宏、齐晔：《京津冀区域大气污染协同治理模式构建——基于府际关系理论视角》，《中国特色社会主义研究》2016 年第 3 期。

[267]何水：《从政府危机管理走向危机协同治理——兼论中国危机治理范式革新》，《江南社会学院学报》2008 年第 2 期。

[268]胡涛、田春秀、李丽平：《协同效应对中国气候变化的政策影响》，《环境保护》2004 年第 9 期。

[269]胡中华、周振新：《区域环境治理：从运动式协作到常态化协同》，《中国人口·资源与环境》2021 年第 3 期。

[270]黄春芳、韩清:《长三角高铁运营与人口流动分布格局演进》,《上海经济研究》2021 年第 7 期。

[271]黄晓春、周黎安:《政府治理机制转型与社会组织发展》,《中国社会科学》2017 年第 11 期。

[272]姜磊、何世雄、崔远政:《基于空间计量模型的氮氧化物排放驱动因素分析:基于卫星观测数据》,《地理科学》2020 年第 3 期。

[273]蒋海玲、潘晓晓、王冀宁、李雯:《基于网络分析法的农业绿色发展政策绩效评价》,《科技管理研究》2020 年第 1 期。

[274]景熠、曹柳、张闻秋:《考虑多元行为策略的地方政府大气治理四维演化博弈分析》,《中国管理科学》2021 年第 10 期。

[275]寇宗来、刘学悦:《中国城市和产业创新力报告 2017》,复旦大学产业发展研究中心,2017 年。

[276]匡霞、陈敬良:《公共政策网络管理:机制、模式与绩效测度》,《公共管理学报》2009 年第 2 期。

[277][美]理查德·菲沃克:《大都市治理—冲突、竞争与合作》,许源源、江胜珍译,重庆大学出版社 2012 年版,第 48 页。

[278]李二玲、李小建:《基于社会网络分析方法的产业集群研究——以河南省虞城县南庄村钢卷尺产业集群为例》,《人文地理》2007 年第 6 期。

[279]李广明、张维洁:《中国碳排放交易下的工业碳排放与减排机制研究》,《中国人口·资源与环境》2017 年第 10 期。

[280]李汉卿:《协同治理理论探析》,《理论月刊》2014 年第 1 期。

[281]李辉、徐美宵、洪扬:《京津冀联动执法对空气质量的改善效应》,《中国人口·资源与环境》2021 年第 8 期。

[282]李肆:《协同治理中的"合力困境"及其破解——以京津冀大气污染协同治理实践为例》,《行政论坛》2020 年第 5 期。

[283]李礼、孙翊锋:《生态环境协同治理的应然逻辑、政治博弈与实现机制》,《湘潭大学学报(哲学社会科学版)》2016 年第 3 期。

[284]李丽平、周国梅、季浩宇:《污染减排的协同效应评价研究:以攀枝花市为例》,《中国人口·资源与环境》2010 年第 5 期。

[285]李雪松、孙博文:《大气污染治理的经济属性及政策演进:一个分析框架》,《改革》2014 年第 4 期。

[286]李应博、周斌彦:《后疫情时代湾区治理:粤港澳大湾区创新生态系统》,《中

国软科学》2020 年第 S1 期。

[287]李永亮:《"新常态"视阈下府际协同治理雾霾的困境与出路》,《中国行政管理》2015 年第 9 期。

[288]李治国、王杰:《中国碳排放权交易的空间减排效应:准自然实验与政策溢出》,《中国人口·资源与环境》2021 年第 1 期。

[289]刘彩云、易承志:《多元主体如何实现协同？——中国区域环境协同治理内在困境分析》,《新视野》2020 年第 5 期。

[290]刘传明、孙喆、张瑾:《中国碳排放权交易试点的碳减排政策效应研究》,《中国人口·资源与环境》2019 年第 11 期。

[291]刘华军、雷名雨:《中国雾霾污染区域协同治理困境及其破解思路》,《中国人口·资源与环境》2018 年第 10 期。

[292]刘华军、孙亚男、陈明华:《雾霾污染的城市间动态关联及其成因研究》,《中国人口·资源与环境》2017 年第 3 期。

[293]刘杰、刘紫薇、焦珊珊、王丽、唐智亿:《中国城市减碳降霾的协同效应分析》,《城市与环境研究》2019 年第 4 期。

[294]刘军:《整体网分析讲义:UCINET 软件实用指南》,上海人民出版社 2014 年版,第 19 页。

[295]刘科、刘英基:《环境冲突防范与协同治理路径创新研究》,《长沙理工大学学报(社会科学版)》2017 年第 6 期。

[296]刘伟忠:《我国协同治理理论研究的现状与趋向》,《城市问题》2012 年第 5 期。

[297]刘亚平:《协作性公共管理:现状与前景》,《武汉大学学报:哲学社会科学版》2010 年第 4 期。

[298]柳建文:《区域组织间关系与区域间协同治理:我国区域协调发展的新路径》,《政治学研究》2017 年第 6 期。

[299]卢锋华、王昶、左绿水:《跨越政策意图与实施的鸿沟:行动者网络视角——基于贵阳市大数据产业发展(2012—2018)的案例研究》,《中国软科学》2020 年第 7 期。

[300]卢秀茹、高祥晓、王露爽、刘佳:《基于 DPSIR 模型的绿色农业发展水平评价及优化研究——以河北省为例》,《河北科技大学学报(社会科学版)》2021 年第 21 期。

[301]鹿斌、金太军:《协同惰性:集体行动困境分析的新视角》,《社会科学研究》2015 年第 4 期。

[302]骆大进、王海峰、李垣:《基于社会网络效应的创新政策绩效研究》,《科学学与科学技术管理》2017 年第 11 期。

[303]骆倩雯:《生态环境部:减污降碳要协同治理、同向发力》,2021 年 2 月 25 日,见 https://baijiahao.baidu.com/s? id=1692651203906558741&wfr=spider&for=pc。

[304]吕丽娜:《区域协同治理:地方政府合作困境化解的新思路》,《学习月刊》2012 年第 4 期。

[305]马爱民、曹颖、付琳:《积极应对气候变化,实现减污降碳协同增效》,2021 年 11 月 26 日,见 https://www.gmw.cn/xueshu/2021-11/26/content_35339205.htm。

[306]马捷、锁利铭:《城市间环境治理合作:行动、网络及其演变——基于长三角 30 个城市的府际协议数据分析》,《中国行政管理》2019 年第 9 期。

[307]毛春梅、曹新富:《大气污染的跨域协同治理研究——以长三角区域为例》,《河海大学学报(哲学社会科学版)》2016 年第 5 期。

[308]毛显强、曾桉、邢有凯、高玉冰、何峰:《从理念到行动:温室气体与局地污染物减排的协同效益与协同控制研究综述》,《气候变化研究进展》2021 年第 3 期。

[309]毛显强、邢有凯、胡涛、曾桉、刘胜强:《中国电力行业硫、氮、碳协同减排的环境经济路径分析》,《中国环境科学》2012 年第 4 期。

[310]孟庆国、魏娜、田红红:《制度环境、资源禀赋与区域政府间协同——京津冀跨界大气污染区域协同的再审视》,《中国行政管理》2019 年第 5 期。

[311]孟庆瑜、梁枫:《京津冀生态环境协同治理的现实反思与制度完善》,《河北法学》2018 年第 2 期。

[312]欧黎明、朱秦:《社会协同治理:信任关系与平台建设》,《中国行政管理》2009 年第 5 期。

[313]欧盟委员会气候行动网,2021 年 10 月 11 日,见 https://ec.europa.eu/clima/eu-action/eu-emissions-trading-system-eu-ets_en。

[314]潘泽强、宁超乔、袁媛:《协作式环境管理在粤港澳大湾区中的应用——以跨界河治理为例》,《热带地理》2019 年第 5 期。

[315]彭本利、李爱年:《流域生态环境协同治理的困境与对策》,《中州学刊》2019 年第 9 期。

[316]彭乾、邵超峰、鞠美庭:《基于 PSR 模型和系统动力学的城市环境绩效动态评估研究》,《地理与地理信息科学》2016 年第 32 期。

[317]乔花云、司林波、彭建交、孙菊:《京津冀生态环境协同治理模式研究——基于共生理论的视角》,《生态经济》2017 年第 6 期。

[318]沙勇忠、解志元：《论公共危机的协同治理》，《中国行政管理》2010年第4期。

[319]沈坤荣、金刚：《中国地方政府环境治理的政策效应——基于"河长制"演进的研究》，《中国社会科学》2018年第5期。

[320]司林波、聂晓云、孟卫东：《跨域生态环境协同治理困境成因及路径选择》，《生态经济》2018年第1期。

[321]司林波、裴索亚：《跨行政区生态环境协同治理绩效问责模式及实践情境——基于国内外典型案例的分析》，《北京行政学院学报》2021年第3期。

[322]司林波、张锦超：《跨行政区生态环境协同治理的动力机制、治理模式与实践情境——基于国家生态治理重点区域典型案例的比较分析》，《青海社会科学》2021年第4期。

[323]司林波、赵璐：《欧盟环境治理政策述评及对我国的启示》，《环境保护》2019年第11期。

[324]宋弘、孙雅洁、陈登科：《政府空气污染治理效应评估——来自中国"低碳城市"建设的经验研究》，《管理世界》2019年第6期。

[325]孙丹、杜吴鹏、高庆先、师华定、轩春怡：《2001年至2010年中国三大城市群中几个典型城市的API变化特征》，《资源科学》2012年第8期。

[326]孙涛、温雪梅：《动态演化视角下区域环境治理的府际合作网络研究——以京津冀大气治理为例》，《中国行政管理》2018年第5期。

[327]锁利铭、阚艳秋、涂易梅：《从"府际合作"走向"制度性集体行动"：协作性区域治理的研究述评》，《公共管理与政策评论》2018年第3期。

[328]唐祥来：《欧盟碳税工具环境治理成效及其启示》，《财经理论与实践》2011年第6期。

[329]陶品竹：《从属地主义到合作治理：京津冀大气污染治理模式的转型》，《河北法学》2014年第10期。

[330]田春秀、李丽平、胡涛、尚宏博：《气候变化与环保政策的协同效应》，《环境保护》2009年第12期。

[331]田培杰：《协同治理概念考辨》，《上海大学学报（社会科学版）》2014年第1期。

[332]涂锋：《从执行研究到治理的发展：方法论视角》，《公共管理学报》2009年第3期。

[333]王安琪、唐昌海、王婉晨、范成鑫、尹文强：《协同优势视角下突发公共卫生事

件社区网格化治理研究》,《中国卫生政策研究》2021年第14期。

[334]王冰:《博弈视角下跨区域生态环境协同治理机制研究》,电子科技大学出版社2020年版,第115—116页。

[335]王超奕:《跨区域绿色治理府际合作动力机制研究》,《山东社会科学》2020年第6期。

[336]王刚:《美国与欧盟的碳减排方案分析及中国的应对策略》,《地域研究与开发》2012年第4期。

[337]王娟、何昱:《京津冀区域环境协同治理立法机制探析》,《河北法学》2017年第7期。

[338]王俊敏、沈菊琴:《跨域水环境流域政府协同治理:理论框架与实现机制》,《江海学刊》2016年第5期。

[339]王莉:《低碳发展下中国环境治理体系转型的理论选择》,《政法论丛》2017年第5期。

[340]王敏、冯相昭、杜晓林、吴莉萍、赵梦雪、王鹏、安祺:《工业部门污染物治理协同控制温室气体效应评价——基于重庆市的实证分析》,《气候变化研究进展》2021年第3期。

[341]王宁静、魏巍贤:《中国大气污染治理绩效及其对世界减排的贡献》,《中国人口·资源与环境》2019年第9期。

[342]王小龙、陈金皇:《省直管县改革与区域空气污染——来自卫星反演数据的实证证据》,《金融研究》2020年第12期。

[343]王兴杰、谢高地、岳书平:《经济增长和人口集聚对城市环境空气质量的影响及区域分异——以第一阶段实施新空气质量标准的74个城市为例》,《经济地理》2015年第2期。

[344]王学栋、张定安:《我国区域协同治理的现实困局与实现途径》,《中国行政管理》2019年第6期。

[345]王雁红:《政府协同治理大气污染政策工具的运用——基于长三角地区三省一市的政策文本分析》,《江汉论坛》2020年第4期。

[346]王玉明:《粤港澳大湾区环境治理合作的回顾与展望》,《哈尔滨工业大学学报(社会科学版)》2018年第1期。

[347]王园妮、曹海林:《"河长制"推行中的公众参与:何以可能与何以可为——以湘潭市"河长助手"为例》,《社会科学研究》2019年第5期。

[348]魏娜、孟庆国:《大气污染跨域协同治理的机制考察与制度逻辑——基于京

津冀的协同实践》,《中国软科学》2018 年第 10 期。

[349]吴建中:《社会力量办公共文化是大趋势》,《图书馆论坛》2016 年第 36 期。

[350]吴月、冯静芹:《超大城市群环境治理合作网络:结构、特征与演进——以粤港澳大湾区为例》,《经济体制改革》2021 年第 4 期。

[351]席恺媛、朱虹:《长三角区域生态一体化的实践探索与困境摆脱》,《改革》2019 年第 3 期。

[352]肖萍、卢群:《跨行政区协同治理"契约性"立法研究——以环境区域合作为视角》,《江西社会科学》2017 年第 12 期。

[353]谢宝剑、陈瑞莲:《国家治理视野下的大气污染区域联动防治体系研究——以京津冀为例》,《中国行政管理》2014 年第 9 期。

[354]谢小青、黄晶晶:《基于 PSR 模型的城市创业环境评价分析——以武汉市为例》,《中国软科学》2017 年第 2 期。

[355]邢有凯、毛显强、冯相昭、高玉冰、何峰、余红、赵梦雪:《城市蓝天保卫战行动协同控制局地大气污染物和温室气体效果评估:以唐山市为例》,《中国环境管理》2020 年第 4 期。

[356]徐骏:《雾霾跨域治理法治化的困境及其出路——以 G20 峰会空气质量保障协作为例》,《理论与改革》2017 年第 1 期。

[357]许堞、马丽:《粤港澳大湾区环境协同治理制约因素与推进路径》,《地理研究》2020 年第 9 期。

[358]薛澜、俞晗之:《迈向公共管理范式的全球治理——基于"问题—主体—机制"框架的分析》,《中国社会科学》2015 年第 11 期。

[359]薛文博、王金南、杨金田、雷宇、汪艺梅、许艳玲、贺晋瑜:《电力行业多污染物协同控制的环境效益模拟》,《环境科学研究》2012 年第 11 期。

[360]严燕、刘祖云:《风险社会理论范式下中国"环境冲突"问题及其协同治理》,《南京师大学报(社会科学版)》2014 年第 3 期。

[361]燕丽、雷宇、张伟:《我国区域大气污染防治协作历程与展望》,《中国环境管理》2021 年第 5 期。

[362]杨健燕等:《低碳发展下环境治理体系理论创新及法律制度建构研究》,立信会计出版社 2019 年版,第 92、105、114 页。

[363]杨昆、许乃中、龙颖贤、张世喜、张玉环:《保障粤港澳大湾区绿色发展的环境综合治理路径研究》,《环境保护》2019 年第 23 期。

[364]杨立华、张柳:《大气污染多元协同治理的比较研究:典型国家的跨案例分

析》,《行政论坛》2016 年第 5 期。

[365]杨立华、张云:《环境管理的范式变迁:管理、参与式管理到治理》,《公共行政论》2013 年第 6 期。

[366]杨清华:《协同治理:治道变革的一种战略选择》,《南京航空航天大学学报(社会科学版)》2011 年第 1 期。

[367]杨思涵、佟孟华、张晓艳:《环境污染、公众健康需求与经济发展——基于调节效应和门槛效应的分析》,《浙江社会科学》2020 年第 12 期。

[368]杨妍、孙涛:《跨区域环境治理与地方政府合作机制研究》,《中国行政管理》2009 年第 1 期。

[369]杨志、牛桂敏、郭珉媛:《多元环境治理主体的动力机制与互动逻辑研究》,《人民长江》2021 年第 7 期。

[370]叶林:《找回政府:"后新公共管理"视阈下的区域治理探索》,《学术研究》2012 年第 5 期。

[371]于文轩:《生态环境协同治理的理论溯源与制度回应——以自然保护地法制为例》,《中国地质大学学报(社会科学版)》2020 年第 2 期。

[372]余敏江:《论区域生态环境协同治理的制度基础——基于社会学制度主义的分析视角》,《理论探讨》2013 年第 2 期。

[373]余敏江:《区域生态环境协同治理的逻辑——基于社群主义视角的分析》,《社会科学》2015 年第 1 期。

[374]郁建兴、任杰:《社会治理共同体及其实现机制》,《政治学研究》2020 年第 1 期。

[375]袁向华:《排污费与排污税的比较研究》,《中国人口·资源与环境》2012 年第 22 期。

[376]张福磊:《多层级治理框架下的区域空间与制度建构:粤港澳大湾区治理体系研究》,《行政论坛》2019 年第 3 期。

[377]张紧跟、唐玉亮:《流域治理中的政府间环境协作机制研究——以小东江治理为例》,《公共管理学报》2007 年第 3 期。

[378]张楠:《基于协同治理理论的我国地方政府区域治理研究》,湖北人民出版社 2015 年版,第 47 页。

[379]张体委:《资源、权力与政策网络结构:权力视角下的理论阐释》,《公共管理与政策评论》2019 年第 8 期。

[380]张贤明、田玉麒:《论协同治理的内涵、价值及发展趋向》,《湖北社会科学》

2016 年第 1 期。

[381]张雅勤:《论公共服务供给中"协同惰性"及其超越》,《学海》2017 年第 6 期。

[382]张振波:《论协同治理的生成逻辑与建构路径》,《中国行政管理》2015 年第 1 期。

[383]张振华、张国兴:《地方政府之间合作治霾的演进逻辑——基于大气污染联防联控机制的案例分析》,《环境经济研究》2021 年第 6 期。

[384]赵立祥、赵蓉、张雪薇:《碳排放交易政策对我国大气污染的协同减排有效性研究》,《产经评论》2020 年第 3 期。

[385]赵琦、朱常海:《社会参与及治理转型:美国环境运动的发展特点及其启示》,《暨南学报(哲学社会科学版)》2020 年第 3 期。

[386]赵树迪、周显信:《区域环境协同治理中的府际竞合机制研究》,《江苏社会科学》2017 年第 6 期。

[387]赵新峰、袁宗威、马金易:《京津冀大气污染治理政策协调模式绩效评析及未来图式探究》,《中国行政管理》2019 年第 3 期。

[388]赵新峰、袁宗威:《京津冀区域政府间大气污染治理政策协调问题研究》,《中国行政管理》2014 年第 11 期。

[389]赵新峰、袁宗威:《我国区域政府间大气污染协同治理的制度基础与安排》,《阅江学刊》2017 年第 2 期。

[390]赵志华、吴建南:《大气污染协同治理能促进污染物减排吗?——基于城市的三重差分研究》,《管理评论》2020 年第 1 期。

[391]郑恒峰:《协同治理视野下我国政府公共服务供给机制创新研究》,《理论研究》2009 年第 4 期。

[392]郑巧、肖文涛:《协同治理:服务型政府的治道逻辑》,《中国行政管理》2008 年第 7 期。

[393]郑石明、雷翔、易洪涛:《排污费征收政策执行力影响因素的实证分析——基于政策执行综合模型视角》,《公共行政评论》2015 年第 8 期。

[394]郑逸璇、宋晓晖、周佳、许艳玲、林民松、牟雪洁、薛文博、陈潇君、蔡博峰、雷宇、严刚:《减污降碳协同增效的关键路径与政策研究》,《中国环境管理》2021 年第 5 期。

[395]中华人民共和国国家环保总局:《环境空气质量标准(GB3095-1996)》,1996 年 10 月 1 日,见 https://wenku.baidu.com/view/44a11f24dd36a32d73758121.html。

[396]中华人民共和国国家环境保护局:《制定地方大气污染物排放标准的技术方法

（GB/T 3840-91）》,1992 年 6 月 1 日,见 https://wenku.baidu.com/view/b9ca71bf910ef12d2af9e78c. html。

［397］中华人民共和国环境保护部:《关于推进大气污染联防联控工作改善区域空气质量的指导意见》,2010 年 6 月 21 日,见 https://www.mee.gov.cn/gkml/sthjbgw/qt/201006/t20100621_191108.htm。

［398］中华人民共和国环境保护部:《环境空气质量指数（AQI）技术规定（试行）》,2016 年 1 月 1 日,见 https://www.mee.gov.cn/ywgz/fgbz/bz/bzwb/jcffbz/201203/t20120302_224166.shtml。

［399］中华人民共和国环境保护部:《重点区域大气污染防治"十二五"规划》,2012 年 10 月 19 日,见 https://www.mee.gov.cn/gkml/hbb/bwj/201212/t20121205_243271.htm。

［400］周博雅:《环境综合治理政策的比较与协同机制研究》,武汉大学出版社 2019 年版,第 56 页。

［401］周宏春、季曦:《改革开放三十年中国环境保护政策演变》,《南京大学学报（哲学・人文科学・社会科学版）》2009 年第 45 期。

［402］周伟:《黄河流域生态保护地方政府协同治理的内涵意蕴、应然逻辑及实现机制》,《宁夏社会科学》2021 年第 1 期。

［403］周学荣、汪霞:《环境污染问题的协同治理研究》,《行政管理改革》2014 年第 6 期。

［404］朱凌:《合作网络与绩效管理:公共管理实证研究中的应用及理论展望》,《公共管理与政策评论》2019 年第 1 期。

［405］朱喜群:《生态治理的多元协同:太湖流域个案》,《改革》2017 年第 2 期。

［406］庄贵阳、周伟铎、薄凡:《京津冀雾霾协同治理的理论基础与机制创新》,《中国地质大学学报（社会科学版）》2017 年第 5 期。

［407］卓成霞:《大气污染防治与政府协同治理研究》,《东岳论丛》2016 年第 9 期。

责任编辑:祝曾姿
封面设计:石笑梦
版式设计:胡欣欣

图书在版编目(CIP)数据

环境协同治理:理论建构与实证研究/郑石明 著. —北京:人民出版社,2024.4
ISBN 978－7－01－026190－4

Ⅰ.①环… Ⅱ.①郑… Ⅲ.①环境综合整治-研究 Ⅳ.①X3

中国国家版本馆 CIP 数据核字(2024)第 055532 号

环境协同治理:理论建构与实证研究

HUANJING XIETONG ZHILI LILUN JIANGOU YU SHIZHENG YANJIU

郑石明 著

人民出版社 出版发行
(100706 北京市东城区隆福寺街 99 号)

北京九州迅驰传媒文化有限公司印刷 新华书店经销

2024 年 4 月第 1 版 2024 年 4 月北京第 1 次印刷
开本:710 毫米×1000 毫米 1/16 印张:22.75
字数:268 千字

ISBN 978－7－01－026190－4 定价:75.00 元

邮购地址 100706 北京市东城区隆福寺街 99 号
人民东方图书销售中心 电话 (010)65250042 65289539